全国水利行业规划教材　高职高专水利水电类
中国水利教育协会策划组织

土力学与地基基础

主　编　吴玲洪　黄敬文
副主编　张　茹　龙立华　赵颖辉
主　审　程　健

黄河水利出版社
·郑州·

内容提要

本书是全国水利行业规划教材，是根据中国水利教育协会全国水利水电高职教研会制定的土力学与地基基础课程教学大纲编写完成的。本书结合职业教育课程改革以任务为导向的教学实践编写而成，全书共分为8个学习任务，主要内容包括土的物理性质及工程分类，土的三大力学性质即渗透性、压缩性、抗剪性及其相应工程问题，浅基础和桩基础、软弱土地基处理技术等。

本书为高职院校水利工程类专业及建筑工程类相关专业的教材，也可作为水利工程及建筑工程设计、施工等技术人员的参考用书。

图书在版编目(CIP)数据

土力学与地基基础/吴玲洪，黄敬文主编. —郑州：黄河水利出版社，2012.7

全国水利行业规划教材

ISBN 978-7-5509-0305-0

Ⅰ.①土… Ⅱ.①吴…②黄… Ⅲ.①土力学-高等职业教育-教材②地基-基础（工程）-高等职业教育-教材 Ⅳ.①TU4

中国版本图书馆CIP数据核字(2012)第161366号

组稿编辑：王路平　电话：0371-66022212　E-mail：hhslwlp@163.com

出 版 社：黄河水利出版社

地址：河南省郑州市顺河路黄委会综合楼14层　邮政编码：450003

发行单位：黄河水利出版社

发行部电话：0371-66026940、66020550、66028024、66022620（传真）

E-mail：hhslcbs@126.com

承印单位：黄河水利委员会印刷厂

开本：787 mm×1 092 mm　1/16

印张：12.75

字数：300千字　印数：1—4 100

版次：2012年7月第1版　印次：2012年7月第1次印刷

定价：28.00元

前　言

本书是根据《教育部、财政部关于实施国家示范性高等职业院校建设计划，加快高等职业教育改革与发展的意见》（教高［2006］14号）、《教育部关于全面提高高等职业教育教学质量的若干意见》（教高［2006］16号）等文件精神，由全国水利水电高职教研会拟定的教材编写规划，在中国水利教育协会指导下，由全国水利水电高职教研会组织编写的第二轮水利水电类专业规划教材。第二轮教材以学生能力培养为主线，具有鲜明的时代特点，体现出实用性、实践性、创新性的教材特色，是一套理论联系实际、教学面向生产的高职高专教育精品规划教材。

本书编写过程中，贯彻落实高等职业教育以岗位需求为导向的教学理念，结合本课程的具体特点，遵循“任务驱动”的原则，围绕水利及建筑工程施工、小型工程设计岗位的知识、技能要求，突出体现了实践性强的培养要求，注重与工程实践的结合，强调运用性。

本书内容翔实，语言通俗，较多采用图表和条理性的步骤表达，系统介绍了土的工程运用基本知识，包括基本概念和基本原理，突出体现了土工问题及其解决原理和办法。编写时注重知识要求与能力要求的结合，由浅入深说透知识点，重在解决问题能力的培养。

本书为高职院校水利工程类专业及建筑工程类相关专业的教材，也可作为水利工程及建筑工程设计、施工人员的参考用书。

本书编写人员及编写分工如下：绪论、任务二、任务四、任务七由浙江同济科技职业学院吴玲洪编写，任务一由山西水利职业技术学院张茹编写，任务三由张茹、湖北水利水电职业技术学院龙立华编写，任务五由浙江同济科技职业学院赵颖辉编写，任务六由山东水利职业学院黄敬文编写，任务八由龙立华编写。本书由吴玲洪、黄敬文担任主编，吴玲洪负责全书统稿；由张茹、龙立华、赵颖辉担任副主编；由安徽水利水电职业技术学院程健担任主审。

本书编写过程中受到浙江钱塘江水利建筑工程公司、杭州同济建材检测有限公司、杭州大禹水利工程咨询有限公司有关专家的指导和支持。

由于编者水平所限，书中难免存在疏漏和不妥之处，敬请读者批评指正。

编　者
2012年4月

目 录

绪　论

知识培养要求

理解土、地基、基础等三个概念；了解本课程的特点、学习内容及其学科发展概况。

能力培养要求

通过教学，引导学生具有学习本课程的兴趣，理解土工知识在水利、建筑等工程建设中的应用，并逐步培养学生在工程中应用土工知识和技能的意识。

一、土的定义与作用

关于土的定义，最常见的是从成因角度，认为土是地壳表层的岩石在风化作用后，经搬迁、堆积而成的自然历史产物。用一句话概括，就是说土是岩石风化的产物。

从不同的观察角度出发，可对土作出不同的定义。从物质组成角度认为，土是由固体颗粒、液体水和气体组成的一种三相体。从分布位置和结构、变形性态角度认为，土是覆盖于地壳最表面的一种松散的或松软的颗粒状堆积物。从形成的历史时期角度认为，土是第四纪沉积物。

土与工程建设的关系非常密切。土由于就地取材而广泛用做建筑材料，例如作为土石坝的坝身材料，作为混凝土的组成材料，作为地下输水管道周围填土，而更常见的是土作为地基，承受上部建筑物的荷载。

但是，作为地基和建筑材料的土的问题若处理不当，将会带来生命财产的巨大损失。印度的纳纳克萨加坝，为一高 15.9 m 的土坝，1967 年 9 月 7 日，由于坝基发生管涌，使坝体决口冲毁，造成 32 个村庄的群众流离失所，损失惨重。

美国的圣 · 弗兰西斯拱形重力坝，由于坝基砾岩为黏土质胶结并含有石膏夹层，被渗透水流浸湿、软化、溶解，导致坝体沉陷、开裂、滑移崩溃，伤亡 400 多人。再有，1882 ~ 1914 年历时 32 年凿成的巴拿马运河，耗资 4 亿多美元，建成后第 2 年在分水岭地段发生了大规模岩崩，堵塞了运河。处理此事故又用了 5 年的时间，加挖了 5 400 万 m^3 土石方，相当于此段开挖总量的 40% 以上。仅停航 5 年，损失就达 10 亿美元。

上海展览中心位于上海市区延安中路北侧(见图 0-1)，展览馆中央大厅为框架结构，箱形基础，展览馆两翼采用条形基础，地基为高压缩性淤泥质软土。展览馆于 1954 年 5 月开工，当年年底实测地基平均沉降量为 60 cm。1957 年 6 月，中央大厅四周的沉降量最大达 146.55 cm，最小为 122.8 cm。当时，在仔细观察展览馆内严重的裂缝情况，分析沉降观测资料并研究展览馆勘察报告和设计图纸后，作出展览馆将裂缝修补后可以继续使用的结论。至 1979 年 9 月，展览馆中央大厅累计平均沉降量为 160 cm。1957 ~ 1979 年共 22 年的沉降量仅 20 多 cm，不及 1954 年下半年沉降量的一半，说明沉降已趋向稳定，展览馆开放使用情况良好。但由于地基严重下沉，不仅使散水倒坡，而且建筑物内外网之间的水、暖、电管道断裂和重新连接，都需付出相当大的代价。

图 0-1　上海展览中心

二、地基与基础

所谓万丈高楼从地起，建筑物修建以后，其全部荷载最终都由其下的地层来承担。建筑物建造在地层上，将会引起地层中应力状态发生改变。地基仅是地层的一部分，即指受建筑物荷载影响的那部分地层。而把建筑物荷载传递给地基的那部分结构称为基础。因此，地基与基础是两个不同的概念，地基属于地层，是支承建筑物的那一部分地层；基础则属于结构物，是建筑物的一部分，如图 0-2 所示。

地基的好坏直接影响它是否能安全使用，地基的主要作用是安全可靠地支承建筑物全部荷载，保证它能正常使用。建筑物地基一般分两类，即天然地基和人工地基。天然地基是不需处理可以直接支承基础的地基；人工地基是指土质不良，需要经过人工加固处理才能达到使用要求的地基。

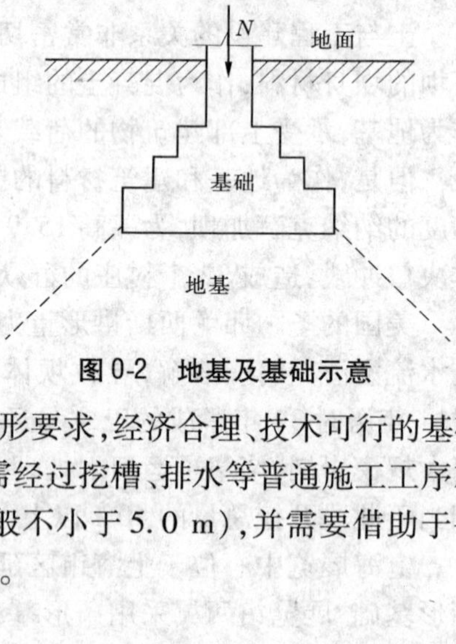

图 0-2　地基及基础示意

基础是建筑物的一部分，由于基础一般埋在地下，故又称下部结构。基础的主要作用为安全地支承上部结构的全部荷载，有效地将建筑荷载扩散分布到基底，并可靠地将建筑荷载传递给地基。基础的结构形式很多，具体设计时应该选择既能适应上部结构、符合建筑物使用要求，又能满足地基强度和变形要求，经济合理、技术可行的基础结构方案。通常把埋深不大(一般不超过 5.0 m)，只需经过挖槽、排水等普通施工工序就可以建造起来的基础称为浅基础。而把埋深较大(一般不小于 5.0 m)，并需要借助于一些特殊的施工方法来完成的各种类型基础称为深基础。

三、本课程的学习内容

本课程主要是利用力学基本原理和土工测试技术研究土的物理性质以及土体在外力作用下的强度和变形特性，并基于物理力学性质基础，解决工程常见的土坡稳定、建筑物沉降、基础设计施工、地基处理等问题。通过本课程的学习，学生能够认识土，知道土的基本物理性质，具有分析土、命名土、评价土的能力；了解土，知道土的力学性质，具有对土使用过程中质量评定、安全评价、工程验收的能力；使用土，知道常见土工问题的处理方法，具有施工组织、材料使用的能力。

本课程以工程数学、工程力学、水力学等课程为先修课程，为后续水工建筑物、水利工程施工技术、灌溉与排水等专业课程的学习提供支撑。本课程的学习将使学生在从事中小型工程建筑物的设计与施工、建筑物的维护与管理、地基处理、行业相关职业证书的获取等专业活动中，具备必备的土工基本知识、土力学计算原理、土工试验方法、地基基础设计和地基处理原则等知识。为学生在顶岗实习以及毕业后从事工程施工员、质量检测员、材料员、试验员、监理员、安全员等职业岗位的工作奠定基础，具有很强的实践性和实用性。

本课程采用任务驱动的岗位工作要求，共分 8 个任务（见表 0-1）。

表 0-1　本课程的学习任务

任务序号	项目名称	分项学习任务
任务一	土的物理性质与工程分类	土的基本指标测定与使用
		土的物理状态判定
		土的工程分类方法
任务二	土的渗透性与渗流问题	土的渗透系数测定与使用
		土的渗透变形防治措施
任务三	土的压缩性与地基沉降问题	土体的应力计算
		土体压缩性指标测定与使用
		地基沉降变形验算
任务四	土的抗剪性与地基承载力	土的抗剪强度指标测定与选用
		地基承载力确定
任务五	土压力与土坡稳定	土压力的确定与减小土压力的办法
		挡土墙的稳定验算
		土坡稳定的判断
任务六	天然地基上的浅基础	浅基础设计
		减小浅基础不均匀沉降的措施
任务七	桩基础	桩基础设计基础知识
		其他深基础简介
任务八	软弱土地基处理技术	换土垫层法的设计与施工
		其他地基处理方法与技术

本课程实践性强，学习的过程中要注重理论与实际的联系，以任务为导向，重在解决实际工程问题。学习时应特别注意通过土力学的基本原理，利用土的基本物理力学性质来分析土在实际应用中的特性，学会与相关课程及现行规范的理解和贯通。

四、土力学学科发展简介

从新石器时代半坡村遗址的土台和石基到春秋战国时代至秦代的万里长城、隋代的郑州超化寺、南北大运河、黄河大堤，从中国宏伟的宫殿、寺院到埃及古老的金字塔、雅典的神庙，无一不体现着人类与土打交道进行工程建设的丰富实践经验和高超的工程技术水平。隋代修建的河北省赵州桥，为世界上最早最长的石拱桥，全桥仅一孔石拱横越汶河，净跨达 37.02 m。此石拱桥两端主拱肩部设有两对小拱，结构合理，造型美观，节料减重，简化桥台，增加稳定性，桥宽 8.4 m，桥下通航，桥上行车。桥台落在粉土天然地基上，基底压力达 500 ~ 600 kPa，从 1390 年以来沉降与位移甚微，至今安然无恙。1991 年，美国土木工程师协会选定赵州桥为“国际历史土木工程第 12 个里程碑”。

18 世纪欧洲工业革命的兴起，大规模的城市、水利和道路、铁路的兴建，遇到了很多与土力学有关的问题，随着这些问题的解决，土力学的理论逐步地产生和发展。1773 年，法国学者库仑根据试验提出了砂土抗剪强度公式和挡土墙土压力的滑楔理论，即库仑理论；1856 年，法国学者达西创立了砂土的渗透定律，即达西定律；1869 年，英国学者朗肯又从不同的途径建立了挡土墙的土压力理论，即朗肯理论；1885 年，法国学者布辛奈斯克求得半无限弹性体在垂直集中力作用下，应力和变形的理论解答；1922 年，瑞典学者费兰纽斯提出了解决土坡稳定的条分法，即瑞典法；1925 年，美国著名科学家、土力学的奠基人太沙基归纳了前人的成就，发表了《土力学》专著，使土力学成为了一门独立的学科。

新中国成立以来，为适应社会主义建设的需要，本学科得到迅速的发展，全国各地有关勘察、设计、施工、科研单位和高等院校，总结实践经验，开展现场测试、专题试验和理论研究。不少专家学者对土力学理论作出宝贵的贡献，如中国科学院院士、全国土力学及基础工程学会前理事长、清华大学教授黄文熙，早在 1957 年就研究提出了非均质地基考虑土侧向变形影响的沉降计算方法，并于 20 世纪 60 年代初研制成功第一台振动三轴仪，在国际学术会议上发表了砂土液化理论。

近年来，世界各国超高土坝（坝高超过 200 m）、超高层建筑与核电站等巨型工程的兴建，各国多次强烈地震的发生，促进土力学进一步发展。同时，各国研制成功多种多样的工程勘察、试验与地基处理的新设备为土力学理论研究和地基加固提供了良好的条件。电子计算机的应用和试验测试技术自动化程度的提高，标志着本学科进入了一个新时期。改革开放与现代化建设，将使本学科得到新的活力和更大的发展。

我国一些学者将土力学的发展划分为三个阶段：①奠基阶段，此阶段从库仑、朗肯、费兰纽斯等建立的土力学理论到太沙基《土力学》专著；②土力学的建立与发展阶段，此阶段的标志是太沙基的专著《土力学》一书的出版，有效应力原理、一维固结理论的应用与发展；③土力学的新时期，此阶段标志是 20 世纪 60 年代以后，计算机的出现、计算方法的改进与发展、测试技术的发展、本构模型的建立与发展等。

任务一　土的物理性质与工程分类

知识培养要求

1. 理解土的三相组成。
2. 掌握土的物理性质指标的计算。
3. 掌握土的物理状态指标的计算及应用。
4. 理解土的粒组划分及颗粒分析方法,掌握土的工程分类方法。

能力培养要求

1. 能够熟练进行土的物理性质指标测定与分析使用。
2. 会根据土的物理状态指标判断土的物理状态。
3. 会根据土工规范进行土的分类与鉴别。

第一节　土的成因

地球外层是由岩石与土构成的地壳,地壳中的化学元素随着自然环境的改变而不断变化,这些元素在一定地质条件下形成具有一定化学成分和物理性质的单质或化合物,即矿物,矿物的自然集合体又构成岩石。土是地壳表层原岩经受风化、剥蚀、搬运、沉积作用的产物,是各种没有胶结和弱胶结矿物颗粒的集合体。土与岩石的区分仅在于颗粒间胶结的强弱。

一、地质作用

地球形成至今,经历了46亿年以上的发展历史,而地壳一直是处在运动和变化之中的。例如,高山不断遭受剥蚀夷为平地,沧海又不断被泥土充填变成桑田,火山爆发、地震、山洪等。这种使地壳的组成物质、地壳构造和地表形态等发生变化的各种作用,统称为地质作用。

按引起地质作用能源的不同,地质作用可分为内力地质作用和外力地质作用。内力地质作用的能源来自地球内部,主要是地球自转产生的动能和放射性元素蜕变产生的热能。内力地质作用主要表现为地壳运动、岩浆活动、变质作用和地震等。

外力地质作用主要是太阳的辐射能引起的,并有重力能参加。外力地质作用主要通过地面河流、海洋、湖泊、冰川、风和生物活动等形式,作用于地壳表层。外力地质作用主要表现为风化作用、剥蚀作用、搬运作用、沉积作用和硬结成岩作用等。

内力地质作用和外力地质作用在促使地壳演化过程中,是相互联系又是相互矛盾的。

二、风化作用

地表的岩石，在太阳辐射热、水、大气和生物等因素的作用下，其结构会逐渐疏松破碎，或矿物成分发生改变，这些统称为风化作用。

风化作用按产生的原因和特征，可分为物理风化作用、化学风化作用和生物风化作用三种类型。

(一)物理风化作用

由于温度变化、水的冻胀、波浪冲击、地震等引起的物理力使岩体崩解、碎裂成岩块及岩屑的作用，称为物理风化作用。物理风化使岩石产生量的变化。

岩石是一种热的不良导体，当温度发生变化时，岩石产生热胀冷缩，表里胀缩不一，导致岩石产生裂缝而逐渐破碎，由表及里一层层遭受破坏，如图 1-1 所示。

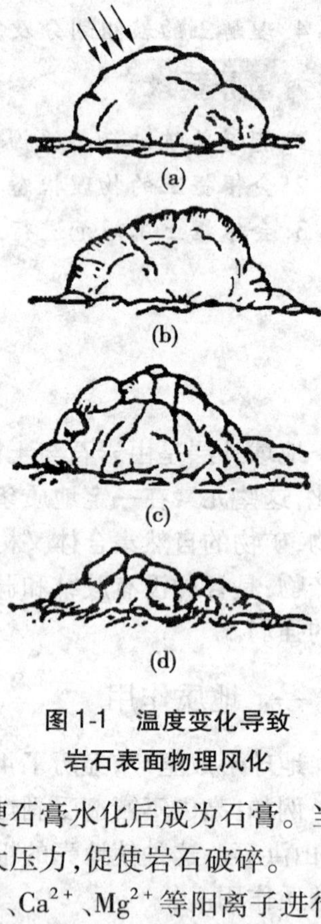

图 1-1　温度变化导致岩石表面物理风化

渗入岩石裂隙中的水分发生冰冻和融解现象时，水结冰后体积膨胀，可以产生很大的压力，促使裂隙扩大；当温度上升，冰又融化成水，水便继续向内渗透，这样冻与融反复进行，产生冰劈作用，使岩石崩裂。

另外，当水中溶解有盐类物质时，水分蒸发后盐类便在裂隙中结晶，对岩石产生撑胀作用，也会使岩石裂隙扩大，导致岩石崩解。

(二)化学风化作用

化学风化作用是指岩石与空气、水和各种水溶液相接触，经溶解、水化、水解和氧化作用分解为新矿物的作用。化学风化使岩石产生质的变化。

在自然界中，大多数矿物都能不同程度地溶解于水，当水中二氧化碳含量增加或温度增高时，便增大了水的溶解能力，如岩盐、石膏等溶于水并随水带走，使岩石孔隙率增加，裂隙加大，削弱了岩石的坚固性。

有些矿物与水作用时，能吸收水分形成新的化合物，如硬石膏水化后成为石膏。当水化作用生成新的矿物时，往往体积膨胀，对周围岩石产生很大压力，促使岩石破碎。

在水中常有一部分 H^+ 和 OH^- 离子与矿物中的 K^+、Na^+、Ca^{2+}、Mg^{2+} 等阳离子进行化学反应，形成新的化合物，使岩石成分发生改变，结构破坏，从而降低岩石的物理力学性质。

还有一些矿物由于氧化作用，在空气和水中游离氧的作用下，破坏岩石和矿物。

(三)生物风化作用

生物风化作用是指生物活动对岩石产生的破坏作用。这些作用一方面可引起岩石的机械破坏，如植物根系的生长，穴居地下的蚯蚓、鼠类等挖洞穴；另一方面可引起岩石的化学分解，如动植物的新陈代谢和遗体腐烂分泌出来的有机酸、硝酸等，可使岩石分解破坏。

上述三种风化作用，在自然界并不是孤立进行的，而是相互联系、相互影响的统一过程。如物理风化作用使岩石逐渐破碎，这些破碎岩石又扩大了风化作用的接触面积，给化学风化作用提供了有利条件。而岩石的化学风化作用，使岩石变得松软，有些矿物水化后体积膨胀产生了很大的压力，又促进了物理风化作用的进行。

三、沉积物类型及工程地质特征

土在地表分布广泛，不同成因类型的沉积物，各具有一定的分布规律、地形形态及工程性质。

（一）残积物

岩石经风化作用后残留在原地的碎屑物，称为残积物。它的分布受地形的控制，主要分布在宽广的分水岭上及平缓的山坡或低洼地带。

残积层的矿物组成和化学成分与下伏原岩基本一致。碎屑物质颗粒大小很不均一，颗粒形状多具棱角，磨圆度很差，一般无层理，但有时保存有原岩的残余构造；残积层与下伏新鲜岩石没有明显的界线，而是逐渐过渡的。残积层的工程地质性质与原岩有很大的差别，它具有较多的孔隙和裂隙，易被水冲刷，强度和稳定性低，在进行工程建设时，要注意残积物地基的不均匀性。

（二）坡积物

高处的岩石风化后，由于受到水流搬运或重力作用而沉积在较平缓的山坡上的沉积物，称为坡积物。它一般分布在坡腰或坡脚，其上部与残积物相接。

坡积物随斜坡自上而下呈现由粗到细的分选现象，但层理不明显，其矿物成分与下卧基岩没有直接关系，其厚度在斜坡较陡地段较薄，在坡脚地段则较厚。由于坡积物形成于山坡，故较易沿下卧基岩倾斜面发生滑动，因此在工程中要考虑坡积物本身及开挖边坡的稳定性。

（三）洪积物

由暴雨或大量融雪所骤然形成的暂时性山洪，将岩石风化、剥蚀、搬运，堆积于山谷冲沟出口或山前平原而形成洪积物。洪积物在靠山较近处窄而陡，离山较远处宽而缓，形似扇形或锥体，故又称为洪积扇（锥）。

洪积物从山区由近至远呈现由粗到细的分选现象，颗粒由于搬运距离短而磨圆度差，并呈现不规则层理构造，有夹层或透镜体等。靠近山区的洪积物，颗粒较粗，地势较高且地下水位低，故承载力较高，常为良好的天然地基；离山区较远地区，颗粒多为粉粒及黏粒，在形成过程中受到周期性干旱作用，土体胶结密实，承载力较高；中间过渡地段，常由于地下水溢出而形成沼泽地，土质弱而承载力低。

（四）冲积物

河流两岸的基岩及其风化物，被流水剥蚀、搬运，沉积于河道坡度较平缓地带而形成的沉积物，称为冲积物。冲积物的特点是具有明显的层理构造，颗粒的磨圆度好，有明显的分选现象。

除上述几种类型的沉积物外，还有海洋沉积物、湖泊沉积物、冰川沉积物及风积物等，其特点可参考其他资料。

四、土的矿物成分类型

土中固体部分的成分,绝大部分是矿物质,另外或多或少有一些有机质,而土粒的矿物成分主要取决于原岩的成分及其所经受的风化作用。不同的矿物成分对土的性质有着不同的影响,其中以细粒组的矿物成分尤为重要。

(一)原生矿物

原生矿物是原岩物理风化形成的,化学成分并未改变。这类矿物的化学性质稳定或较稳定,具有强或较强的抗水性和抗风化能力,是组成粗粒土的主要矿物成分,其对土的性质的影响主要由这些矿物本身的性质反映出来,如颗粒组成、大小形状、表面特征、矿物类型、硬度等。原生矿物主要有石英、长石、云母,其次为角闪石、磁铁矿等。

(二)次生矿物

次生矿物是原生矿物进一步因溶解、水化、水解及氧化等化学风化作用而形成的新的矿物成分。其成分与原岩不同,颗粒较细。在自然界,常见的次生矿物有蒙脱石、伊利石(水云母)、高岭石,以及易溶于水的石膏和岩盐等。

黏土矿物是次生矿物中数量最多的矿物,其颗粒极细,一般粒径小于 0.005 mm,是构成土中黏粒的主要矿物成分。它在土中的相对含量即使不大,也对土的工程性质有极大的影响。

五、土的工程特性

土的工程特性即土的力学性质。由于土形成原因的复杂性,所以就从根本上决定了土的工程特性的复杂性。土的多孔性和散体性是土区别于其他固体材料的本质特征。因此,与其他固体材料相比,土的工程特性主要体现在三方面。

(一)压缩性

土的压缩主要是在压力作用下,土颗粒发生重新排列,导致土体孔隙中水汽排出和体积缩小的结果。材料压缩性的高低随材料性质的不同而有很大差别,卵石的压缩性为钢筋压缩性的 4 200 倍,饱和细砂的压缩性比 C20 混凝土的压缩性高 1 600 倍,而软塑状态或流塑状态的黏性土往往比饱和细砂的压缩性还要高,这说明土的压缩性比其他固体材料高得多。

(二)抗剪性

土的抗剪性是指土的强度。无黏性土的强度来源于土粒表面粗糙不平产生的摩擦力;黏性土的强度除摩擦力外,还有黏聚力。无论摩擦力还是黏聚力,均远远小于建筑材料本身的强度,也就是说,土的强度不是指抗压强度或抗拉强度,而是指抗剪强度。土的强度比其他建筑材料(如钢材、混凝土等)的强度都低得多。

(三)透水性

土的形成原因决定了土的多孔性,这给水的渗流提供了通道,土的透水性比木材、混凝土等固体材料都大,尤其是粗颗粒的卵石或砂土,其透水性极大。

上述土的三种工程特性,即压缩性高、抗剪性低、透水性大,与建筑工程设计和施工关系密切,被称为土的三大力学性质,需高度重视。

第二节　土的结构与构造

一、土的结构

土的结构是指土颗粒之间排列与联结的特征，通常可分为单粒结构、蜂窝状结构和絮状结构等三种基本类型。

（一）单粒结构

单粒结构是由土粒在自重作用下单独下沉达到稳定状态形成的。颗粒之间是点接触，几乎没有联结，粒间相互作用的影响较重力作用的影响可忽略不计，如图 1-2 所示。砂土和砾石土等粗颗粒土，一般都属于单粒结构，这种结构的土可能是紧密的，也可能是疏松的。

（二）蜂窝状结构

这种结构是粒径在 0.005 ~ 0.075 mm 范围的细颗粒土，在沉积过程中土粒之间的引力作用大于土粒自重，使颗粒互相联结成的。由于土粒之间的引力作用为主导作用，土粒不下沉，而是依次被吸引形成蜂窝状结构，如图 1-3 所示。其主要特点是孔隙大，在荷载作用下常产生较大变形，同时强度也较低。

（三）絮状结构

粒径小于 0.005 mm 的黏土颗粒在水中长期悬浮而不下沉，当这些黏粒在水中相互碰撞而吸引凝聚形成小链环下沉时，在小链环之间形成类似蜂窝状而孔隙特大的结构，称为絮状结构，如图 1-4 所示。这种结构在荷载作用下，特点是变形大、强度小。

在以上三种结构中，以密实的单粒结构工程性质最好。一般把具有蜂窝状结构和絮状结构的土称为结构性土。对于结构性土，要尽量减小扰动，避免破坏土的原状结构，否则土的力学性质会表现为压缩性高、强度低，不可作为天然地基。

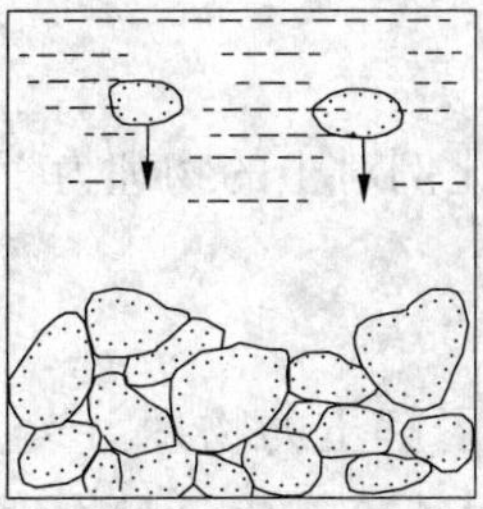

图 1-2　单粒结构

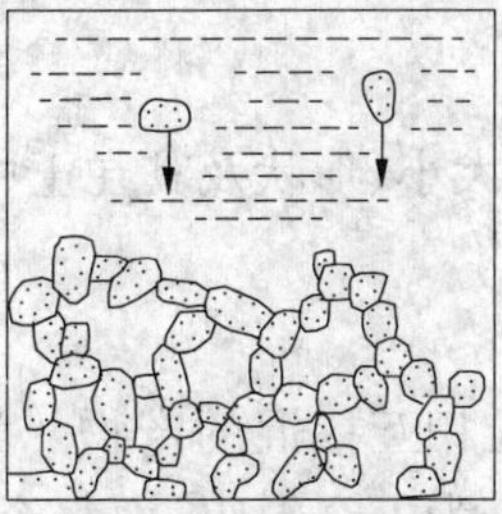

图 1-3　蜂窝状结构

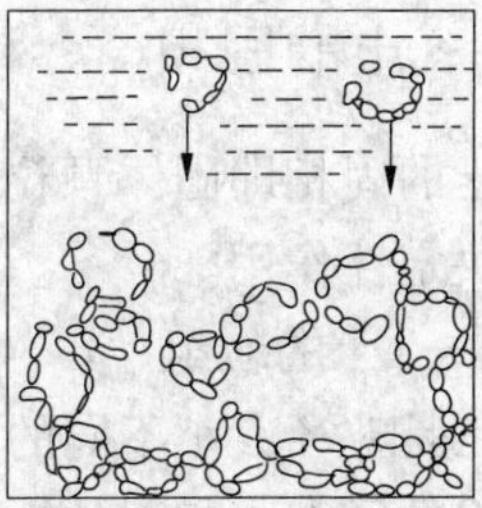

图 1-4　絮状结构

二、土的构造

土的构造是指同一土层中土颗粒之间的相互位置与充填空间的特征，一般可分为以下几种类型。

(一)层状构造

土粒在沉积形成过程中,由于不同的地质作用和沉积环境,相同的物质成分、大小或颜色的土粒在竖直方向沉积成一定厚度,呈现出成层特征,为细粒土的一个重要特征。第四纪冲积层具有明显的层状构造,因沉积环境条件的变化,常又会出现夹层、尖灭和透镜体等交错层理。

(二)分散构造

砂、砾石等沉积物,当沉积厚度较大时,往往无明显的层理而呈分散状,分布均匀,性质相近,称为分散构造。

(三)裂隙构造

裂隙构造是指土层中存在的各种不连续的裂隙,裂隙中往往充填着盐类沉淀物。不少坚硬和硬塑状态的黏性土具有此种构造。黄土中有特殊的柱状裂隙,红黏土中网状裂隙发育可延伸至地下 3 ~4 m。裂隙破坏了土的完整性,使工程性质恶化。

(四)结核构造

在细粒土层中混有粗颗粒或铁质、钙质等结合体,称为结核构造。如含砾石的冰碛黏土,含缰石的粉质黏土等。

在以上四种构造中,通常分散构造工程性质最好;层状构造的尖灭层和透镜体的存在会影响土层的受力和压缩的不均匀性,常会引起地基的不均匀变形;裂隙构造的裂隙强度低、渗透性大、工程性质差;结核构造工程性质取决于细粒土性质。

第三节 土的三相组成

土是由固体颗粒、水和气体组成的一种三相体。固体颗粒一般由矿物质组成,有时还有粒间的胶结物和有机质,这构成土的骨架,液体水和气体则填充在固体颗粒的孔隙中。天然土一般是三相土,又称做湿土。在一些特殊时候,土处于二相状态,当土骨架中的孔隙被水充满时,称为饱和土;当土骨架中的孔隙不含水时,称为干土。

一、土的固相

土的固相即固体颗粒,其颗粒大小、形状及其在土中所含的比例对土的物理力学性质起着决定性作用。

(一)土的粒组

土是粒径大小不同的固体颗粒相互掺混的产物。为了准确了解土的物理力学性质,往往将粒径大小相近的土颗粒划分为一个粒组,而每个粒组认为其矿物成分和物理力学性质基本相近。目前,粒组划分的界限粒径在不同的国家,甚至同一国家的不同部门都有不同的规定。表 1-1 是《土的分类标准》(GBJ 145—90)土粒粒组的划分方法,共分为 6 个粒组。

表 1-1　土粒粒组的划分

<table>
<tr><th>粒组统称</th><th colspan="2">粒组名称</th><th>粒径范围(mm)</th><th>一般特性</th></tr>
<tr><td rowspan="2">巨粒组</td><td colspan="2">漂石(块石)粒</td><td>$d>200$</td><td rowspan="2">透水性很大,无黏性,无毛细水</td></tr>
<tr><td colspan="2">卵石(碎石)粒</td><td>$200\geqslant d>60$</td></tr>
<tr><td rowspan="6">粗粒组</td><td rowspan="3">砾粒(角砾)</td><td>粗</td><td>$60\geqslant d>20$</td><td rowspan="3">透水性大,无黏性,毛细水上升高度不超过粒径大小</td></tr>
<tr><td>中</td><td>$20\geqslant d>5$</td></tr>
<tr><td>细</td><td>$5\geqslant d>2$</td></tr>
<tr><td rowspan="3">砂粒</td><td>粗</td><td>$2\geqslant d>0.5$</td><td rowspan="3">易透水,当混有云母等杂质时透水性减小,而压缩性增大;无黏性,遇水不膨胀,干燥时松散;毛细水上升高度不大,随粒径变小而增大</td></tr>
<tr><td>中</td><td>$0.5\geqslant d>0.25$</td></tr>
<tr><td>细</td><td>$0.25\geqslant d>0.075$</td></tr>
<tr><td rowspan="2">细粒组</td><td colspan="2">粉粒</td><td>$0.075\geqslant d>0.005$</td><td>透水性小,湿时稍有黏性,遇水膨胀小,干时稍有收缩;毛细水上升较快,上升高度较大,极易出现冻胀现象</td></tr>
<tr><td colspan="2">黏粒</td><td>$d\leqslant 0.005$</td><td>透水性很小,湿时有黏性和可塑性,遇水膨胀大,干时收缩显著;毛细水上升高度较大,但速度较慢</td></tr>
</table>

(二)土的颗粒级配

工程中,土常常是不同粒组的混合物,而土的性质主要取决于不同粒组的相对含量。土的颗粒级配是指大小土粒的搭配情况,通常以土中各个粒组干土的相对含量的百分比来表示。为了了解各粒组的相对含量,就需进行颗粒分析。

1. 颗粒分析的方法

1)筛分法

《土的分类标准》(GBJ 145—90)规定:筛分法适用于粒径为 0.075 ~ 60 mm 的土。试验时,将风干的均匀土样放入一套孔径不同的标准筛,标准筛的孔径依次为 60 mm、40 mm、20 mm、10 mm、5 mm、2 mm、1.0 mm、0.5 mm、0.25 mm、0.1 mm、0.075 mm,经筛析机振动将土粒分开,称出留在每个筛上的土粒质量,即可求出各粒组土粒的相对含量。

2)密度计法

密度计法适用于粒径小于 0.075 mm 的土。该法根据理想圆球体在水中下沉速度与其直径的平方成正比的原理,把土粒认为是与其有相同沉降速度的理想圆球体,粗颗粒在水中下沉速度快,细颗粒下沉速度慢,通过测定不同时刻水土悬液的密度值,来换算小于某粒径的土粒含量及各粒组的相对含量。

当土中既含有粒径为 0.075 ~ 60 mm 的土,又含有粒径小于 0.075 mm 的土时,应联合使用上述两种方法。

2. 颗粒分析的结果

颗粒分析的结果常用列表法或级配曲线法两种方式表达。

1) 列表法

列表法指列出表格直接表达各粒组的百分含量。表 1-2 为某干土样的颗粒分析结果。

表 1-2　某干土的筛分法颗粒分析统计

筛孔直径(mm)	2.0	1.0	0.5	0.25	0.1	0.075
筛上土的质量(g)	165	120	100	35	80	
各粒组土粒含量占总土样的比例(%)	33	24	20	7	16	
小于各粒径的土粒占总土样的百分数(%)	67	43	23	16		

注:1. 表中筛上土的质量就是各粒组的土粒含量,该土总土质量为 500 g。

2. 各粒组土粒含量占总土样的比例 $=\dfrac{\text{筛上土的质量}}{\text{总土质量}}\times 100\%$。

2) 级配曲线法

根据筛分法及密度计法试验结果,绘制颗粒级配曲线,横坐标以对数形式表示粒径大小,纵坐标表示小于某粒径的土粒占总土质量的百分数。

颗粒级配曲线的作用有两个:一是利用颗粒级配曲线可以计算出各粒组的含量,作为土的工程分类定名的依据;二是利用颗粒级配曲线分析判断土的级配好坏。

利用颗粒级配曲线定性地分析土的级配好坏,若土样含的土颗粒粒径范围广,粒径大小相差悬殊,曲线较平缓并光滑连续,则级配良好;反之,若土样含的土粒粒径范围窄,土粒粒径大小差不多,曲线较陡或出现平台的,则级配不良。如图 1-5 所示,从级配曲线 a 和 b 可以看出,曲线 b 级配良好,曲线 a 则级配不良。

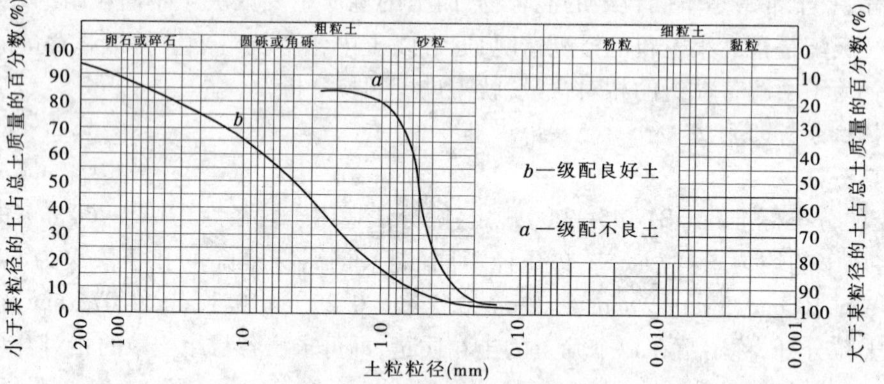

图 1-5　颗粒级配曲线

定量地判断土的级配好坏,常用不均匀系数 C_u 和曲率系数 C_c 两个级配指标来衡量。

不均匀系数 C_u

$$C_u=\frac{d_{60}}{d_{10}} \tag{1-1}$$

曲率系数 C_c

$$C_c=\frac{d_{30}^2}{d_{60}\times d_{10}} \tag{1-2}$$

式中　d_{60}——土的控制粒径或限定粒径,是指小于该粒径的土粒占总土质量的 60%;

d_{10}——土的有效粒径,是指小于该粒径的土粒占总土质量的 10%;

d_{30}——小于该粒径的土粒占总土质量的 30%。

不均匀系数 C_u 反映土粒大小的不均匀程度，C_u 越大，则曲线越平缓，表示土颗粒粒径范围广，粒径大小相差悬殊，颗粒大小越不均匀，作为填方工程的土料时，则比较容易获得较大的密实度；曲率系数 C_c 反映粒组的连续情况，其值过大或过小，曲线都有明显的台阶状，说明土样缺少某些粒径的土粒，土体不易压实，透水性及变形均较大。

工程上，$C_u \geq 5$ 且 $C_c = 1 \sim 3$ 的土，称为级配良好的土；不能同时满足上述两个要求的土，称为级配不良的土。

二、土的液相

土的液相即土中的水，水存在形式不同，直接影响土的性质。土中水可分为结合水和自由水。

（一）结合水

结合水是指被土颗粒表面吸引，在其周围形成的一层薄膜状的水，常又分为强结合水与弱结合水两类。土颗粒具有的与水相互作用的能力，称为亲水性。这种亲水性主要是由于土粒表面常带负电荷引起的，土粒表面的负电荷吸引着周围的极化水分子，并在靠近土粒处引力最大，因此使土粒周围的水分子被牢固地吸附在土粒的表面上，通常称这层水为强结合水。如果将干燥的土移到天然湿度的空气中，则土的质量将增加，直到土中吸着的强结合水达到最大吸着度。

土粒表面上的引力随着距离的增大而减小，位于强结合水外围的一层水膜，因引力减小，与土粒表面的结合就不如强结合水紧密，称为弱结合水。这层水不传递静水压力，可由水膜较厚的地方移向水膜较薄的地方，这种移动不受重力影响。当土中含有较多的弱结合水时，土则具有一定的可塑性。砂土比表面积较小，几乎不具有可塑性，而黏土的比表面积较大，其可塑性范围较大。弱结合水离土粒表面积愈远，其受到的电分子吸引力愈弱小，并逐渐过渡到自由水。

（二）自由水

自由水是指不受土粒表面引力作用，而受重力作用，能传递静水压力的一种普通水。它按移动所受到作用力的不同，可以分为毛细水与重力水两种。

1. 毛细水

土中的水，因受表面张力的作用，从地下水位沿土的毛细孔隙上升，形成的水称为毛细水。毛细水上升高度和速度取决于土粒的粒径、孔隙大小和形状等。一般黏土上升高度较大，可达几米，而砂土的上升高度很小，仅几厘米至几十厘米，卵砾石的毛细上升高度几乎接近为零。毛细水的上升能引起建筑物或构筑物地基受潮或发生冻害，甚至破坏其上的建筑物或构筑物。

2. 重力水

位于土中地下水位以下的水称为重力水。这种水在重力或压力差作用下运动，对土粒有浮力作用。

三、土的气相

土中的气体有两类：一类是与大气连通，它的成分与空气相似，在压力作用下，容易排出土体外,对土的工程性质影响很小;另一类是不与大气连通的封闭气体,在压力作用下可被压缩或溶解于水,而当压力减小时又可能复原,使土的渗透性减小,弹性增大,不易压缩稳定,对土的工程性质具有一定影响。

第四节　土的物理性质指标

土的物理性质反映了土的工程性质。在工程中,往往要借助土工试验方法,来获得表征土的物理性质的各项指标,并以此为基础,进行土的物理状态判断以及进行土的相关设计计算。

土的物理性质包括与质量有关的性质、与水有关的性质。土的物理性质指标实际上是土的三相,即固相、液相、气相的体积与质量(重量)的比例关系。物理性质指标共9个,其中,通过土工试验直接测定的实测指标有3个,可以由实测指标换算得到的换算指标有6个。为了说明这些物理力学性质指标的定义和它们之间的换算关系,常用三相图进行表示,如图1-6所示。图1-6中各符号的意义如下:W表示重量,V表示体积,下标a表示气体,s表示土粒,w表示水,v表示孔隙。

一、实测指标

(一)土的重度

土的重度表示土单位体积的重量,通常是指天然状态下土的重度,又称做天然重度或湿重度,记为γ,单位是kN/m^3。

$$\gamma = \frac{W}{V} \tag{1-3}$$

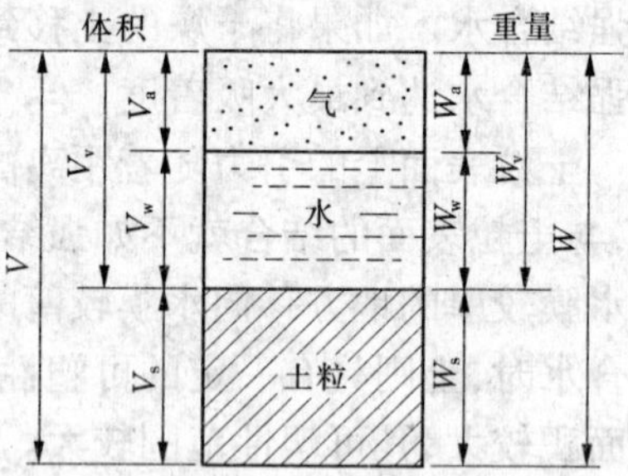

图1-6　土的三相图

土的重度综合反映了土的物质组成和结构特征。土的重度可在室内及野外现场直接测定,室内一般采用环刀法测定。天然状态下土的重度变化范围为16~22 kN/m^3。

(二)土粒比重

土粒比重是指土的重量与同体积4 ℃纯水重量之比,又称做土粒相对密度,记为d_s,无量纲。

$$d_s = \frac{W_s}{V_s\gamma_w} \tag{1-4}$$

式中　γ_w——4 ℃时水的重度,近似等于9.81 kN/m^3,实际工程计算时可取10 kN/m^3。

土粒比重在实验室内一般采用比重瓶法测定,天然状态下土粒比重一般数值如表1-3所示。

表1-3　土粒比重一般数值

土的名称	砂土	粉土	粉质黏土	黏土
土粒比重	2.65~2.69	2.70~2.71	2.72~2.73	2.74~2.76

（三）土的含水量

土的含水量是指土中水的重量与土粒重量之比，记为ω，以百分数表示。

$$\omega = \frac{W_w}{W_s} \times 100\% \tag{1-5}$$

土的含水量在实验室内一般采用烘干法测定。天然状态下土的含水量称土的天然含水量，其变化范围很大，与土的种类、埋藏条件和所处的自然地理环境有关。一般砂土天然含水量都不超过40%，以10%～30%最为常见；一般黏土大多在10%～80%之间，常见值为20%～50%。含水量越大的土压缩性越大，强度越低。

二、换算指标

（一）三种特殊条件下土的重度

1. 干重度

土的干重度是指土单位体积中土粒的重量，记为γ_d，单位kN/m^3。

$$\gamma_d = \frac{W_s}{V} \tag{1-6}$$

在工程上常把干重度作为评定土体紧密程度的标准，以控制填土工程的施工质量。土的干重度的范围一般为13～17 kN/m^3。

2. 饱和重度

土的饱和重度是指土的孔隙完全被水充满时单位体积的重量，记为γ_{sat}，单位是kN/m^3。

$$\gamma_{sat} = \frac{W_s + V_v\gamma_w}{V} \tag{1-7}$$

土的饱和重度范围一般为18～23 kN/m^3。

3. 浮重度

土的浮重度是指土单位体积中土粒重量与同体积水的重量之差，也就是考虑了浮力作用时土单位体积的有效重量，记为γ'，单位是kN/m^3。

$$\gamma' = \frac{W_s - V_s\gamma_w}{V} \tag{1-8}$$

由各重度的定义可见，同一种土在体积不变的条件下，重度在数值上存在如下关系

$$\gamma_{sat} > \gamma > \gamma_d > \gamma' \tag{1-9}$$

（二）反映土疏密程度的指标

1. 孔隙率

孔隙率是指土的孔隙体积与总土体积之比，以百分数表示，记为n。

$$n = \frac{V_v}{V} \times 100\% \tag{1-10}$$

2. 孔隙比

孔隙比是指土中孔隙体积与土粒体积之比，以小数表示，记为e。

$$e = \frac{V_v}{V_s} \tag{1-11}$$

土的孔隙比或孔隙率都可用来表示同一种土的疏密程度,它随土形成过程中所受的压力、颗粒级配和颗粒排列的状况而变化。孔隙比 e 是个重要的物理性质指标,可以用来评价天然土层的密实程度。一般 $e<0.6$ 的土是密实的低压缩性土,$e>1.0$ 的土是疏松的高压缩性土。

(三)饱和度

土的饱和度是指土中孔隙水的体积与孔隙体积之比,以百分数表示,记为 S_r。

$$S_r = \frac{V_w}{V_v} \times 100\% \tag{1-12}$$

饱和度 S_r 的范围为 0~100%。工程上,饱和度常作为砂土和粉土湿度划分的标准:

$S_r<50\%$　　稍湿

$S_r=50\%\sim80\%$　　很湿

$S_r>80\%$　　饱和

三、物理性质指标的计算

物理性质指标之间的计算是工程人员的一个基本功。在土工实验室工作、阅读工程地质勘察报告及设计地基基础等时,均需要用到这项技能。

目前,物理性质指标的计算常用方法有两种。对于初学者,为了搞清物理性质指标所体现的土的三相关系,可采用三相图法;若实验室工作需大量计算,多用公式法。

(一)三相图法

三相图法的基本步骤如下:

(1)绘制三相图,将题目中已知三相的重量(质量)或体积填入图中。

(2)根据物理性质指标的定义即公式,求出其他各相的重量(质量)或体积并填入图中。

(3)计算题目要求的各物理性质指标。

物理性质指标表示的是土中三相各量的比例关系,若未知各相的具体量值,可令其中一相为1。为计算简便,多令体积特别是土粒的体积为1。

【例1-1】 某饱和黏性土的含水量为38%,土粒比重为2.71。求土的孔隙比和干重度。

解:1. 计算各基本物理量

令 $V_s=1\ \text{m}^3$

(1)求各相重量。

由 $d_s=\frac{W_s}{V_s\gamma_w}$ 得　　$W_s=d_sV_s\gamma_w=2.71\times1\times9.81=26.59(\text{kN})$

由 $\omega=\frac{W_w}{W_s}$ 得　　$W_w=\omega W_s=0.38\times26.59=10.10(\text{kN})$

总重量　　$W=W_s+W_w=26.59+10.10=36.69(\text{kN})$

(2)求各相体积。

由 $\gamma_w=\frac{W_w}{V_w}$ 得　　$V_w=\frac{W_w}{\gamma_w}=\frac{10.10}{9.81}=1.03(\text{m}^3)$

已知该土为饱和土体，所以 $V_w = V_v$，则

$$V = V_s + V_w = 1 + 1.03 = 2.03(\text{m}^3)$$

将各相重量和体积的数值填入三相图中(略)。

2. 求孔隙比和干重度

$$e = \frac{V_v}{V_s} = \frac{1.03}{1} = 1.03$$

$$\gamma_d = \frac{W_s}{V} = \frac{26.59}{2.03} = 13.10(\text{kN/m}^3)$$

(二)公式法

公式法就是利用土的各物理性质指标间的换算公式进行计算的，具体内容见表1-4。

表1-4　土的三相物理性质指标换算公式

指标名称	符号	表达式	单位	换算公式	说明
重度	γ	$\gamma = \frac{W}{V}$	kN/m³	$\gamma = \frac{d_s + S_r e}{1+e}\gamma_w$ $\gamma = \frac{d_s + (1+\omega)\gamma_w}{1+e}$	实测指标
土粒比重	d_s	$d_s = \frac{W_s}{V_s\gamma_w}$		$d_s = \frac{S_r e}{\omega}$	实测指标
含水量	ω	$\omega = \frac{W_w}{W_s} \times 100\%$		$\omega = \frac{S_r e}{d_s} \times 100\%$ $= \left(\frac{\gamma}{\gamma_d} - 1\right) \times 100\%$	实测指标
孔隙比	e	$e = \frac{V_v}{V_s}$		$e = \frac{d_s\gamma_w(1+\omega)}{\gamma} - 1$	换算指标
孔隙率	n	$n = \frac{V_v}{V} \times 100\%$		$n = \frac{e}{1+e} \times 100\%$	换算指标
饱和度	S_r	$S_r = \frac{V_w}{V_v} \times 100\%$		$S_r = \frac{\omega d_s}{e} = \frac{\omega\gamma_d}{n\gamma_w}$	换算指标
干重度	γ_d	$\gamma_d = \frac{W_s}{V}$	kN/m³	$\gamma_d = \frac{\gamma}{1+\omega} = \frac{d_s\gamma_w}{1+e}$	换算指标
饱和重度	γ_{sat}	$\gamma_{sat} = \frac{W_s + V_v\gamma_w}{V}$	kN/m³	$\gamma_{sat} = \frac{d_s + e}{1+e}\gamma_w$	换算指标
浮重度	γ'	$\gamma' = \frac{W_s - V_s\gamma_w}{V}$	kN/m³	$\gamma' = \gamma_{sat} - \gamma_w = \frac{(d_s - 1)\gamma_w}{1+e}$	换算指标

【例1-2】　某土样测得重量为1.87 N，体积为100 cm³，烘干后重量为1.67 N，已知土粒比重2.66。试求土的重度、含水量、孔隙比、饱和度、干重度、饱和重度及浮重度。

解：

$$\gamma = \frac{W}{V} = \frac{1.87 \times 10^{-3}}{100 \times 10^{-6}} = 18.7(\text{kN/m}^3)$$

$$\omega = \frac{W_w}{W_s} \times 100\% = \frac{1.87 - 1.67}{1.67} \times 100\% = 11.98\%$$

$$e=\frac{d_s\gamma_w(1+\omega)}{\gamma}-1=\frac{2.66\times10\times(1+0.1198)}{18.7}-1=0.593$$

$$S_r=\frac{\omega d_s}{e}\times100\%=\frac{0.1198\times2.66}{0.593}\times100\%=53.7\%$$

$$\gamma_d=\frac{\gamma}{1+\omega}=\frac{18.7}{1+0.1198}=16.7(\text{kN/m}^3)$$

$$\gamma_{sat}=\frac{d_s+e}{1+e}\gamma_w=\frac{2.66+0.593}{1+0.593}\times10=20.4(\text{kN/m}^3)$$

$$\gamma'=\gamma_{sat}-\gamma_w=20.4-10=10.4(\text{kN/m}^3)$$

第五节　土的物理状态指标

土在自然状态下所表现出的松密、软硬等程度,称为土的物理状态。土的物理状态对土的工程性质影响较大,而不同类的土其物理状态的影响因素也不同。影响无黏性土物理状态的主要因素是密实度,黏性土则主要是受含水量变化的影响。

一、无黏性土的密实度

无黏性土一般是指具有单粒结构的碎石土和砂土,它们的工程性质与其密实程度有关。若颗粒排列紧密,其结构就稳定,压缩变形小,强度大,可作为良好的天然地基;反之,结构疏松,不稳定,是不良地基。

判别无黏性土密实度的方法有下列几种。

(一)孔隙比判别法

判别无黏性土密实度最简便的方法是用孔隙比。孔隙比愈小,表示土愈密实;孔隙比愈大,土愈疏松。但由于土颗粒的形状和级配对密实度影响很大,而孔隙比没有考虑这一重要因素,故应用时存在明显缺陷。例如,对两种级配不同的砂采用天然孔隙比来判别其密实度,相同的孔隙比,级配均匀的砂已处于密实的状态,而级配不均匀的砂达不到密实;反之,相同密实状态下,级配良好的砂,其孔隙比较小。

(二)相对密实度判别法

$$D_r=\frac{e_{max}-e}{e_{max}-e_{min}} \tag{1-13}$$

式中　D_r——砂土的相对密实度;

e_{max}——砂土在最松散状态下的孔隙比,即最大孔隙比;

e_{min}——砂土在最密实状态下的孔隙比,即最小孔隙比;

e——砂土的天然孔隙比。

相对密实度考虑了颗粒级配的影响,理论上较为完善,可以较准确地判断土的密实度,具体见表1-5。但无黏性土取样困难,测定 e_{max} 和 e_{min} 时人为因素影响很大,试验结果不稳定。因此,相对密实度在工程中主要用于填方质量的控制,对于天然土尚难应用。

表 1-5　相对密实度判别标准

相对密实度 D_r	$0.67 < D_r \leq 1$	$0.33 < D_r \leq 0.67$	$0 < D_r \leq 0.33$
密实度	密实	中密	松散

(三)现场原位测试判别法

砂土密实度的现场原位测试采用标准贯入试验方法。该法是用卷扬机将质量为63.5 kg的钢锤,以76 cm的落距将标准贯入器打入土中30 cm深,记录所需的锤击数N,以此判别砂土的密实度,详见表1-6。

表 1-6　砂土的密实度

标准贯入试验锤击数 N	$N \leq 10$	$10 < N \leq 15$	$15 < N \leq 30$	$N > 30$
密实度	松散	稍密	中密	密实

碎石土密实度的现场原位测试是根据重型圆锥动力触探锤击数$N_{63.5}$来判别的,见表1-7。

表 1-7　碎石土的密实度

重型圆锥动力触探锤击数 $N_{63.5}$	$N_{63.5} \leq 5$	$5 < N_{63.5} \leq 10$	$10 < N_{63.5} \leq 20$	$N_{63.5} > 20$
密实度	松散	稍密	中密	密实

二、黏性土的稠度

黏性土的主要物理状态特征是其软硬程度。黏性土的主要成分是黏粒,土粒很细,比表面积大,与水作用的能力强,故水对黏性土的工程性质影响较大。

黏性土的稠度是指黏性土的软硬程度,即土体对外力引起的变形或破坏的抵抗能力。黏性土的稠度与含水量密切相关。当土中含水量很少时,由于颗粒表面的电荷的作用,水紧紧吸附于颗粒表面,成为强结合水,土表现为固态或半固态;当含水量增加时,被吸附在颗粒周围的水膜加厚,土粒周围有强结合水和弱结合水,在这种含水量情况下,土体可以被捏成任意形状而不破裂,这种状态称为可塑态,弱结合水的存在是黏性土具有可塑状态的原因;当土中含水量再增加,土中除结合水外,还出现了较多的自由水,黏性土变成了液体,呈流动状态。黏性土随含水量的增加可从固态转变为半固态、可塑态及液态,如图1-7所示。

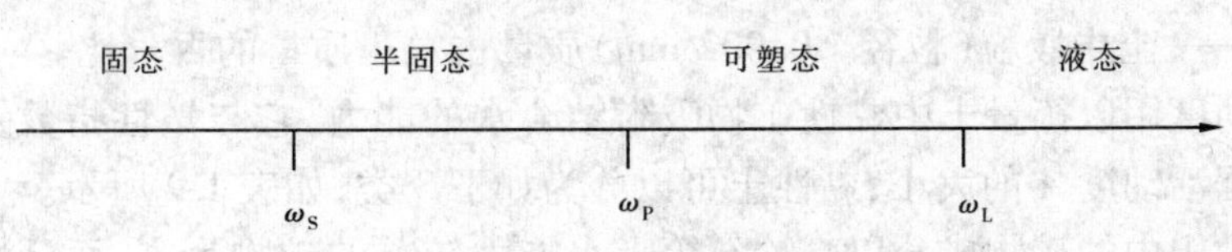

图 1-7　黏性土的稠度

（一）界限含水量

界限含水量是指黏性土从一种状态过渡到另外一种状态的分界含水量。液限是指黏性土从可塑态转变为液态的分界含水量，记为 ω_L；塑限是指黏性土从半固态转变为可塑态的分界含水量，记为 ω_P；缩限是指黏性土从固态转变为可半固态的分界含水量，记为 ω_S。

上述三个界限含水量都必须通过试验来测定。工程上常用的界限含水量为液限和塑限，常采用光电式液、塑限联合测定仪测定，此外液限还可采用锥式液限仪测定，塑限采用搓条法测定。

（二）塑性指数

黏性土的塑性指数是指土的液限和塑限的差值，习惯上用去掉百分数后的数值表示，记为 I_P。

$$I_P = \omega_L - \omega_P \tag{1-14}$$

塑性指数表示了黏性土在可塑状态下含水量变化的区间。塑性指数的大小主要与黏粒的成分、细度和含量有关。塑性指数愈大，说明土粒愈细，黏粒含量愈多，颗粒吸水能力愈强。

（三）液性指数

黏性土的液性指数是指土的天然含水量与塑限的差值除以塑性指数，记为 I_L。

$$I_L = \frac{\omega - \omega_P}{\omega_L - \omega_P} \tag{1-15}$$

式中　ω——黏性土的天然含水量。

液性指数用天然含水量与液限和塑限相比较，体现了天然含水量与半固态（固态）、液态的靠近程度，反映了黏性土天然状态的软硬程度。根据液性指数大小，可将黏性土划分为 5 种稠度状态，如表 1-8 所示。

表 1-8　黏性土的稠度状态

液性指数	$I_L \leqslant 0$	$0 < I_L \leqslant 0.25$	$0.25 < I_L \leqslant 0.75$	$0.75 < I_L \leqslant 1$	$I_L > 1$
状态	坚硬	硬塑	可塑	软塑	流塑

（四）活动度

黏性土的活动度是指土的塑性指数与土中胶粒含量百分数的比值，记为 A。

$$A = \frac{I_P}{P_{0.002}} \tag{1-16}$$

式中　I_P——黏性土的塑性指数；

$P_{0.002}$——土中胶粒（粒径 <0.002 mm）质量占总土质量的百分比。

土的活动度用以衡量土中黏性矿物吸附结合水的能力，它与塑性指数及矿物组成成分有关。根据活动度 A 的大小，黏性土可以分为如下 3 类，如表 1-9 所示。

非活性黏土中的矿物成分以高岭石等吸水能力较差的矿物为主，而活性黏土的矿物成分则以吸水能力很强的蒙脱石等矿物为主。

表 1-9　黏性土的活动度与分类

活动度	$A<0.75$	$0.75\leqslant A\leqslant1.25$	$A>1.25$
分类	非活性黏土	正常黏土	活性黏土

(五)灵敏度

黏性土的一个重要特征是具有天然结构性。当天然结构被破坏时,黏性土的强度降低,压缩性增大。反映黏性土的结构性强弱的指标称为灵敏度,是指原状土的无侧限抗压强度 q_u 与重塑土的无侧限抗压强度 q_{ur} 的比值,记为 S_t。

$$S_t=\frac{q_u}{q_{ur}} \tag{1-17}$$

式中　q_u——原状土的无侧限抗压强度,kPa;

q_{ur}——重塑土的无侧限抗压强度,kPa。

原状土是指从地层中取出能保持原有结构及含水量的土样。扰动土是指结构受到破坏或含水量发生变化时的土样,将扰动土再按原状土的密度和含水量制备成的试样,称为重塑土。

根据灵敏度的大小,可将黏性土分为 3 类,如表 1-10 所示。工程中应注意保护高灵敏度土的原状结构不受扰动和破坏。

表 1-10　黏性土的灵敏度与分类

灵敏度	$1<S_t\leqslant2$	$2<S_t\leqslant4$	$S_t>4$
分类	低灵敏土	中灵敏土	高灵敏土

第六节　土的工程分类

自然界中土的种类很多,工程性质各异。为了方便工程使用,需要按其主要特征进行分类。但目前还没有统一土名和土的分类法,各部门根据行业对土的某些工程性质的要求和重视程度不同,制定了各自的分类标准,如:1991 年施行了《土的分类标准》(GBJ 145—90),水利部在 1999 年颁布了本部门的新标准,即《土工试验规程》(SL 237—1999),住房和城乡建设部 2011 年修订了《建筑地基基础设计规范》(GB 50007—2011)等。

为了适应各种不同行业技术工作的需要,本节将同时介绍《土工试验规程》(SL 237—1999)和《建筑地基基础设计规范》(GB 50007—2011)两种土的分类标准。同样的土如果采用不同的规范分类,定出的土名可能会有差别,所以在使用规范时必须先确定工程所属行业,根据相应的行业规范来确定土的分类。

一、《土工试验规程》(SL 237—1999)分类法

该标准将工程用无机土分为一般土和特殊土两大类。

一般土按不同粒组的相对含量可分为巨粒土、粗粒土和细粒土，然后分别进行详细分类；特殊土包括黄土、膨胀土、红黏土等，其分类和定名可查阅相应的专门规范，在此不再赘述。

（一）巨粒土和含巨粒土的分类和定名

首先，根据土中的粒组含量分为巨粒类土和巨粒混合土，其中巨粒类土又根据土中的粒组含量分为巨粒土和混合巨粒土。试样中巨粒含量大于50%的土称巨粒类土；试样中巨粒含量为15%～50%的土称巨粒混合土；试样中巨粒组质量小于总质量15%的土可扣除巨粒土，按粗粒土或细粒土的相应规定分类、定名。

巨粒土和含巨粒土的分类定名应符合表1-11的规定。

表1-11　巨粒土和含巨粒土的分类

土类	粒组含量		土代号	土名称
巨粒土	巨粒含量 100%～75%	漂石粒含量>50%	B	漂石
		漂石粒含量≤50%	C_b	卵石
混合巨粒土	巨粒含量 小于75%，大于50%	漂石粒含量>50%	BSI	混合土漂石
		漂石粒含量≤50%	C_bSI	混合土卵石
巨粒混合土	巨粒含量 15%～50%	漂石含量>卵石含量	SIB	漂石混合土
		漂石含量≤卵石含量	SIC_b	卵石混合土

（二）粗粒土的分类和定名

试样中粗粒组质量大于总质量50%的土称粗粒类土。粗粒类土中砾粒组质量大于总质量50%的土称砾类土，砾粒组质量小于或等于总质量50%的土称砂类土。

砾类土应根据其中细粒含量及类别、粗粒组的级配，按表1-12分类和定名。

表1-12　砾类土分类

土类	粒组含量		土代号	土名称
砾	细粒含量 <5%	级配：$C_u \geq 5$，$C_c = 1 \sim 3$	GW	级配良好砾
		级配：不同时满足上述要求	GP	级配不良砾
含细粒土砾	细粒含量5%～15%		GF	含细粒土砾
细粒土质砾	15%<细粒含量 ≤50%	细粒为黏土	GC	黏土质砾
		细粒为粉土	GM	粉土质砾

注：表中细粒土质砾土类，应按细粒土在塑性图中的位置定名。

砂类土应根据其中细粒含量及类别、粗粒组的级配，按表1-13分类和定名。

表 1-13　砂类土分类

土类	粒组含量		土代号	土名称
砾	细粒含量 <5%	级配：$C_u \geqslant 5$，$C_c = 1 \sim 3$	SW	级配良好砂
		级配：不同时满足上述要求	SP	级配不良砂
含细粒土砂	细粒含量 5% ~15%		SF	含细粒土砂
细粒土质砂	15% < 细粒含量 ≤50%	细粒为黏土	SC	黏土质砂
		细粒为粉土	SM	粉土质砂

注：表中细粒土质砂土类，应按细粒土在塑性图中的位置定名。

试样中细粒组质量大于或等于总质量 50% 的土称细粒类土。

细粒类土应按下列规定划分：试样中粗粒组小于总质量 50% 的土称细粒土，试样中粗粒组质量为总质量 25% ~50% 的土称含粗粒的细粒土；试样中含有部分有机质（有机质含量 $5\% \leqslant O_u \leqslant 10\%$）的土称有机质土。

（三）细粒土分类和定名

细粒土应根据塑性图分类，如图 1-8 所示。塑性图的横坐标为土的液限，纵坐标为塑性指数。塑性图中有 A、B 两条界限线，A 线上侧为黏土，下侧为粉土；B 线左侧为低液限，右侧为高液限。

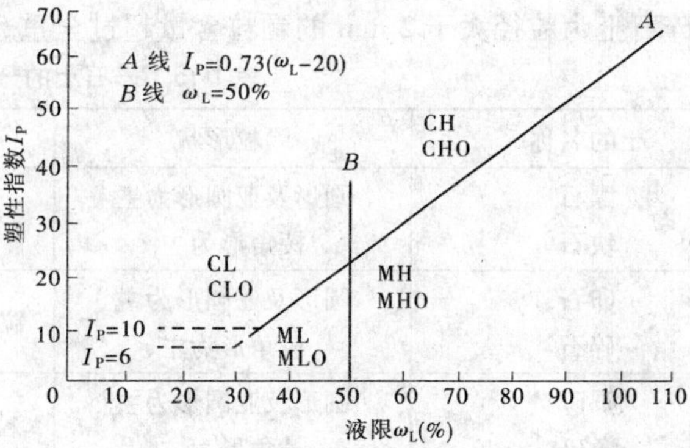

图 1-8　塑性图

细粒土应按塑性图中的位置确定土的类别，并按表 1-14 分类和定名。

表 1-14　细粒土的分类

土的塑性指标在塑性图中的位置		土代号	土名称
塑性指数 I_P	液限 ω_L		
$I_P \geqslant 0.73(\omega_L - 20)$ 和 $I_P \geqslant 10$	$\omega_L \geqslant 50\%$	CH	高液限黏土
	$\omega_L < 50\%$	CL	低液限黏土
$I_P < 0.73(\omega_L - 20)$ 和 $I_P < 10$	$\omega_L \geqslant 50\%$	MH	高液限粉土
	$\omega_L < 50\%$	ML	低液限粉土

含粗粒土的细粒土先按表 1-14 规定确定细粒土名称，再按下列规定最终定名：

（1）粗粒中砾粒占优势，称含砾细粒土，应在细粒土名代号后缀以代号 G。

示例：CHG—含砾高液限黏土。

(2)粗粒中砂粒占优势,称含砂细粒土,应在细粒土代号后缀以代号 S。

示例:CHS—含砂高液限黏土。

(3)有机质土可按表 1-14 规定划分定名,在各相应土类代号之后缀以代号 O。

示例:MLO—有机质低液限粉土。

二、《建筑地基基础设计规范》(GB 50007—2011)分类法

该规范将建筑地基岩土分为岩石、碎石土、砂土、粉土、黏性土和人工填土,另有淤泥和淤泥质土、红黏土、膨胀土、湿陷性土等特殊土。

(一)岩石

岩石应为颗粒间牢固联结,呈整体或具有节理裂隙的岩体。作为建筑物地基,除应确定岩石的地质名称外,尚应按其坚硬程度和完整程度进行分类。岩石按岩块饱和单轴抗压强度分为坚硬岩、较硬岩、较软岩、软岩和极软岩,按完整程度分为完整、较完整、较破碎、破碎和极破碎。

(二)碎石土

碎石土为粒径大于 2 mm 的颗粒含量超过全重 50% 的土,其详细分类见表 1-15。

表 1-15　碎石土的分类

土的名称	颗粒形状	粒组含量
漂石 块石	圆形及亚圆形为主 棱角形为主	粒径大于 200 mm 的颗粒含量超过全重 50%
卵石 碎石	圆形及亚圆形为主 棱角形为主	粒径大于 20 mm 的颗粒含量超过全重 50%
圆砾 角砾	圆形及亚圆形为主 棱角形为主	粒径大于 2 mm 的颗粒含量超过全重 50%

注:分类时,应根据粒组含量栏从上到下以最先符合者确定。

(三)砂土

砂土为粒径大于2 mm 的颗粒含量不超过全重50%、粒径大于0. 075 mm 的颗粒超过全重 50% 的土,其详细分类见表 1-16。

表 1-16　砂土的分类

土的名称	粒组含量
砾砂	粒径大于 2 mm 的颗粒含量占全重 25% ~50%
粗砂	粒径大于 0. 5 mm 的颗粒含量超过全重 50%
中砂	粒径大于 0. 25 mm 的颗粒含量超过全重 50%
细砂	粒径大于 0. 075 mm 的颗粒含量超过全重 85%
粉砂	粒径大于 0. 075 mm 的颗粒含量超过全重 50%

注:分类时,应根据粒组含量栏从上到下以最先符合者确定。

(四)黏性土

黏性土为塑性指数 I_P 大于 10 的土,又细分为黏土($I_P > 17$)和粉质黏土($10 < I_P \leq 17$)。

(五)粉土

粉土为介于砂土与黏性土之间,塑性指数 $I_P \leq 10$ 且粒径大于 0.075 mm 的颗粒含量不超过全重 50% 的土。

(六)人工填土

人工填土根据其组成和成因,可分为素填土、压实填土、杂填土和冲填土。素填土为由碎石、砂土、粉土、黏性土等组成的填土;经过压实或夯实的素填土为压实填土;杂填土为含有建筑垃圾、工业废料、生活垃圾等杂物的填土;冲填土为由水力冲填泥沙形成的填土。

(七)特殊土

1. 淤泥和淤泥质土

淤泥为在静水或缓慢的流水环境中沉积,并经生物化学作用形成,其天然含水量大于液限、天然孔隙比大于或等于 1.5 的黏性土。当天然含水量大于液限而天然孔隙比小于 1.5 但大于或等于 1.0 的黏性土或粉土为淤泥质土。

2. 红黏土

红黏土为碳酸盐岩系的岩石经红土化作用形成的高塑性黏土,其液限一般大于 50%。红黏土经再搬运后仍保留其基本特征,其液限大于 45% 的土为次生红黏土。

3. 膨胀土

膨胀土为土中黏粒成分主要由亲水性矿物组成,同时具有显著的吸水膨胀和失水收缩特性,其自由膨胀率大于或等于 40% 的黏性土。

4. 湿陷性土

湿陷性土为浸水后产生附加沉降,其湿陷系数大于或等于 0.015 的土。

【例 1-3】 已知从某土样的颗粒级配曲线上查得:粒径大于 0.075 mm 的颗粒含量为 64%,粒径大于 2 mm 的颗粒含量为 8.5%,粒径大于 0.25 mm 的颗粒含量为 38.5%,并测得该土样细粒部分的液限 $\omega_L = 38\%$,塑限 $\omega_P = 19\%$。试分别按《土工试验规程》(SL 237—1999)和《建筑地基基础设计规范》(GB 50007—2011)对土分类、定名。

解:1. 按《土工试验规程》(SL 237—1999)对土定名

(1)因该土样粗粒组含量为 $64\% > 50\%$,所以该土属粗粒类土。

(2)因该土样砾粒组含量为 $8.5\% < 50\%$,所以该土属砂类土。

(3)因该土样细粒含量为 $100\% - 64\% = 36\%$,查表 1-13,在 15% ~ 50% 之间,所以该土为细粒土质砂,应根据塑性图进一步细分。

(4)因该土的塑性指数 $I_P = 38 - 19 = 19$,$\omega_L = 38\%$,查塑性图(见图 1-8),坐标交点落在 CL 区,故该土最后定名为黏土质砂,即 SC。

2. 按《建筑地基基础设计规范》(GB 50007—2011)对土定名

(1)因该土样粒径大于 0.075 mm 的颗粒含量为 $64\% > 50\%$,而且粒径大于 2 mm 的颗粒含量为 $8.5\% < 50\%$,所以该土属砂土。

(2)因粒径大于0.25 mm的颗粒含量为38.5% <50%,粒径大于0.075 mm的颗粒含量为64%,查表1-16,该土定名为粉砂。

思考题

1-1　与其他建筑材料相比,土的工程特性有哪些?

1-2　土的结构有哪几种?什么是结构性土?

1-3　何谓颗粒级配良好?如何判定?

1-4　黏土颗粒哪层水膜对土的工程性质影响最大?

1-5　土的物理性质指标中,哪些是实测指标?其余指标如何导出?

1-6　何谓土的液限、塑限?它们与天然含水量是否有关?

1-7　土分为哪几大类?划分各类土的依据是什么?

习　题

1-1　用体积为72 cm^3的环刀切取原状土样,测得土样质量为129.1 g,烘干后质量为121.5 g,又经试验测得土粒比重为2.7。试求该土样的含水量、重度、饱和重度、浮重度、干重度各是多少?

1-2　某土样,测得其重度为17.8 kN/m^3,含水量为25%,土粒比重为2.65。试计算该土的干重度、孔隙比和饱和度。

1-3　有土料1 000 g,其含水量为6%,若使它的含水量增加16%。问需加水多少?

1-4　试证明:

$$\gamma_d = \frac{\gamma}{1+\omega} = \frac{d_s \gamma_w}{1+e}$$

$$S_r = \frac{\omega d_s}{e} = \frac{\omega \gamma_d}{n \gamma_w}$$

1-5　有A、B两土样,已知各物理性质指标如表1-17所示。

表1-17　土样A和B的物理性质指标

土样	ω_L(%)	ω_P(%)	ω(%)	d_s	S_r(%)
A	30	12	45	2.70	100
B	29	16	26	2.68	100

试问:(1)哪一个土样的黏粒含量高?

(2)哪一个土样的孔隙比大?

(3)哪一个土样的饱和重度大?

(4)用《建筑地基基础设计规范》(GB 50007—2011)确定两土样的名称及状态。

任务二　土的渗透性与渗流问题

知识培养要求

1. 理解土的渗透性、渗透水力坡降、渗透系数、渗透力、渗透变形等基本概念和达西定律的内容。

2. 掌握影响土渗透系数的因素。

3. 理解土的渗透变形的基本形式，掌握防止渗透变形的原理。

技能培养要求

1. 能够进行土的渗透系数测定与分析使用。

2. 会判断土的渗透变形基本形式，并提出常见防止渗透变形的措施。

水在重力作用下通过土中的孔隙，从势能高的地方向势能低的地方发生流动，这种现象称为水的渗透。土的生成决定了土的多孔性，这给水的渗透提供了通道。土体被水透过的性质，称为土的渗透性。修建水工建筑物后如图 2-1 所示，当土坝或水闸挡水后，在上、下游水位差的作用下，上游的水就会通过土坝或水闸地基渗透到下游，水也会在浸润线以下的坝体中产生渗流。

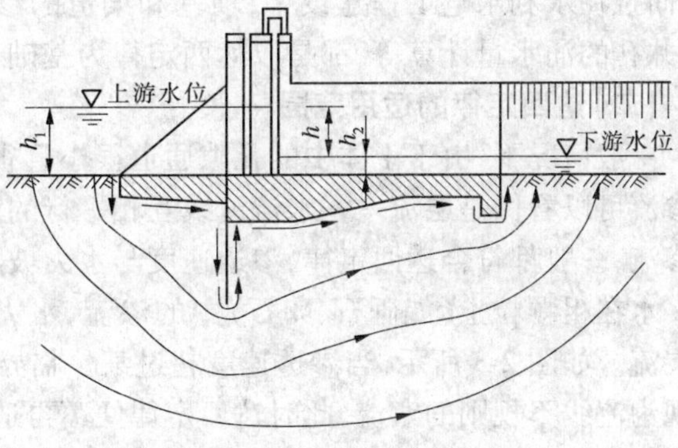

图 2-1　水闸地基的渗透

水在土中渗透，引起水量漏失，减小工程的经济效益，还会使土中的应力发生变化，改变土体的稳定条件，甚至造成土体的渗流破坏和土体的滑坡。这些渗流问题的出现，使得研究水在土中的渗透对于水工建筑物的设计、施工和管理，地基基础的处理都具有非常重要的意义。

第一节　土的渗透定律和渗透系数

一、达西定律

(一) 达西渗透定律

为了解决生产实践中的渗流问题，首先必须研究渗流运动的基本规律。为此，在 1856 年，法国学者达西用直立圆筒装砂进行渗透试验，如图 2-2 所示。结果发现：渗流水

量 Q 与渗透流量 q、过水断面面积 A、渗流水头 h 成正比，与渗流路径（渗径）L 成反比，引入表征土的渗透性大小的系数即渗透系数 k 后，可以表示如下

$$Q = qt = k\frac{h}{L}At \tag{2-1}$$

或

$$v = ki \tag{2-2}$$

式中　i——水力坡降。

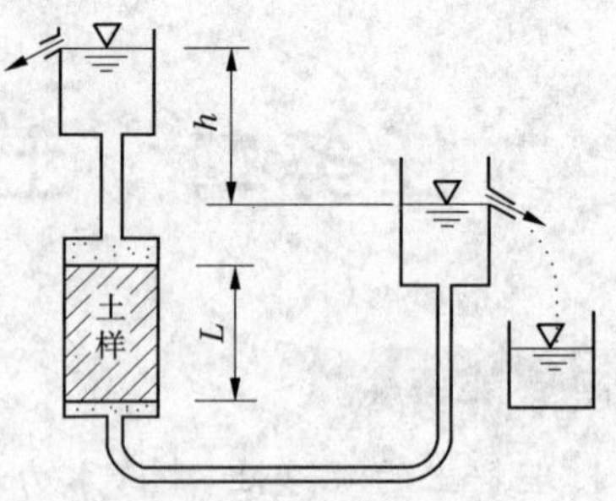

图 2-2　渗透试验

也就是说，根据达西的研究，当水流在层流状态时，水的渗透速度与水力坡降成正比。这就是著名的达西定律。

达西定律研究时由于观测实际流动的巨大困难，按照生产实际的需要对渗流进行了简化，不考虑土的固体颗粒，认为整个土体的空间均为渗流所充满。而实际上，由于水在土体中的渗透不是经过整个土体的截面面积，而仅仅是通过该截面面积内土体的孔隙面积，因此水在土体孔隙中渗透的实际速度要大于按式(2-2)计算出的渗透速度。

达西定律是土力学中的重要定律之一。达西定律不仅是研究地下水运动的基本定律，而且在水利水电工程建设中，坝基和渠道的渗漏计算，水库的渗漏计算，基坑排水计算，井孔的涌水量计算等，都是以达西定律为基础获得解决的。

（二）达西定律的适用范围

一般情况下，由于土体中的孔隙通道很小且很曲折，水在土体中的渗透速度都很小，其渗流可以看做是层流——水流流线互相平行的流动。水在砂性土和较疏松的黏性土中的渗流，一般都符合达西定律，渗透速度与水力坡降呈直线关系。

水在粗颗粒土（如砾石、卵石）中的渗流，水力坡降较小时，渗透速度不大，可以认为是层流。如图 2-3 所示，当渗透速度超过某一临界流速时，渗透速度与水力坡降的关系就表现为流线不规则的紊流，此时达西定律便不再适用。

水在密实黏土中的渗流，由于受到水薄膜的阻碍，其渗流情况便偏离达西定律，如图 2-4 中的 b 曲线。当水力坡降较小时，渗透速度与水力坡降不呈线性关系，甚至不发生渗流。只有当水力坡降达到某一较大数值，克服了薄膜水的阻力后，水才开始渗流，其渗透存在一个起始水力坡降。

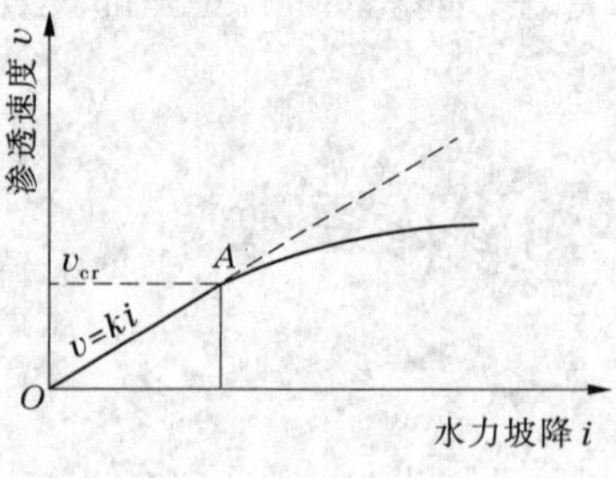

图 2-3　$v \sim i$ 关系示意

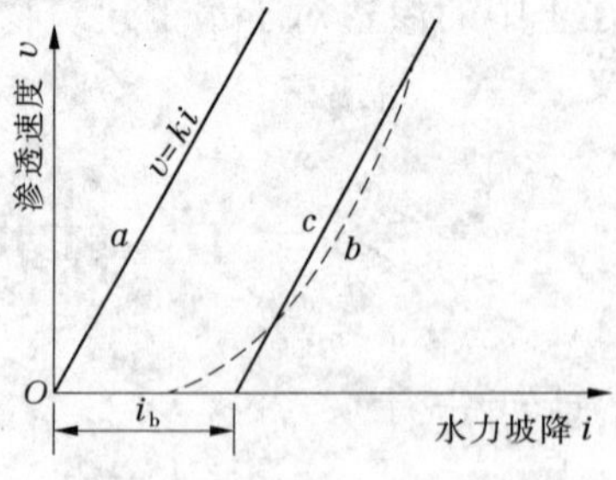

图 2-4　黏性土的渗透规律

二、渗透系数及其确定方法

（一）渗透系数

从达西定律公式中可以获得：当 $i=1$ 时，则 $v=k$，表明渗透系数 k 是单位水力坡降时的渗透速度。它是表示土的透水性强弱的指标，单位为 cm/s，与水的渗透速度单位相同。

土的渗透系数是渗流计算中必不可少的一个基本参数，其数值大小主要取决于土的种类和透水性质。土的渗透系数不仅用于渗透计算，还可用来评定土层透水性的强弱，作为选择坝体填料的依据如筑坝土料的选择，如土石坝的防渗墙常用渗透系数较小的黏土。

根据《水利水电工程地质勘察规范》（GB 50487—2008），岩土体渗透分级见表 2-1。

表 2-1　岩土体渗透分级

渗透性等级	渗透系数 k(cm/s)	渗透性等级	渗透系数 k(cm/s)
极微透水	$k<10^{-6}$	微透水	$10^{-6}\leqslant k<10^{-5}$
弱透水	$10^{-5}\leqslant k<10^{-4}$	中等透水	$10^{-4}\leqslant k<10^{-2}$
强透水	$10^{-2}\leqslant k<1$	极强透水	$k\geqslant1$

当 $k>10^{-2}$ cm/s 时，称为强透水层；当 $k=10^{-3}\sim10^{-5}$ cm/s 时，称为中等透水层；当 $k<10^{-6}$ cm/s 时，称为相对不透水层。各种土的渗透系数参考数值见表 2-2。

表 2-2　各种土的渗透系数参考数值

土的类别	渗透系数 k	
	cm/s	m/d
黏土	$<6\times10^{-6}$	<0.005
亚黏土	$6\times10^{-6}\sim1\times10^{-4}$	0.005~0.1
轻亚黏土	$1\times10^{-4}\sim6\times10^{-4}$	0.1~0.5
黄土	$3\times10^{-4}\sim6\times10^{-4}$	0.25~0.5
粉砂	$6\times10^{-4}\sim1\times10^{-3}$	0.5~1.0
细砂	$1\times10^{-3}\sim6\times10^{-3}$	1.0~5.0
中砂	$6\times10^{-3}\sim2\times10^{-2}$	5.0~20.0
粗砂	$2\times10^{-2}\sim6\times10^{-2}$	20.0~50.0
网砾	$6\times10^{-2}\sim1\times10^{-1}$	50.0~100.0
卵石	$1\times10^{-1}\sim6\times10^{-1}$	100.0~500.0

（二）渗透系数的确定方法

土的渗透系数可通过现场和室内试验确定，通常根据室内试验来确定，本节仅介绍室内测定渗透系数的方法。室内渗透试验使用的仪器较多，但根据其原理，可分为常水头试验与变水头试验两种方法。前者适用于透水性大（$k>10^{-2}$ cm/s）的土，例如砂土和中等卵石。后者适用于透水性小（$k<10^{-2}$ cm/s）的土，例如粉土和一般黏性土。

1. 常水头试验

常水头试验就是在试验过程中，渗流水头始终保持不变。如图 2-2 所示，L 为土样长度，A 为土样的截面面积，h 为作用于土样上的水头。

试验时测出一定时间 t 内流过土样的总水量 Q，即可根据达西定律求出土的渗透系数值。

因为
$$Q = qt = k\frac{h}{L}At \tag{2-3}$$

则
$$k = \frac{QL}{hAt} \tag{2-4}$$

【例 2-1】 已知对某砂土进行常水头试验，土样的长度为 10 cm，直径为 7.5 cm，水位差为 8.0 cm，经测试在 60 s 时间内渗水量为 120 cm^3。试求该砂土的渗透系数。

解：

$$k = \frac{QL}{hAt} = \frac{120 \times 10}{8.0 \times \frac{\pi}{4} \times 7.5^2 \times 60} = 5.66 \times 10^{-2}\ (\text{cm/s})$$

2. 变水头试验

由于黏性土的透水性很小，流过土样的水量也小，不易测准；或者由于需要的时间很长，会因蒸发而影响试验的精度，故常用变水头试验方法。所谓变水头试验，就是在整个试验过程中，水头随时间变化的一种试验方法，如图 2-5 所示。土样上端装置一根有刻度的竖管，便于在试验过程中观测水位的变化数值，其横截面面积为 a。

根据渗流的连续性，通过土样上端竖管的单位时间流量和通过土样单位时间流量是相等的，通过积分计算，并用常用对数表示，则

$$k = 2.3\frac{aL}{A(t_2 - t_1)}\lg\frac{h_1}{h_2} \tag{2-5}$$

三、成层土的渗透系数

天然土层一般都是成层土。碾压土坝，如果施工不合理也易形成成层坝体。确定成层土的渗透性时，需了解各层土的渗透系数，然后根据水流方向，按公式计算其平均渗透系数。如图 2-6 所示，设每层土为各向同性，其渗透系数分别为 k_1、k_2、k_3 等，厚度分别为 H_1、H_2、H_3 等，总厚度为 H。

（一）平行于层面（x 方向）的渗透情况

在 ao 与 cb 间作用的水力坡降为 i，总渗透流量 q_x 等于各层土的渗透流量之和，即

$$q_x = q_1 + q_2 + q_3 + \cdots$$

按单位土层宽度计，根据达西定律可得

$$q_x = k_x iH = k_1 iH_1 + k_2 iH_2 + k_3 iH_3 + \cdots$$

约去 i 后，沿 x 方向的平均渗透系数 k_x 为

$$k_x = \frac{1}{H}(k_1 H_1 + k_2 H_2 + k_3 H_3 + \cdots) \tag{2-6}$$

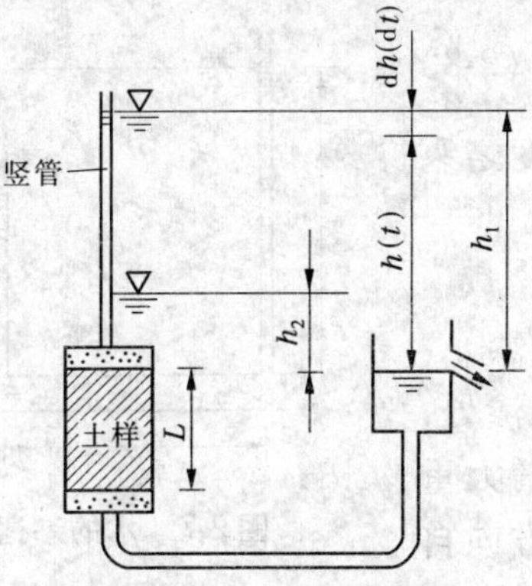

图 2-5　变水头试验

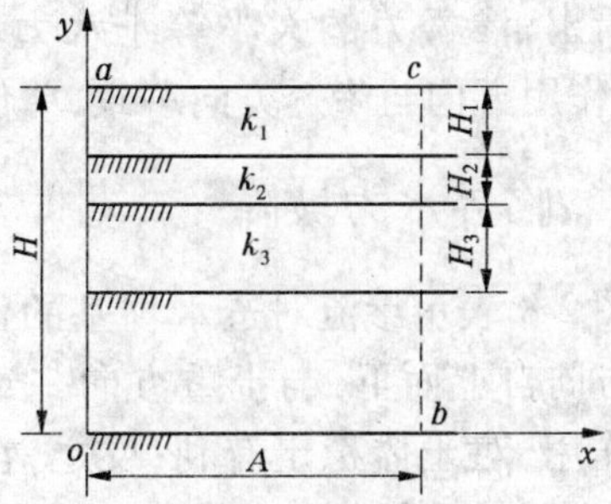

图 2-6　成层土

(二)垂直于层面(y 方向)的渗透情况

设渗流经过的截面面积为 A,流经土层厚度 H 的总水力坡降为 i,流经各土层的水力坡降为 i_1、i_2、i_3 等。总渗透流量 q_y 应等于流经各土层的渗透流量 q_{y1}、q_{y2}、q_{y3} 等,即

$$q_y = q_{y1} = q_{y2} = q_{y3}$$

所以

$$k_y iA = k_1 i_1 A = k_2 i_2 A = k_3 i_3 A$$

又根据总水头损失等于各土层水头损失之和,可以得到沿 y 方向的平均渗透系数为

$$k_y = \frac{H}{\frac{H_1}{k_1} + \frac{H_2}{k_2} + \frac{H_3}{k_3} + \cdots} \tag{2-7}$$

从式(2-6)、式(2-7)可以发现,成层土的水平向渗透系数 k_x 总是大于垂直向的渗透系数 k_y。根据大量试验及工程实践,水平向渗透系数 k_x 有时甚至可大到垂直向渗透系数 k_y 的 10 倍左右。

第二节　渗透力和渗透变形

土的渗透使土体受到渗透力的作用,在该作用下土体可能产生渗透破坏。破坏性的渗透变形可导致水工建筑物的失事。以土石坝为例,根据近年资料来看,由于各种形式的渗透变形导致失事的仍占 1/3 ~ 1/4。

一、渗透力

水在土中渗透时将受到土粒的阻力,同时水对土粒也就产生一种反作用力。这种由于水的渗流作用对土粒产生的单位体积的力,称为渗透力或动水压力,记为 j。

在渗流土体中沿渗流方向取出一个土柱体来研究,土柱长度为 L,横截面面积为 A,水从截面 1 流向截面 2,见图 2-7。因渗透速度很小,惯性力可以忽略不计,土柱体上作用的力有:作用于截面 1 上的总水压力,作用于截面 2 上的总水压力,土柱体对渗流的总阻力。显然,引起渗流的力与土柱体对渗流的总阻力应达到静力平衡。

即

$$(h_1 - h_2)\gamma_w A = jAL$$

所以 $$j = \frac{h_1 - h_2}{L}\gamma_w = \frac{h}{L}\gamma_w = i\gamma_w \tag{2-8}$$

可以看出,渗透力的大小等于水力坡降与水的重度之乘积,其作用方向与渗透方向一致,单位为 N/m^3 或 kN/m^3。

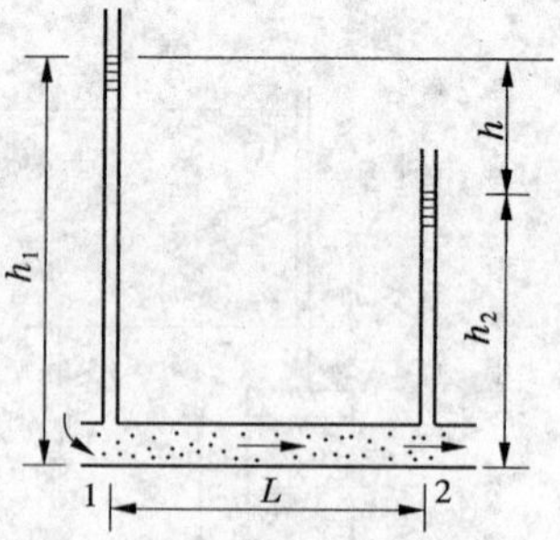

图 2-7　水的渗透

二、临界水力坡降

图 2-8 表示渗流对透水坝基的作用情况。在入渗处,渗流方向自上而下,与土重方向一致时,渗透力起增大重量的作用,对土体稳定有利;反之,在渗出处,渗流方向自下而上,与土重方向相反时,渗透力起减轻土重的作用,不利于土体稳定。

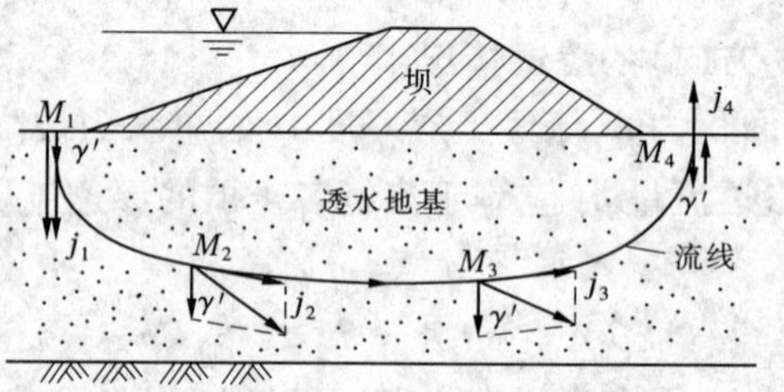

图 2-8　渗流对透水坝基的作用

这时,若渗透力等于土的浮重度,土体所受压力为零,土颗粒处于悬浮的临界状态。若渗透力大于土的浮重度,土粒就会随水流一起流动,向上涌出呈破坏状态。

临界状态时,渗透力等于土的浮重度,写成

$$\gamma' = i_{cr}\gamma_w \tag{2-9}$$

此时,i_{cr}表示临界水力坡降。

【例 2-2】 已知某土样长为 10 m,承受水位差为 4 m,如图 2-9 所示,该土饱和重度为 19 kN/m^3。试判断该土是否发生渗透破坏?(安全系数取为 2)。

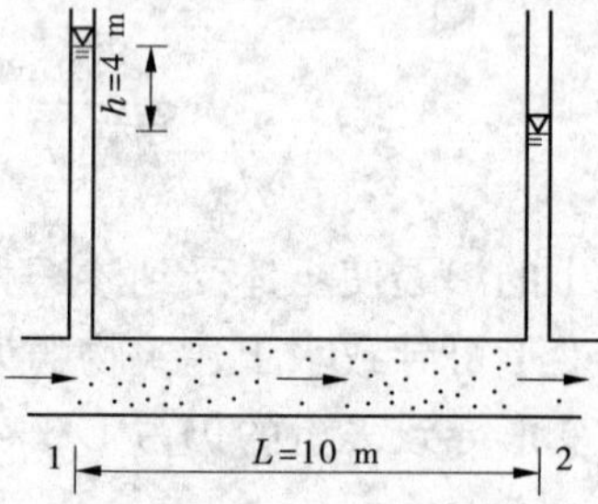

图 2-9　例 2-2 图

解:(1)计算渗透水流的水力坡降 i。

$$i = \frac{h}{L} = \frac{4}{10} = 0.4$$

(2)计算该土的允许水力坡降$[i_{cr}]$。

$$i_{cr} = \frac{\gamma'}{\gamma_w} = \frac{19 - 10}{10} = 0.9$$

$$[i_{cr}] = \frac{i_{cr}}{2} = \frac{0.9}{2} = 0.45$$

(3)判断。

因 $i < [i_{cr}]$,所以该土不会发生渗透破坏。

三、渗透变形

在渗流作用下当渗透力大于土的浮重度,或者说当渗流水力坡降大于土的临界水力坡降时,土粒就会被渗流挟带走,这种现象称为土体的渗透变形。如在靠近下游坝坡脚渗流出口处出现这种现象,由于土粒不断被渗流带走,将导致坝下游坡面产生局部滑动。如在坝基中出现这种现象,将会在地基中形成连通的孔道,而导致上部建筑物发生显著沉降甚至倒塌。显然,讨论渗透变形的机制,即研究渗透变形与渗透力的关系,对评定土体的渗透稳定有极其重要的意义。

(一)渗透变形的基本形式

渗透变形的基本形式可分为管涌和流土两种基本类型。

1.管涌

管涌是指在渗流作用下,土体中的细小土粒,通过大土粒间的孔隙,由骨架孔隙通道流失的现象,又称为潜蚀。它发生在渗流出逸处,也可发生在土体的内部。

2.流土

流土是指在渗流作用下,当渗透力等于或大于土的浮重度时,黏性土或无黏性土体中某一范围内的土体表面隆起、顶穿,或者粗细颗粒群同时浮动而流失的现象。流土发生于渗流出逸处的土体表面,而不发生于土体内部。不同的土类、不同的土层构造,流土表现的形式不同,常见的有以下两种:

(1)表层透水性较小、下卧层透水性较大双层地基中的流土。由于渗流从透水性较大的下卧层如砂层透过时,水头损失相对较小,使得渗流出逸处的透水性较小的表层(如黏土层),承受了较大的水力坡降。发生流土时主要表现为表层隆起,整块土体被抬起,砂粒涌出。

(2)流砂现象。流砂现象是开挖渠道或基坑时常遇到的一种现象,属于流土类型。此时,一般为均匀的砂土层,在渗透水头较大,而且渗透路径较短时,产生较大的水力坡降。发生流土时主要表现为小泉眼、冒气泡,然后土粒群向上抬起,发生浮动。

(二)渗透变形的判别

判别管涌和流土出现的可能性是很复杂的。工程实践表明,有的土体在水力坡降较小时就发生管涌,另一些土体必须在水力坡降较大时才会发生管涌。而且,有的土虽然不易发生管涌,但在水力坡降增大后却会发生流土破坏。土的渗透变形特征应根据土的颗粒组成、密度和结构状态等因素综合分析确定。土的渗透变形判别包括土的渗透类型判别、流土和管涌临界水力坡降的确定,土的允许水力坡降的确定三部分内容。

黏性土由于土粒具有黏性,土粒间联结较紧,水在土中的渗透速度很小,一般不会出现管涌,但会发生流土破坏。试验研究表明,管涌的发生,除与水力坡降有关外,还与土粒级配有关。流土的发生则还与土的均匀性有关。

无黏性土渗透变形类型判别时,不均匀系数小于等于5的土可判为流土。对于不均匀系数大于5的土可用下式判别。

流土:$P \geqslant 35\%$

过渡型取决于土的密度、粒级和形状:$25\% \leqslant P \leqslant 35\%$

管涌:$P < 25\%$

式中　P——土的细颗粒含量,以质量百分数计(%)。

流土和管涌的临界水力坡降与土粒比重 d_s、孔隙率 n 有关,可由下式确定。

流土型：

$$i_{cr} = (d_s - 1)(1 - n) \tag{2-10}$$

管涌型或过渡型：

$$i_{cr} = 2.2(d_s - 1)(1 - n)^2 \frac{d_5}{d_{20}} \tag{2-11}$$

管涌型也可以用下式：

$$i_{cr} = \frac{42d_3}{\sqrt{\frac{k}{n^3}}} \tag{2-12}$$

式中　d_3、d_5、d_{20}——小于该粒径的含量占总土重的3%、5%和20%的颗粒粒径，mm。

无黏性土的允许水力坡降一般以土的临界水力坡降除以1.5~2.0的安全系数。当渗透稳定对水工建筑物的危害较大时，取2的安全系数，对于特别重要的工程也可用2.5的安全系数。无试验资料时，可根据表2-3选用经验值。

表2-3　无黏性土允许水力坡降经验值

允许水力坡降	渗透变形类型					
	流土型			过渡型	管涌型	
	$C_u \leqslant 3$	$3 < C_u \leqslant 5$	$C_u \geqslant 5$		级配连续	级配不连续
i_{cr}	0.25~0.35	0.35~0.50	0.50~0.80	0.25~0.40	0.15~0.25	0.10~0.20

（三）防止渗透变形的措施

通过前面的学习，我们已经知道使土体发生渗透变形的原因主要有两个方面：一方面是内因，即土的类别及组成特征，决定土的允许水力坡降；另一方面是外因，即渗流的特征，决定渗流的渗透水力坡降。

因此，防止土体渗透变形的原则是上挡下排。具体地，除增大土体密度外，在入渗处，采取设置水平与垂直防渗措施，如水平的黏性土铺盖，或垂直的黏土或混凝土防渗墙、帷幕灌浆及板桩等，达到增长渗径、截断渗流，从而降低水力坡降的目的。在出渗处，采取滤土排水的措施，如设置反滤层、盖重体，或排水沟、排水减压井，达到减小出逸处水力坡降，减小渗透力，减小渗流出逸处土体抵抗渗透变形的能力的目的。

措施的详细内容，将在水工和施工课中讲授，本课题不予展开阐述。

思考题

2-1　达西定律的内容和适用范围是什么？

2-2　解释渗透系数的概念及其含义。

2-3　什么是渗透变形？两种主要的渗透变形形式是什么？

2-4　渗透变形产生的原因是什么？常见的防止措施是什么？

习　题

2-1　已知对某砂土进行渗透试验，土样的长度为 25 cm，土样截面面积为 5 cm^2，试验渗透水头 20.0 m，试验在 5 min 后测得渗透水量为 15 cm^3。试求该砂土的渗透系数。

2-2　已知某砂土渗透系数 6×10^{-3} cm/s，土样的长度为 20 cm，截面面积为 5 cm^2，试验作用水头 25.0 m。试求试验在 10 min 后可测得的渗透流量。

任务三　土的压缩性与地基沉降问题

知识培养要求

1. 掌握土的自重应力基本概念、分布规律和计算方法。
2. 掌握基底压力及基底附加压力基本概念、分布规律和计算方法。
3. 掌握地基中的附加应力基本概念、分布规律和计算方法。
4. 理解土压缩性的实质，掌握土的压缩性指标及测定方法。
5. 掌握分层总和法计算地基最终沉降量的方法。

能力培养要求

1. 会计算不同情况下自重应力，能够分析其对地基变形沉降的影响。
2. 会计算基底压力、基底附加压力，能够分析其对地基变形沉降的影响。
3. 会计算地基中的附加应力，能够分析其对地基变形沉降的影响。
4. 能够熟练进行土的压缩系数测定，能够利用土的压缩性分析地基沉降变形。
5. 会进行地基最终沉降量的计算，明确其影响因素。
6. 能够初步分析饱和土地基变形与时间的关系。

为了保证建筑物的安全和正常使用，必须研究在各种荷载作用下，土中应力的大小和分布规律。土中应力是指由自身重力或外荷载等在土体中所产生的应力，按照其起因不同可分为自重应力和附加应力两种。

自重应力是指由土体自身重力而产生的应力，一般而言，土体在自重应力作用下，在漫长的地质历史上已压缩稳定，不再引起土的变形（新沉积土和近期人工冲填土除外）；附加应力是指由于建筑物荷载等其他外荷载作用，土体在自重应力基础上所增加的那部分应力，它是引起地基变形和失稳破坏的主要原因。

建筑物下的地基土在附加应力作用下，会产生附加的变形，这种变形通常表现为土体积的缩小，我们把这种在外力作用下土体积缩小的特性称为土的压缩性。在建筑物荷载作用下，地基土主要由于压缩而引起基础的竖向位移称为沉降。

在实际工程问题中，很多现象都要用土的压缩性和地基沉降的知识来解释。比如，为什么比萨斜塔建成了那么多年了还在继续倾斜？为什么有的房屋建筑在使用中墙壁会逐渐开裂？为什么建于软土地基上的高速公路常常会出现桥头跳车现象？这些问题都与地基沉降有关。研究地基的沉降变形，主要解决两方面的问题：一是总沉降量的大小，即最终沉降量；二是沉降变形与时间的关系，即某一时刻完成的沉降量是多少，或达到某一沉降量需要多长时间。

第一节　土的自重应力

一、自重应力的计算

(一)均质土的自重应力

如图3-1所示,设地面为无限广阔的水平面,把土体视为均质、连续、各向同性的半无限弹性体,土体在自重作用下,只能产生竖向变形而无侧向变形及剪切变形,土中任一竖直面和水平面上剪应力为零。因此,地面下深度 z 处水平面上的竖向自重应力 σ_{cz} 可按该面上单位面积的土柱重力计算,即

$$\sigma_{cz} = \frac{W}{A} = \frac{\gamma z A}{A} = \gamma z \tag{3-1}$$

式中　γ——土的重度,kN/m^3;

　　A——土柱体的底面面积,m^2;

　　W——土柱体的重量,kN。

自重应力随深度按直线规律变化,即自重应力沿深度呈三角形分布。

(二)成层土的自重应力

地基土通常由不同性质的成层土组成,各层土的重度和厚度不尽相同,设第 i 层土的厚度为 h_i,重度为 γ_i,则第 n 层底面处土的自重应力计算式为

$$\sigma_{cz} = \gamma_1 h_1 + \gamma_2 h_2 + \gamma_3 h_3 + \cdots + \gamma_n h_n = \sum_{i=1}^{n} \gamma_i h_i \tag{3-2}$$

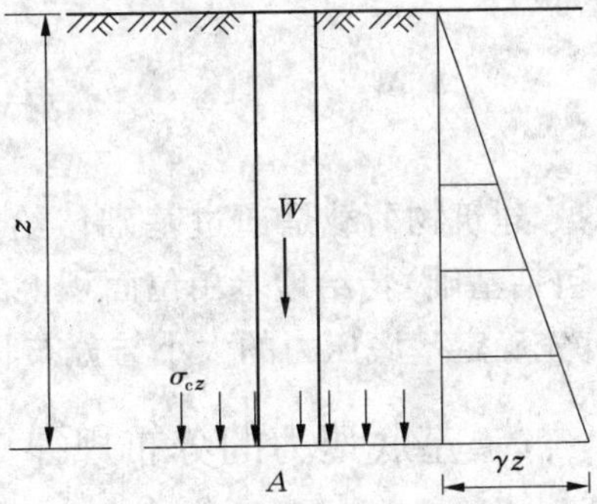

图3-1　均质土的自重应力

二、地下水对自重应力的影响

当土层中有地下水时,由于土体是散粒体,水存在于土粒间的孔隙中,土粒会受到水的浮力作用,从而使得土粒间相互传递的自重作用减小。因此,在计算地下水位以下土的自重应力时,其重度以浮重度计。

土层中的地下水位常有变化,这会引起自重应力的相应改变。当地下水位下降时,地下水位变化范围内的土体不再受浮力影响,所以自重应力增加,会引起土体发生变形;当地下水位上升时,地下水位变化范围内的土体受到浮力作用,致使自重应力减小,将引起黏性土承载力降低、土坡稳定性下降、湿陷性黄土湿陷等问题。

三、不透水层对自重应力的影响

若在地下水位以下埋藏有不透水层(完整的岩层或密实黏土层等),因不透水层中不存在浮力,其重度要以天然重度计,而且透水层厚度范围内的水重也要作用在不透水层上面,即透水层与不透水层的界面处,自重应力发生突变,增加一个地下水的水压力。

【例3-1】　已知某成层土各层物理性质指标如图3-2所示,地下水位于地面下3.5 m

处。试计算其自重应力并绘制自重应力分布图。

解:从地面往下作一竖直基准线 Oz,各层面处用字母 O、A、B、C、D 标记。

(1)O 处:$z=0$,$\sigma_{cz}=0$。

(2)A 处:$z=2.0\ m$,$\sigma_{cz}=18\times2.0=36$(kPa)。

(3)B 处:$z=3.5\ m$,$\sigma_{cz}=36+19\times1.5=64.5$(kPa)。

(4)C 处上:$z=6\ m$,$\sigma_{cz}=64.5+(19.8-9.8)\times2.5=89.5$(kPa)。

(5)C 处下:$z=6\ m$,$\sigma_{cz}=89.5+9.8\times2.5=114$(kPa)。

或　$\sigma_{cz}=64.5+19.8\times2.5=114$(kPa)。

(6)D 处:$z=8\ m$,$\sigma_{cz}=114+19.6\times2.0=153.2$(kPa)。

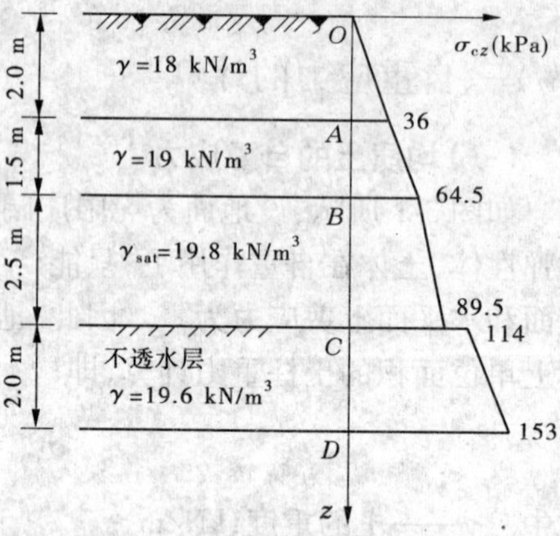

图 3-2　例 3-1 自重应力图　(单位:kPa)

在 Oz 线的一侧按比例绘制各层面处的 σ_{cz} 值,并依次连接成折线,即自重应力分布图。

第二节　基底压力

建筑物荷载是通过基础传给地基的。基底压力是指在基础底面处,由建筑物荷载(包括基础)传给地基单位面积上的压力。在计算地基附加应力及设计基础结构时,必须首先确定基底压力的大小与分布状况。

一、基底压力的分布规律

基底压力的大小与分布状况受基础上作用荷载的性质、大小和基础的刚度、尺寸和形状、埋深及地基土的性质等诸多因素的影响,通常依据基础刚度,考虑荷载及土的性质等因素分析确定基底压力的分布形式。

柔性基础如土坝、土堤、路基等,由于刚度很小,其本身没有调整荷载重新分配的能力,所以基底压力与其上部荷载分布规律相同(见图 3-3)。

刚性基础(如混凝土、砖石等),本身变形很小,这类基础基底压力分布与作用在基底面上的荷载大小、土的性质及基础埋深等因素有关。研究表明,中心受压的刚性基础随荷载增大,基底压力分别呈马鞍形、抛物线形、钟形等分布规律(见图 3-4)。

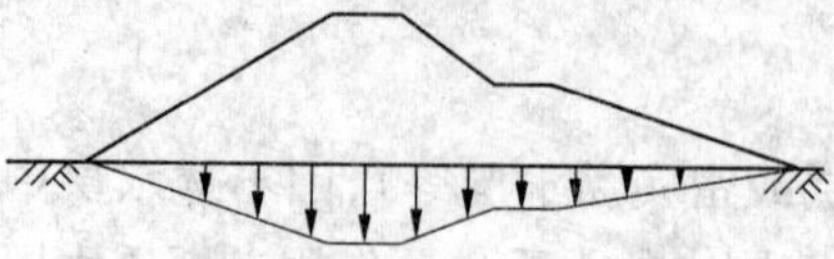

图 3-3　土坝基底压力分布

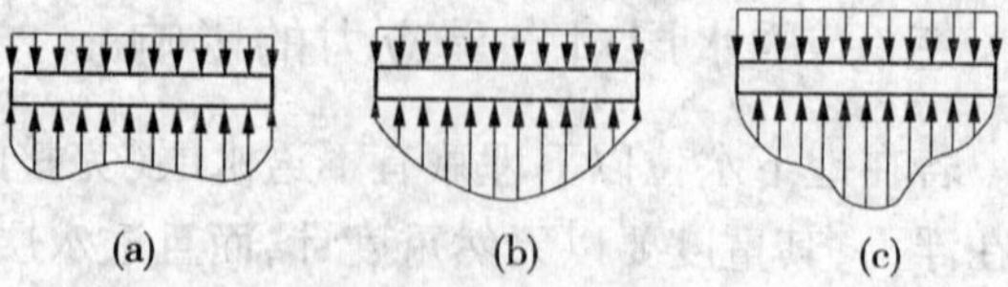

图 3-4　刚性基础基底压力分布

二、基底压力的简化计算

要想准确确定基底压力的大小和分布规律是很困难的，但在实际工程中，一般基底压力分布接近马鞍形，并趋向于直线分布。因此，当基础刚度比较大，荷载强度较小时，基底压力可近似按直线分布进行简化计算，所引起的误差是允许的。

建筑物基础有多种形状，这里我们只讨论常见的矩形基础和条形基础。矩形基础是指基础底面为矩形，且长度 l 与宽度 b 的比值 $l/b<5$（一般水利工程为5，工业与民用建筑为10）；条形基础理论上为 $l/b=\infty$，但在实际工程中 $l/b\geq 5$（或10）即可视为条形基础。

（一）中心荷载作用下的基底压力

矩形基础在中心荷载作用下，基底压力简化为均匀分布，其压力值按下式计算

$$p=\frac{P}{A}=\frac{F+G}{A} \tag{3-3}$$

式中 p——基底压力，kPa；

P——基础底面以上荷载，kN，包括上部结构、基础及基础上回填土的荷载，一般分为两部分进行计算，$P=F+G$；

F——上部结构传至基础顶面的荷载，kN；

G——基础自重和基础上的土重，kN，$G=\gamma_G Ad$，其中 γ_G 为基础及基础上填土的平均重度，一般取20 kN/m^3，但地下水位以下部分应取浮重度，d 为基础埋深，m；

A——基础底面面积，m^2。

对于条形基础，在中心荷载作用下的基底压力，同样简化为均匀分布，计算式为

$$p=\frac{\overline{P}}{b} \tag{3-4}$$

式中 $\overline{P}$——每延米基础底面以上的荷载，kN/m；

b——基础宽度，m。

（二）偏心荷载作用下的基底压力

偏心荷载分为单向偏心和双向偏心，常见的为单向偏心，即偏心荷载作用于矩形基底的一个对称轴上，基底压力简化为梯形分布或三角形分布（见图3-5）。设计时通常将基底长边方向取与偏心方向一致，此时基底边缘的最大压力 p_{max} 和最小压力 p_{min} 按材料力学偏心受压杆件公式计算，即

$$p_{\substack{max\\min}}=\frac{P}{A}\pm\frac{M}{W} \tag{3-5}$$

式中 p_{max}、p_{min}——基底边缘的最大压力和最小压力，kPa；

M——作用于基础底面的力矩，kN·m，$M=Pe$；

W——基础底面的抵抗矩，m^3，对于矩形基础

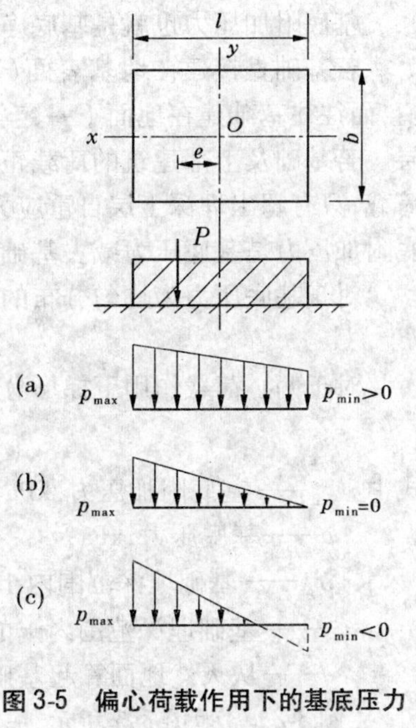

图3-5 偏心荷载作用下的基底压力

$W=\frac{bl^2}{6}$，b 为矩形基础的边长，l 为荷载偏心一边的边长；

e——偏心距，m。

将 $M=Pe$、$W=\frac{bl^2}{6}$ 代入式(3-5)得

$$p_{\substack{\max\\\min}}=\frac{P}{A}\left(1\pm\frac{6e}{l}\right) \tag{3-6}$$

由式(3-6)可见：

(1)当 $e<l/6$ 时，$p_{\min}>0$，基底压力呈梯形分布。

(2)当 $e=l/6$ 时，$p_{\min}=0$，基底压力呈三角形分布。

上述两种情况都可利用式(3-5)和式(3-6)计算基底压力。

(3)当 $e>l/6$ 时，式(3-6)中的 $p_{\min}<0$，即基础一侧将出现拉应力，而基底与土体之间不能承受拉力，此时基底压力将重新分配，使得另一侧压力更大，式(3-5)及式(3-6)不再适用，重新分配后的基底压力可根据静力平衡条件求得。

对于条形基础，在偏心荷载作用下的基底压力，可按以下公式计算

$$p_{\substack{\max\\\min}}=\frac{\overline{P}}{b}\left(1\pm\frac{6e}{b}\right) \tag{3-7}$$

式中 $\overline{P}$——每延米基底面以上荷载，kN/m；

b——基础宽度，m；

e——偏心距，m。

三、基底附加压力

基底附加压力也就是基底净压力，是指在基础底面处的地基面上受到的压力增量。

若基础直接建在地基表面(不进行开挖)，地基面上受到的压力增量就是基底压力值，而往往基础建在地面下一定深度，建基础之前需首先开挖一个基础埋深范围内的土层。若基础及上部建筑的荷载正好等于开挖的土层荷载，对基底面来说，相当于没有增加荷载，只有超出埋深土层自重应力的部分，才是对地基土产生影响的压力值。数值上，基底附加压力是基底压力减去基础埋深范围内土的自重应力后的压力值。

对于基底压力为均匀分布的情况，基底附加压力为

$$p_0=p-\sigma_{cz}=p-\gamma d \tag{3-8}$$

对于偏心荷载作用下梯形分布的基底压力，基底附加压力为

$$p_{0\substack{\max\\\min}}=p_{\substack{\max\\\min}}-\sigma_{cz}=p_{\substack{\max\\\min}}-\gamma d \tag{3-9}$$

式中 p_0——基底附加压力，kPa；

p——基底压力，kPa；

σ_{cz}——基础埋深范围内土的自重应力，kPa；

γ——基础埋深范围内土的重度，kN/m^3；

d——从天然地面算起基础的埋深，m。

【例3-2】 如图3-6所示，一矩形基础，底面尺寸为2 m×4 m，作用一竖向偏心荷载

$P=1\ 000$ kN,偏心距 $e=0.2$ m,基础埋深 $d=1$ m,地基土体重度 $\gamma=18$ kN/m^3。试求基底压力及基底附加压力。

解:由于 $e=0.2$ m,$l/6=0.67$(m),即 $e<l/6$,故可用式(3-6)计算基底压力。

$$p_{\substack{\max\\\min}}=\frac{P}{A}\left(1\pm\frac{6e}{l}\right)=\frac{1\ 000}{2\times4}\times\left(1\pm\frac{6\times0.2}{4}\right)=125\times(1\pm0.3)=\frac{162.5}{87.5}\text{(kPa)}$$

基底附加压力为

$$p_{0\substack{\max\\\min}}=p_{\substack{\max\\\min}}-\gamma d=\frac{162.5}{87.5}-18\times1=\frac{144.5}{69.5}\text{(kPa)}$$

基底压力及基底附加压力分布如图 3-6 所示。

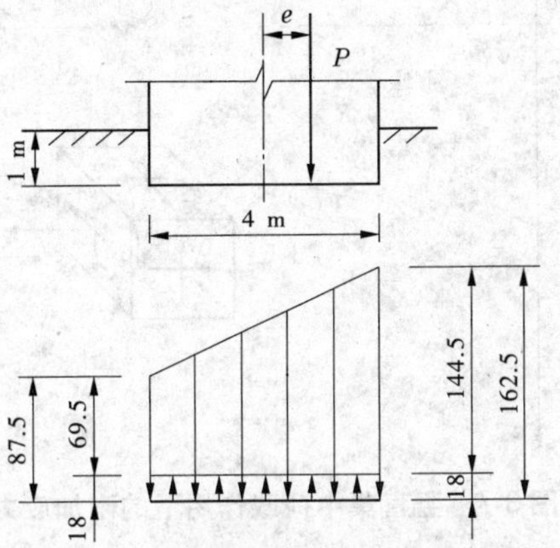

图3-6 例 3-2 基底压力分布图 (单位:kPa)

第三节 地基中的附加应力

地基中的附加应力是指建筑物等荷载通过基底压力在地基中引起的应力增量。目前,在求解地基中的附加应力时,一般假定地基土是均质、连续、各向同性的完全弹性体,根据弹性理论的基本公式进行计算。附加应力的大小不仅与基底压力有关,还与计算点的空间坐标有关,按照问题的性质,划分为空间问题和平面问题两大类型:若应力是 x、y、z 三个坐标的函数,则称为空间问题,矩形基础下的附加应力即属空间问题;若应力是 x、z 两个坐标的函数,则称为平面问题,条形基础下的附加应力可认为属平面问题。

一、竖直集中荷载作用下地基中的附加应力

如图 3-7 所示,在半无限的弹性地基表面,作用一竖直集中荷载 P,按照布西奈斯克的弹性理论解答,在地基中任一点 $M(x,y,z)$ 产生的附加应力有 σ_x、σ_y、σ_z、τ_{xy}、τ_{xz}、τ_{yz} 等 6 个应力分量,其中竖向附加应力 σ_z 对计算地基变形最有意义,其计算公式为

$$\sigma_z=\frac{3P}{2\pi}\frac{z^3}{R^5}=\frac{3P}{2\pi z^2}\frac{1}{\left[1+\left(\frac{r}{z}\right)^2\right]^{\frac{5}{2}}}=\alpha\frac{P}{z^2} \tag{3-10}$$

式中 P——作用于坐标原点的竖直集中荷载,kN;

R——计算点 M 至坐标原点的距离,$R=\sqrt{x^2+y^2+z^2}$,m;

α——附加应力系数,$\alpha=\dfrac{3}{2\pi\left[1+\left(\dfrac{r}{z}\right)^2\right]^{\frac{5}{2}}}$,$\alpha$ 是 r/z 的函数,可由公式计算或查表 3-1得到。

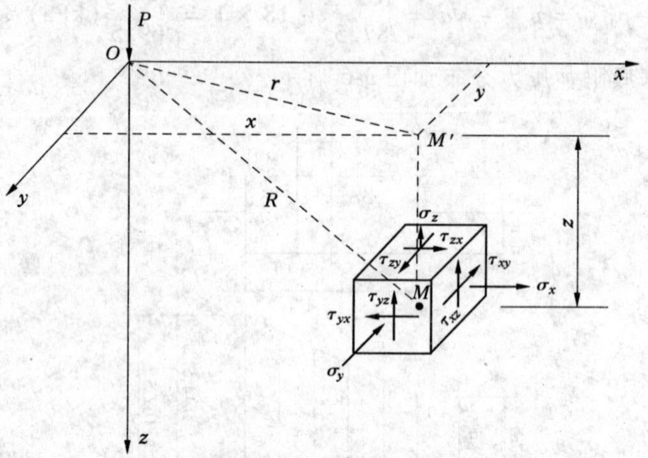

图 3-7 竖直集中荷载作用下的附加应力

表 3-1 竖直集中荷载作用下地基中任一点的附加应力系数 α 值

r/z	α	r/z	α	r/z	α	r/z	α	r/z	α
0	0.477 5	0.50	0.273 3	1.00	0.084 4	1.50	0.025 1	2.00	0.008 5
0.05	0.474 5	0.55	0.246 6	1.05	0.074 4	1.55	0.022 4	2.20	0.005 8
0.10	0.465 7	0.60	0.221 4	1.10	0.065 8	1.60	0.020 0	2.40	0.004 0
0.15	0.451 6	0.65	0.197 8	1.15	0.058 1	1.65	0.017 9	2.60	0.002 9
0.20	0.432 9	0.70	0.176 2	1.20	0.051 3	1.70	0.016 0	2.80	0.002 1
0.25	0.410 3	0.75	0.156 5	1.25	0.045 4	1.75	0.014 4	3.00	0.001 5
0.30	0.384 9	0.80	0.138 6	1.30	0.040 2	1.80	0.012 9	3.50	0.000 7
0.35	0.357 7	0.85	0.122 6	1.35	0.035 7	1.85	0.011 6	4.00	0.000 4
0.40	0.329 4	0.90	0.108 3	1.40	0.031 7	1.90	0.010 5	4.50	0.000 2
0.45	0.301 1	0.95	0.095 6	1.45	0.028 2	1.95	0.009 5	5.00	0.000 1

由表 3-1 可见,在竖直集中荷载作用下,地基中附加应力 σ_z 的分布随深度和水平距离增大而逐渐减小,称为附加应力的扩散现象(见图 3-8)。

当地基表面有多个相邻竖直集中荷载作用时,可利用式(3-10)分别计算各个集中荷载所引起的附加应力,然后根据应力的叠加原理求和,即为共同作用产生的结果,称为附加应力的积聚现象(见图 3-9)。在工程中,因附加应力的扩散和积聚作用,邻近基础将互

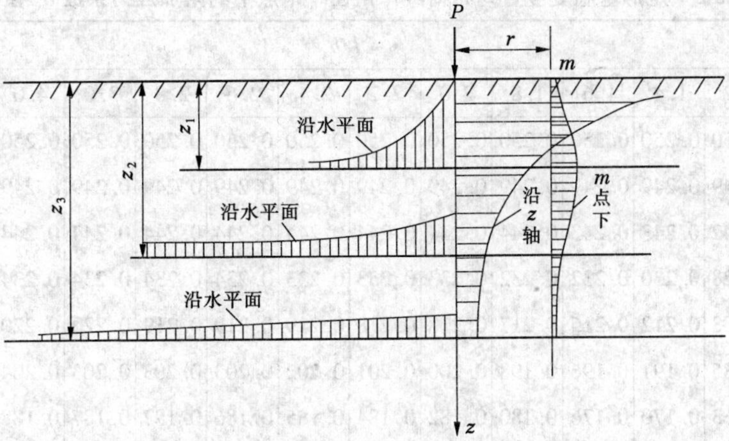

图 3-8　竖直集中荷载作用下 σ_z 的分布

相影响，引起基础的附加沉降，旧建筑物在新建筑物作用下可能产生裂缝和倾斜等，因此在设计和施工中必须考虑邻近建筑物的相互影响。

竖直集中荷载作用于地基表面是一种理想情况，利用弹性理论的基本解答，通过应力叠加原理，可以得到各种分布荷载作用下地基中的附加应力。

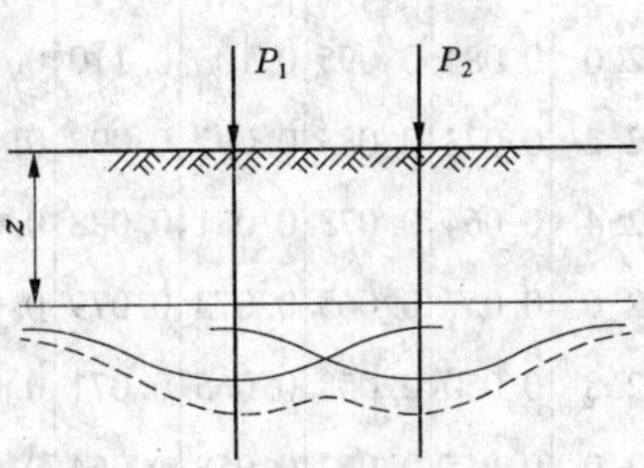

图 3-9　两个竖直集中荷载作用下 σ_z 的叠加

二、矩形基底下地基附加应力的计算

(一) 矩形基底受竖直均布荷载作用

1. 矩形基底任一角点下附加应力的计算

如图 3-10 所示，在竖直均布荷载作用下，矩形基底任一角点 c 下某一深度 z 处 M 点的竖向附加应力，可利用式(3-10)沿整个矩形面积进行积分求得，简化成如下形式

$$\sigma_z = \alpha_c p \tag{3-11}$$

式中　p——竖直均布荷载，kPa；

α_c——矩形基底受竖直均布荷载作用任一角点下的附加应力系数，它是 l/b 和 z/b 的函数，可由表 3-2 查得(注意 l 为矩形基底的长边，b 为短边)。

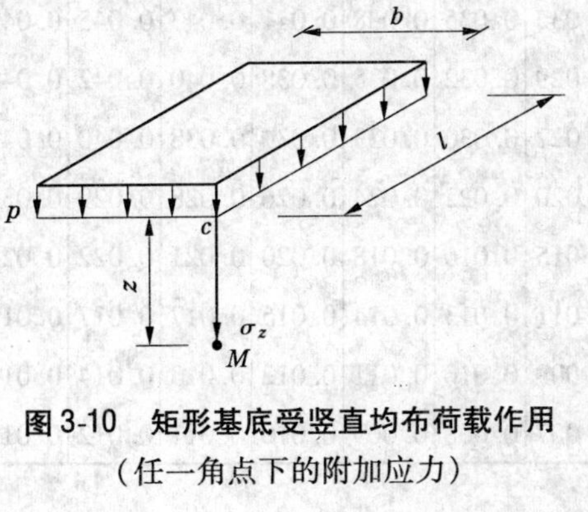

图 3-10　矩形基底受竖直均布荷载作用

(任一角点下的附加应力)

表 3-2 矩形基底受竖直均布荷载作用任一角点下的附加应力系数 α_c 值

z/b	l/b													
	1.0	1.2	1.4	1.6	1.8	2.0	2.2	2.4	2.6	2.8	3.0	4.0	5.0	10.0
0	0.250	0.250	0.250	0.250	0.250	0.250	0.250	0.250	0.250	0.250	0.250	0.250	0.250	0.250
0.2	0.249	0.249	0.249	0.249	0.249	0.249	0.249	0.249	0.249	0.249	0.249	0.249	0.249	0.249
0.4	0.240	0.242	0.243	0.243	0.244	0.244	0.244	0.244	0.244	0.244	0.244	0.244	0.244	0.244
0.6	0.223	0.228	0.230	0.232	0.232	0.233	0.233	0.233	0.234	0.234	0.234	0.234	0.234	0.234
0.8	0.200	0.208	0.212	0.215	0.217	0.218	0.218	0.219	0.219	0.219	0.220	0.220	0.220	0.220
1.0	0.175	0.185	0.191	0.196	0.198	0.200	0.201	0.202	0.203	0.203	0.203	0.204	0.204	0.205
1.2	0.152	0.163	0.170	0.176	0.180	0.182	0.184	0.185	0.186	0.187	0.187	0.188	0.189	0.189
1.4	0.131	0.142	0.151	0.157	0.161	0.164	0.167	0.169	0.170	0.171	0.171	0.173	0.174	0.174
1.6	0.112	0.124	0.133	0.140	0.145	0.149	0.151	0.153	0.155	0.156	0.157	0.159	0.160	0.160
1.8	0.097	0.108	0.117	0.124	0.129	0.133	0.137	0.139	0.141	0.142	0.143	0.146	0.147	0.148
2.0	0.084	0.095	0.103	0.110	0.116	0.120	0.124	0.126	0.128	0.130	0.131	0.135	0.136	0.137
2.2	0.073	0.083	0.092	0.098	0.104	0.108	0.112	0.115	0.117	0.119	0.121	0.125	0.126	0.128
2.4	0.064	0.073	0.081	0.088	0.093	0.098	0.102	0.105	0.107	0.109	0.111	0.116	0.118	0.119
2.6	0.057	0.065	0.073	0.079	0.084	0.089	0.092	0.096	0.098	0.100	0.102	0.107	0.110	0.112
2.8	0.050	0.058	0.065	0.071	0.076	0.081	0.084	0.088	0.090	0.092	0.094	0.100	0.102	0.105
3.0	0.045	0.052	0.058	0.064	0.069	0.073	0.077	0.080	0.083	0.085	0.087	0.093	0.096	0.099
3.2	0.040	0.047	0.053	0.058	0.063	0.067	0.070	0.074	0.076	0.079	0.081	0.087	0.090	0.093
3.4	0.036	0.042	0.048	0.053	0.057	0.061	0.065	0.068	0.070	0.073	0.075	0.081	0.085	0.088
3.6	0.033	0.038	0.043	0.048	0.052	0.056	0.059	0.062	0.065	0.065	0.069	0.076	0.080	0.084
3.8	0.030	0.035	0.040	0.044	0.048	0.052	0.055	0.058	0.060	0.063	0.065	0.072	0.075	0.080
4.0	0.027	0.032	0.036	0.040	0.044	0.047	0.051	0.054	0.056	0.059	0.060	0.067	0.071	0.076
4.2	0.025	0.029	0.033	0.037	0.041	0.044	0.047	0.050	0.052	0.054	0.056	0.063	0.067	0.072
4.4	0.023	0.027	0.031	0.034	0.038	0.041	0.044	0.046	0.049	0.051	0.053	0.060	0.064	0.069
4.6	0.021	0.025	0.028	0.032	0.035	0.038	0.041	0.043	0.045	0.047	0.049	0.056	0.061	0.066
4.8	0.019	0.023	0.026	0.029	0.032	0.035	0.038	0.040	0.042	0.044	0.046	0.053	0.058	0.064
5.0	0.018	0.021	0.024	0.027	0.030	0.033	0.036	0.038	0.040	0.042	0.044	0.050	0.055	0.061
6.0	0.013	0.015	0.017	0.020	0.022	0.024	0.026	0.028	0.029	0.031	0.033	0.039	0.043	0.051
7.0	0.009	0.011	0.013	0.015	0.016	0.018	0.020	0.021	0.022	0.024	0.025	0.031	0.035	0.043
8.0	0.007	0.009	0.010	0.011	0.013	0.014	0.015	0.017	0.017	0.019	0.020	0.025	0.028	0.037
9.0	0.006	0.007	0.008	0.009	0.010	0.011	0.012	0.013	0.014	0.015	0.016	0.020	0.024	0.032
10.0	0.005	0.006	0.007	0.007	0.008	0.009	0.010	0.011	0.012	0.012	0.013	0.017	0.020	0.028

2. 地基中任意点附加应力的计算——角点法

若计算点不在矩形基底角点正下方，可利用式(3-11)，通过添加辅助线，将矩形基底划分为几个矩形，使得计算点在每个新矩形的公共角点下，再利用叠加(减)原理求出计算点的竖向附加应力 σ_z 值，这种方法称为角点法。

根据计算点平面位置的不同，可有以下 4 种情况，如图 3-11 所示。

(1)计算点在基底面内 N 点下，如图 3-11(a)所示，则

$$\sigma_z = (\alpha_{c1} + \alpha_{c2} + \alpha_{c3} + \alpha_{c4})p$$

(2)计算点在基底边缘 N 点下，如图 3-11(b)所示，则

$$\sigma_z = (\alpha_{c1} + \alpha_{c2})p$$

(3)计算点在基底边缘外侧 N 点下，如图 3-11(c)所示，则

$$\sigma_z = (\alpha_{cNa} + \alpha_{cNb} - \alpha_{cNd} - \alpha_{cNc})p$$

(4)计算点在基底角点外侧 N 点下，如图 3-11(d)所示，则

$$\sigma_z = (\alpha_{cNa} - \alpha_{cNb} - \alpha_{cNd} + \alpha_{cNc})p$$

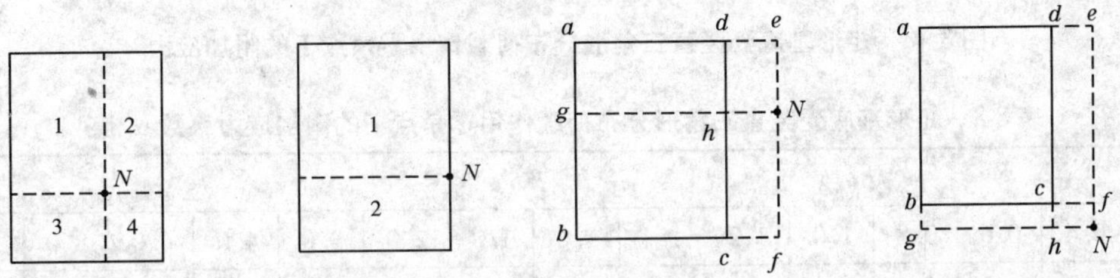

(a)基底内　(b)基底边缘　(c)基底边缘外侧　(d)基底角点外侧

图 3-11　角点法示意

【例 3-3】　如图 3-12 所示，有一矩形基础，底面尺寸为 2 m×3.4 m，基底面以上作用中心荷载 P = 1 360 kN。试求图中 A 点以下 z = 4 m 处的竖向附加应力 σ_z。

解：基底面受中心荷载作用，基底压力按均匀分布简化，基底压力为

$$p = \frac{1\ 360}{2 \times 3.4} = 200(\text{kPa})$$

过 A 点将矩形底面分为Ⅰ、Ⅱ两部分。

对部分Ⅰ

$l/b = 2/1 = 2$，$z/b = 4/1 = 4$，查表 3-2 得 $\alpha_c^{\text{I}} = 0.047$

对部分Ⅱ

$l/b = 2.4/2 = 1.2$，$z/b = 4/2 = 2$，查表 3-2 得 $\alpha_c^{\text{II}} = 0.095$

$$\sigma_z = (\alpha_c^{\text{I}} + \alpha_c^{\text{II}})p = (0.047 + 0.095) \times 200 = 28.4(\text{kPa})$$

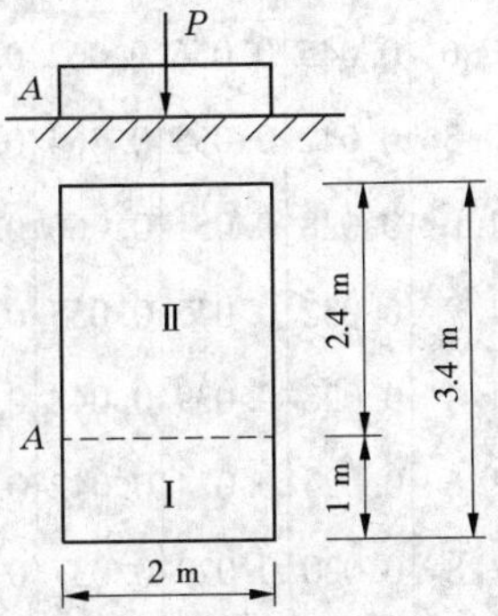

图 3-12　例 3-3 基础图

说明：如果基础底面有埋深，计算中应以 p_0 代替 p。

(二)矩形基底受竖直三角形分布荷载作用

如图 3-13 所示，竖直三角形分布荷载最大强度为 p_t，作用在矩形基底面上，荷载强度为零一侧的角点下深度 z 处 M 点的竖向附加应力 σ_z，同样通过积分的办法简化成如下形式

$$\sigma_z = \alpha_t p_t \tag{3-12}$$

式中 p_t——竖直三角形分布荷载的最大强度，kPa；

α_t——矩形基底受竖直三角形分布荷载作用零角点下的附加应力系数，它是 l/b 和 z/b 的函数，可由表 3-3 查得（注意 l 为沿荷载强度不变方向的边长，b 为另一边的边长）。

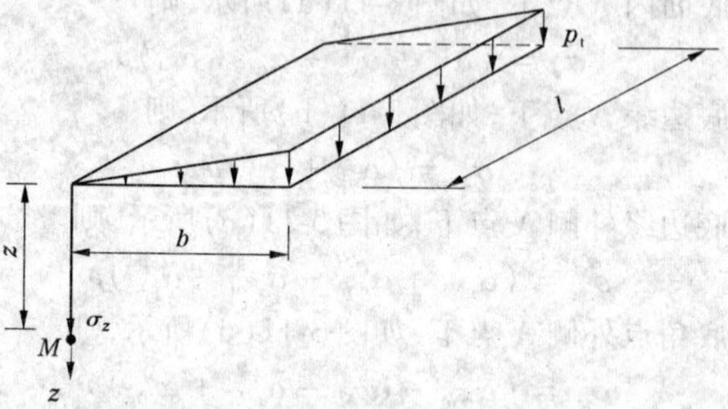

图 3-13 矩形基底受竖直三角形分布荷载作用零角点下的附加应力

表 3-3 矩形基底受竖直三角形分布荷载作用零角点下的附加应力系数 α_t 值

z/b	l/b													
	0.4	0.6	0.8	1.0	1.2	1.4	1.6	1.8	2.0	3.0	4.0	6.0	8.0	10.0
0	0.000	0.000	0.000	0.000	0.000	0.000	0.000	0.000	0.000	0.000	0.000	0.000	0.000	0.000
0.2	0.028	0.030	0.030	0.030	0.031	0.031	0.031	0.031	0.031	0.031	0.031	0.031	0.031	0.031
0.4	0.042	0.049	0.052	0.053	0.054	0.054	0.055	0.055	0.055	0.055	0.055	0.055	0.055	0.055
0.6	0.045	0.056	0.062	0.065	0.067	0.068	0.069	0.069	0.070	0.070	0.070	0.070	0.070	0.070
0.8	0.042	0.055	0.064	0.069	0.072	0.074	0.075	0.076	0.076	0.077	0.078	0.078	0.078	0.078
1.0	0.038	0.051	0.060	0.067	0.071	0.074	0.075	0.077	0.077	0.079	0.079	0.080	0.080	0.080
1.2	0.032	0.045	0.055	0.062	0.066	0.070	0.072	0.074	0.075	0.077	0.078	0.078	0.078	0.078
1.4	0.028	0.039	0.048	0.055	0.061	0.064	0.067	0.069	0.071	0.074	0.075	0.075	0.075	0.075
1.6	0.024	0.034	0.042	0.049	0.055	0.059	0.062	0.064	0.066	0.070	0.071	0.071	0.072	0.072
1.8	0.020	0.029	0.037	0.044	0.049	0.053	0.056	0.059	0.060	0.065	0.067	0.067	0.068	0.068
2.0	0.018	0.026	0.032	0.038	0.043	0.047	0.051	0.053	0.055	0.061	0.062	0.063	0.064	0.064
2.5	0.013	0.018	0.024	0.028	0.033	0.036	0.039	0.042	0.044	0.050	0.053	0.054	0.055	0.055
3.0	0.009	0.014	0.018	0.021	0.025	0.028	0.031	0.033	0.035	0.042	0.045	0.047	0.047	0.048
5.0	0.004	0.005	0.007	0.009	0.010	0.012	0.014	0.015	0.016	0.021	0.025	0.028	0.030	0.030
7.0	0.002	0.003	0.004	0.005	0.006	0.006	0.007	0.008	0.009	0.012	0.015	0.019	0.020	0.021
10.0	0.001	0.001	0.002	0.002	0.003	0.003	0.004	0.004	0.005	0.007	0.008	0.011	0.013	0.014

(三) 矩形基底受水平均布荷载作用

如图 3-14 所示，矩形基底上作用有水平均布荷载 p_h，通过积分，可求出矩形基底沿水平荷载方向左、右两角点下任意深度 z 处的竖向附加应力 σ_z，其公式简写为

$$\sigma_z = \pm \alpha_h p_h \tag{3-13}$$

式中 p_h——水平均布荷载；

α_h——矩形基底受水平均布荷载作用角点下的附加应力系数，根据 l/b 和 z/b 查表 3-4（注意 b 为平行于荷载方向的矩形基底的长度，l 为另一边的边长）。

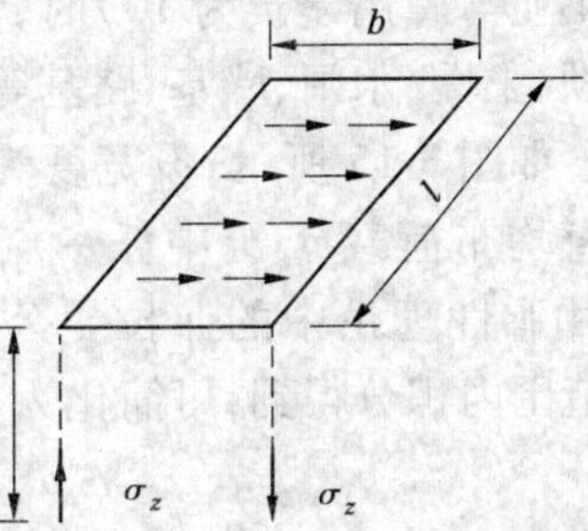

图 3-14　矩形基底受水平均布荷载作用零角点下的附加应力

当计算点在水平荷载的起始端下时，σ_z 为负值（拉应力），取"－"号；当计算点在水平荷载的终止端下时，σ_z 为正值（压应力），取"＋"号。

表 3-4　矩形基底受水平均布荷载作用角点下的附加应力系数 α_h 值

z/b	l/b										
	1.0	1.2	1.4	1.6	1.8	2.0	3.0	4.0	6.0	8.0	10.0
0	0.159	0.159	0.159	0.159	0.159	0.159	0.159	0.159	0.159	0.159	0.159
0.2	0.152	0.152	0.153	0.153	0.153	0.153	0.153	0.153	0.153	0.153	0.153
0.4	0.133	0.135	0.136	0.136	0.137	0.137	0.137	0.137	0.137	0.137	0.137
0.6	0.109	0.112	0.114	0.115	0.116	0.116	0.117	0.117	0.117	0.117	0.117
0.8	0.086	0.090	0.092	0.094	0.095	0.096	0.097	0.097	0.097	0.097	0.097
1.0	0.067	0.071	0.074	0.075	0.077	0.077	0.079	0.079	0.080	0.080	0.080
1.2	0.051	0.055	0.058	0.060	0.062	0.062	0.065	0.065	0.065	0.065	0.065
1.4	0.040	0.043	0.046	0.048	0.049	0.051	0.053	0.053	0.054	0.054	0.054
1.6	0.031	0.034	0.037	0.039	0.040	0.041	0.044	0.044	0.045	0.045	0.045
1.8	0.024	0.027	0.029	0.031	0.033	0.034	0.036	0.037	0.037	0.038	0.038
2.0	0.019	0.022	0.024	0.025	0.027	0.028	0.030	0.031	0.032	0.032	0.032
2.5	0.011	0.013	0.015	0.016	0.017	0.018	0.020	0.021	0.022	0.022	0.022
3.0	0.007	0.008	0.009	0.010	0.011	0.012	0.014	0.015	0.016	0.016	0.016
5.0	0.002	0.002	0.002	0.003	0.003	0.003	0.004	0.005	0.006	0.006	0.006
7.0	0.001	0.001	0.001	0.001	0.001	0.001	0.002	0.002	0.003	0.003	0.003
10.0	0.000	0.000	0.000	0.000	0.000	0.001	0.001	0.001	0.001	0.001	0.001

三、条形基底下地基附加应力的计算

(一) 条形基底受竖直均布荷载作用

当基础长宽比 $l/b = \infty$ 时，其上作用的荷载沿长度方向分布相同，则地基中垂直于长

度方向，各个截面的附加应力分布规律均相同，与长度无关，此种应力状态属平面问题。但在实际工程中，并不存在无限长的基础，当基础的长宽比 $l/b \geq 5$ 或 10（一般水利工程为 5，工业与民用建筑为 10）时，地基中的附加应力与按 $l/b = \infty$ 时计算结果误差不大，因此土坝、土堤、水闸、墙基、路基等条形基础，均可按平面问题计算地基中的附加应力。

如图 3-15 所示，设宽度为 b 的条形基底受竖直均布荷载 p，土中任一点的竖向附加应力 σ_z 由弹性理论中的弗拉曼公式在荷载分布宽度范围内积分得到，可简化为如下形式

$$\sigma_z = \alpha_z^s p \qquad (3\text{-}14)$$

式中 p——竖直条形均布荷载，kPa；

α_z^s——条形基底受竖直均布荷载作用地基中的附加应力系数，它是 x/b 和 z/b 的函数，可由表 3-5 查得（注意此处坐标系的原点是在均布荷载的中点）。

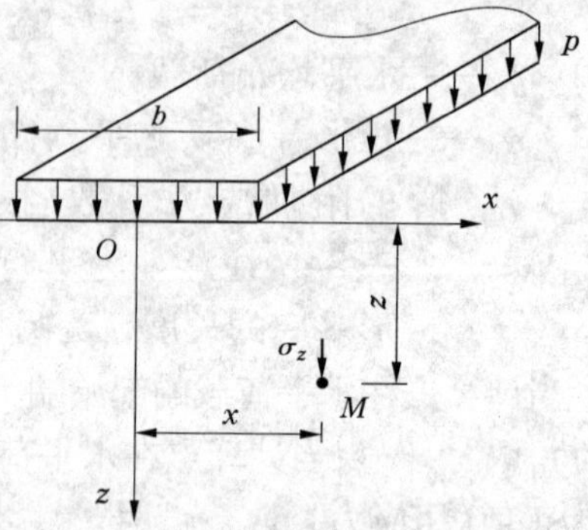

图 3-15　条形基底受竖直均布荷载作用地基中的附加应力

表 3-5　条形基底受竖直均布荷载作用地基中的附加应力系数 α_z^s 值

z/b	x/b								
	-1.0	-0.75	-0.50	-0.25	0	+0.25	+0.50	+0.75	+1.00
0.01	0.001	0.000	0.500	0.999	0.999	0.999	0.500	0.000	0.001
0.1	0.002	0.011	0.499	0.988	0.997	0.988	0.499	0.011	0.002
0.2	0.011	0.091	0.498	0.936	0.978	0.936	0.498	0.091	0.011
0.4	0.056	0.174	0.489	0.797	0.881	0.797	0.489	0.174	0.056
0.6	0.111	0.243	0.468	0.679	0.756	0.679	0.468	0.243	0.111
0.8	0.155	0.276	0.440	0.586	0.642	0.586	0.440	0.276	0.155
1.0	0.186	0.288	0.409	0.511	0.549	0.511	0.409	0.288	0.186
1.2	0.202	0.287	0.375	0.450	0.478	0.450	0.375	0.287	0.202
1.4	0.210	0.279	0.348	0.401	0.420	0.401	0.348	0.279	0.210
2.0	0.205	0.242	0.275	0.298	0.306	0.298	0.275	0.242	0.205
2.5	0.188	0.212	0.231	0.244	0.248	0.244	0.231	0.212	0.188
3.0	0.171	0.186	0.198	0.206	0.208	0.206	0.198	0.186	0.171
3.5	0.154	0.165	0.173	0.178	0.179	0.178	0.173	0.165	0.154
4.0	0.140	0.147	0.153	0.156	0.158	0.156	0.153	0.147	0.140
4.5	0.128	0.133	0.137	0.139	0.140	0.139	0.137	0.133	0.128
5.0	0.117	0.121	0.124	0.126	0.126	0.126	0.124	0.121	0.117

【例3-4】 如图3-16所示，某条形基础宽度 $b=4$ m，基底以上作用竖直中心荷载 $\bar{p}=600$ kN/m。试求基础中点下9 m范围内的附加应力 σ_z，并绘制应力分布图。

解：中心荷载作用基底压力简化为均匀分布

$$p=\frac{\bar{p}}{b}=\frac{600}{4}=150(\text{kPa})$$

按图示建立坐标系，坐标原点在基础中心处，z 轴向下，x 轴向右（或左），取 $z=0$ m、3 m、6 m、9 m几个点进行计算，分别以 O、A、B、C 标记。当 $z=3$ m时，$x/b=0$，$z/b=3/4=0.75$，附加应力系数 α_z^s 由表3-5经线性内插而得

$$\alpha_z^s=0.642+\frac{0.8-0.75}{0.8-0.6}\times(0.756-0.642)=0.671$$

$$\sigma_z=0.671\times150=100.6(\text{kPa})$$

同理可得其他点的附加应力 σ_z，如表3-6所示。

表3-6 σ_z 计算表

点位	z(m)	z/b	α_z^s	σ_z(kPa)
O	0	0	1	150.0
A	3	0.75	0.671	100.6
B	6	1.5	0.401	60.2
C	9	2.25	0.282	42.3

（二）条形基底受竖直三角形分布荷载作用

如图3-17所示，设宽度为 b 的条形基底上作用三角形分布荷载，其最大强度 p_t，土中任一点的竖向附加应力 σ_z 同样可通过积分简化为如下形式

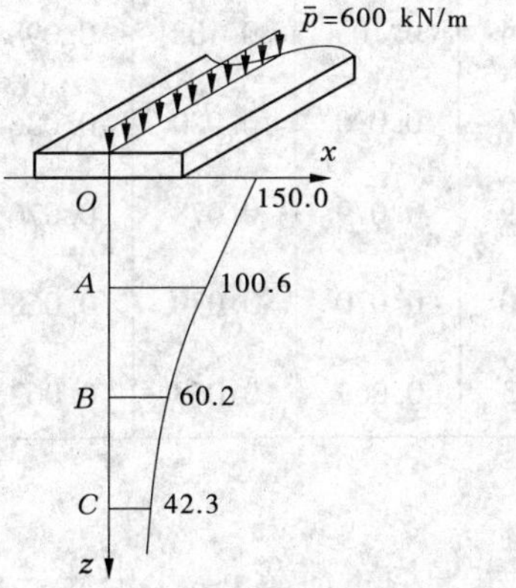

图3-16 例3-4附加应力分布图 （单位:kPa）

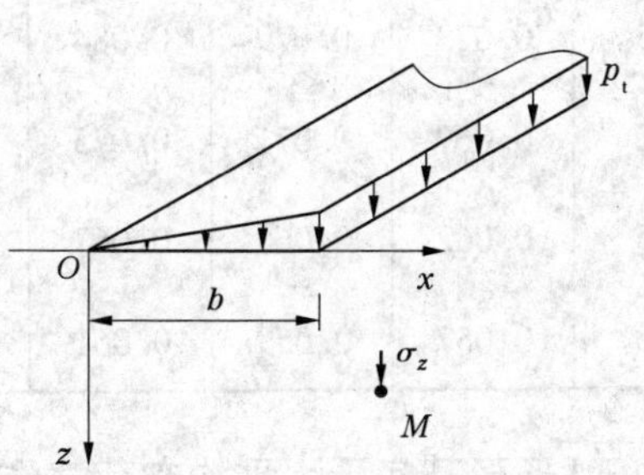

图3-17 条形基底受竖直三角形分布荷载作用地基中的附加应力

$$\sigma_z=\alpha_z^t p_t \tag{3-15}$$

式中 p_t——竖直三角形分布荷载最大强度，kPa；

α_z^t——条形基底受竖直三角形分布荷载作用地基中的附加应力系数，它是 x/b 和

z/b 的函数,可由表 3-7 查得(注意此处坐标系的原点在荷载强度为零的一侧,x 轴正向指向强度增大一侧)。

表 3-7　条形基底受竖直三角形分布荷载作用地基中的附加应力系数 α_z^t 值

z/b	x/b								
	-0.50	-0.25	0	+0.25	+0.50	+0.75	+1.00	+1.25	+1.50
0.01	0.000	0.000	0.003	0.249	0.500	0.750	0.497	0.000	0.000
0.1	0.000	0.002	0.032	0.251	0.498	0.737	0.468	0.010	0.002
0.2	0.003	0.009	0.061	0.255	0.489	0.682	0.437	0.050	0.009
0.4	0.010	0.036	0.110	0.263	0.441	0.534	0.379	0.137	0.043
0.6	0.030	0.066	0.140	0.258	0.378	0.421	0.328	0.177	0.080
0.8	0.050	0.089	0.155	0.243	0.321	0.343	0.285	0.188	0.106
1.0	0.065	0.104	0.159	0.224	0.275	0.286	0.250	0.184	0.121
1.2	0.070	0.111	0.154	0.204	0.239	0.246	0.221	0.176	0.126
1.4	0.080	0.114	0.151	0.186	0.210	0.215	0.198	0.165	0.127
2.0	0.090	0.108	0.127	0.143	0.153	0.155	0.147	0.134	0.115
2.5	0.086	0.098	0.110	0.119	0.124	0.125	0.121	0.113	0.103
3.0	0.080	0.088	0.095	0.101	0.104	0.105	0.102	0.098	0.091
3.5	0.073	0.079	0.084	0.088	0.090	0.090	0.089	0.086	0.081
4.0	0.067	0.071	0.075	0.077	0.079	0.079	0.078	0.076	0.073
4.5	0.062	0.065	0.067	0.069	0.070	0.070	0.070	0.068	0.066
5.0	0.057	0.059	0.061	0.063	0.063	0.063	0.063	0.062	0.060

(三)条形基底受水平均布荷载作用

如图 3-18 所示,设宽度为 b 的条形基底上作用水平均布荷载 p_h,土中任一点的竖向附加应力 σ_z 简化形式为

$$\sigma_z = \alpha_z^h p_h \tag{3-16}$$

式中　p_h——水平均布荷载;

α_z^h——条形基底受水平均布荷载作用地基中的附加应力系数,它是 x/b 和 z/b 的函数,可由表 3-8 查得(注意此处坐标系的原点在荷载起点一侧,x 轴正向与荷载方向一致)。

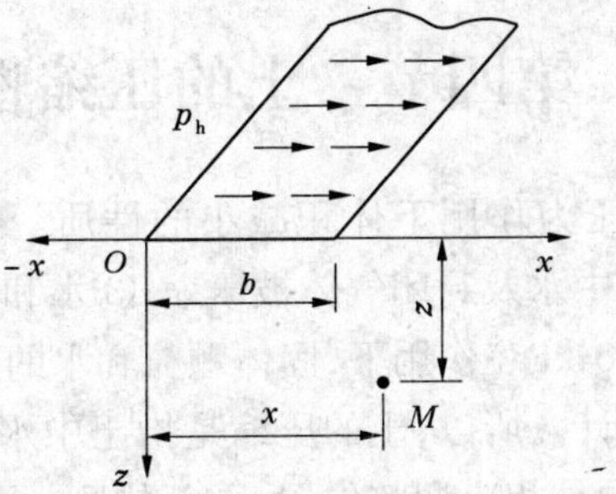

图 3-18　条形基底受水平均布荷载作用地基中的附加应力

表 3-8　条形基底受水平均布荷载作用地基中的附加应力系数 α_z^h 值

z/b	x/b							
	−0.25	0	+0.25	+0.50	+0.75	+1.00	+1.25	+1.50
0.01	−0.001	−0.318	−0.001	0	0.001	0.318	0.001	0.001
0.1	−0.042	−0.315	−0.039	0	0.039	0.315	0.042	0.011
0.2	−0.116	−0.306	−0.103	0	0.103	0.306	0.116	0.038
0.4	−0.199	−0.274	−0.159	0	0.159	0.274	0.199	0.103
0.6	−0.212	−0.234	−0.147	0	0.147	0.234	0.212	0.144
0.8	−0.197	−0.194	−0.121	0	0.121	0.194	0.197	0.158
1.0	−0.175	−0.159	−0.096	0	0.096	0.159	0.175	0.157
1.2	−0.153	−0.131	−0.078	0	0.078	0.131	0.153	0.147
1.4	−0.132	−0.108	−0.061	0	0.061	0.108	0.132	0.133
1.6	−0.113	−0.089	−0.050	0	0.050	0.089	0.113	0.121
1.8	−0.098	−0.075	−0.041	0	0.041	0.075	0.098	0.108
2.0	−0.085	−0.064	−0.034	0	0.034	0.064	0.085	0.096
2.5	−0.061	−0.044	−0.023	0	0.023	0.044	0.061	0.072
3.0	−0.045	−0.032	−0.017	0	0.017	0.032	0.045	0.055
3.5	−0.034	−0.024	−0.012	0	0.012	0.024	0.034	0.043
4.0	−0.027	−0.019	−0.010	0	0.010	0.019	0.027	0.034
4.5	−0.022	−0.015	−0.008	0	0.008	0.015	0.022	0.028
5.0	−0.018	−0.012	−0.006	0	0.006	0.012	0.018	0.023

若实际工程中遇到多种荷载组合的情况，可将荷载分解为竖直均布荷载、竖直三角形分布荷载及水平均布荷载，然后分别按上述方法计算各自产生的附加应力 σ_z，最后进行应力叠加即可。

第四节　土的压缩性

土的压缩性是指土在压力作用下体积减小的性质。土的压缩通常由三部分组成：①固体土颗粒被压缩；②土中水及封闭气体被压缩；③水和气体从孔隙中排出。试验研究表明，在一般压力（100～600 kPa）作用下，固体颗粒和水的压缩量与土体的压缩总量之比是微不足道的，可以忽略不计。所以，土的压缩是指土中水和气体从孔隙中排出，土中孔隙体积缩小，与此同时，土颗粒相应调整位置，重新排列，土体变得更紧密。试验表明：土的压缩主要是由孔隙中的水分和气体被挤出，土粒相互移动靠拢，致使土的孔隙体积减小而引起的。

研究土的压缩性，就是研究土的压缩变形量和压缩过程，即研究压力与孔隙体积的变化关系以及孔隙体积随时间变化的情况。

压缩有两种形式，侧限压缩和无侧限压缩。当自然界广阔土层上作用着大面积均布荷载时，认为是有侧限形式。一般工程与此近似，通常用这种形式。

具体地，土的压缩性高低要用压缩性指标来表示，压缩性指标通常由侧限压缩试验确定。研究方法通常有室内侧限压缩试验和现场载荷试验两种方法。

一、室内侧限压缩试验（固结试验）

室内侧限压缩试验是研究土的压缩性的最基本方法。室内侧限压缩试验简单方便，费用较低，被广泛采用。

压缩试验采用的试验装置是压缩仪（也称固结仪），其主要部分构造如图 3-19 所示。压缩试验时，用金属环刀切取土样，常用的环刀内径为 6.18 cm 和 8 cm 两种，对应的截面面积为 30 cm^3 和 50 cm^3，高 2 cm；将土样连同环刀一起放入压缩仪内，上、下各垫一块透水石，土样受压后能够自由排水。由于金属环刀和刚性护环的限制，土样在压力作用下只发生竖向压缩变形。试验时，分级施加竖向压力，常规压缩试验的加荷等级 p 依次为：50 kPa、100 kPa、200 kPa、300 kPa、400 kPa。最后一级荷载视土样情况和实际工程而定，原则上略大于预估的土自重应力与附加应力之和，但不小于 200 kPa。在每级荷载作用下使土样变形至稳定，用百分表测出土样稳定后的变形量 ΔH。

根据上述压缩试验得到的 $\Delta H \sim p$ 关系，可以得到土样相应的孔隙比与加荷等级之间的 $e \sim p$ 关系。设土样的初始高度为 H_0，受压后土样的高度为 H，在荷载 p 作用下土样稳定后的总压缩量为 ΔH，假设土粒体积 $V_s = 1$（不变），根据土的孔隙比的定义，则受压前后土孔隙体积 V_v 分别为 e_0 和 e，如图 3-20 所示。

利用受压前后土粒体积不变和土样横截面面积不变两个条件，再根据荷载作用下土样压缩稳定后总压缩量 ΔH 可求出相应的孔隙比的计算公式

$$\frac{H_0}{1+e_0} = \frac{H}{1+e} = \frac{H_0 - \Delta H}{1+e} \tag{3-17}$$

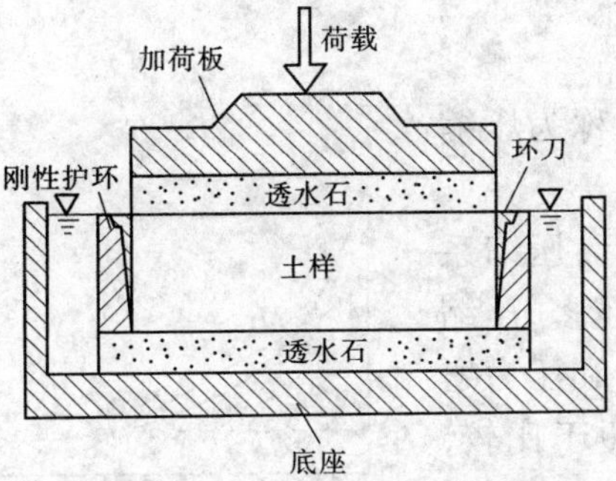

图 3-19　压缩仪(固结仪)示意图

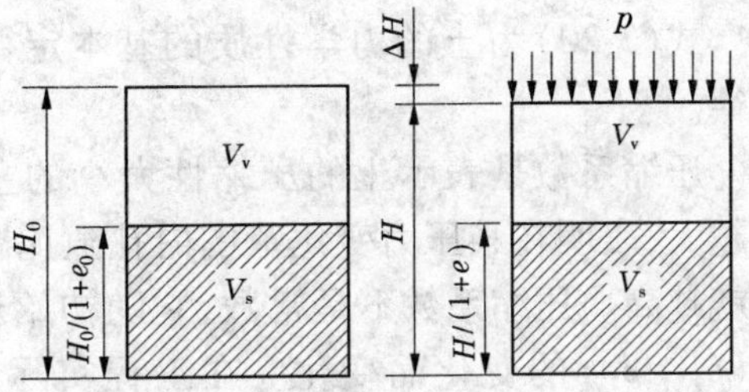

图 3-20　压缩试验中土样孔隙比的变化

得到

$$e = e_0 - \frac{\Delta H}{H_0}(1 + e_0) \tag{3-18}$$

式中　e_0——土的初始孔隙比，即土的天然孔隙比，可由土的三个基本试验指标求得。

e_0 的计算式为

$$e_0 = \frac{d_s(1 + \omega_0)\gamma_w}{\gamma} - 1 \tag{3-19}$$

式中　d_s、ω_0、γ_w——土粒比重、土样的初始含水量及初始密度，它们可根据室内试验测定。

这样，只要测定了土样在各级压力 p 作用下的稳定变形量 ΔH 后，就可按上式算出相应的孔隙比 e，绘制出 $e \sim p$ 曲线，如图 3-21 所示。不同土的压缩曲线的形状不同，如压缩曲线陡降，说明压力增加时，土的孔隙比显著减小，土是高压缩性的；反之，低压缩性土的压缩曲线是平缓的。不同的土质，变形规律是不同的。通常砂土的 $e \sim p$ 曲线比较平缓，而软黏土的 $e \sim p$ 曲线较陡，所以压缩曲线的形状可以形象地说明土的压缩性大小。在图 3-21 中还可以看到，压缩曲线前段较陡，而后随压力的增大而逐渐趋于平缓，说明在侧限条件下土不是线弹性体，其压缩性随应力增长逐渐减小。这是因为土体在压缩的过程中，随着土中孔隙减小，土的密实度逐渐增加，土粒间的接触应力以及摩擦力和咬合力也在增加，土粒的移动越困难，压缩增量随之减小。

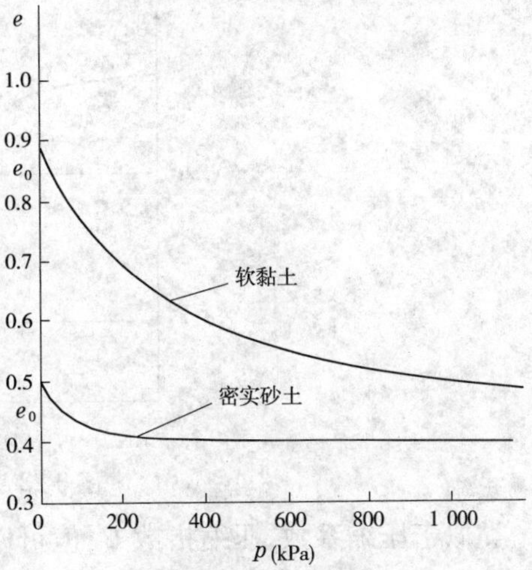

图 3-21　$e \sim p$ 曲线

二、压缩指标

(一)压缩系数

压缩系数是指 $e \sim p$ 曲线中某一压力范围的割线斜率，如图 3-22 所示，记为 a，单位为 MPa^{-1}。

$$a = \frac{e_1 - e_2}{p_2 - p_1} \tag{3-20}$$

式(3-20)为土的力学性质的基本定律之一,称为压缩定律。

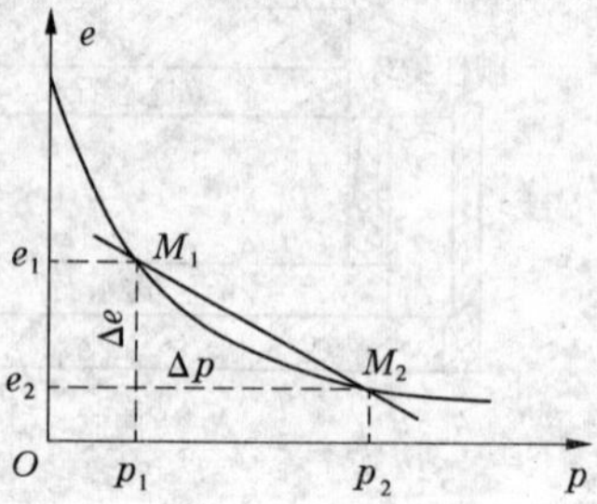

图 3-22 土的压缩曲线

压缩系数是表示土的压缩性大小的主要指标,压缩系数越大,表明在某压力变化范围内孔隙比减小得越多,压缩性就越高。压缩系数不是常数,它随初始压力 p_1 和压力增量($p_2 - p_1$)的变化而变化。在工程实际中,为便于比较,《建筑地基基础设计规范》(GB 50007—2011)规定以 $p_1 = 0.1$ MPa,$p_2 = 0.2$ MPa 的压缩系数即 a_{1-2} 作为判断土的压缩性高低的标准,并将土分为 3 类,具体内容见表 3-9。

表 3-9 压缩系数判断土的压缩性

压缩系数(MPa^{-1})	$a_{1-2} < 0.1$	$0.1 \leqslant a_{1-2} < 0.5$	$a_{1-2} \geqslant 0.5$
类型	低压缩性土	中压缩性土	高压缩性土

(二)压缩指数

将压缩曲线的横坐标用对数坐标表示,将得到 $e \sim \lg p$ 压缩曲线。因为 $e \sim \lg p$ 曲线在很大压力范围内为一直线,如图 3-23 所示,该直线的斜率称为压缩指数,记为 C_c。

$$C_c = \frac{e_1 - e_2}{\lg p_2 - \lg p_1} \tag{3-21}$$

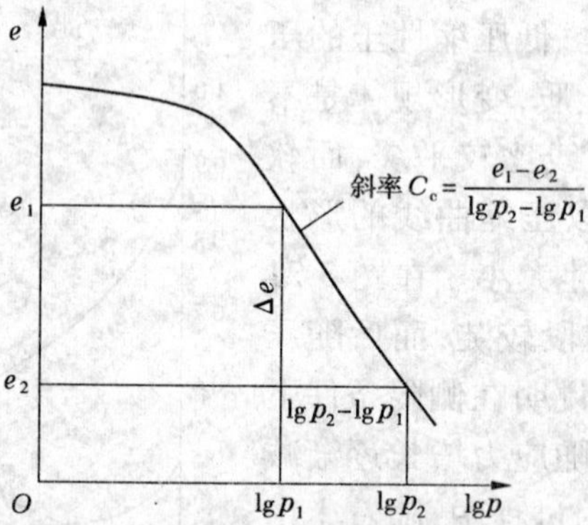

图 3-23 $e \sim \lg p$ 压缩曲线

类似于压缩系数,压缩指数 C_c 值可以用来判别土压缩性的大小。C_c 值越大,表示在一定压力变化的 Δp 范围内,孔隙比的变化量 Δe 越大,说明土的压缩性越高。一般认为,当 $C_c < 0.2$ 时,属低压缩性土;当 $C_c = 0.2 \sim 0.4$ 时,属中压缩性土;当 $C_c > 0.4$ 时,属高压缩性土。国外广泛采用 $e \sim \lg p$ 曲线来分析研究应力历史对土压缩性的影响。

(三)压缩模量

压缩模量是指在侧限条件下受压时压力变化值 Δp 与相应的压应变 $\Delta \varepsilon$ 的比值,记为 E_s,单位为 MPa。

$$E_s = \frac{\Delta p}{\Delta \varepsilon} = \frac{1+e}{a} \tag{3-22}$$

土的压缩系数和压缩模量是判断土的压缩性和计算地基压缩变形量的重要指标。两者之间的关系为反比关系。a 越小,E_s 越大,表明在同一压力范围内土的压缩变形越小,土的压缩性越低。用压缩模量也可以判别土的压缩性大小,见表 3-10。

表 3-10　压缩模量判断土的压缩性简表

压缩模量(MPa)	$E_s > 15$	$4 \leqslant E_s \leqslant 15$	$E_s < 4$
类型	低压缩性土	中压缩性土	高压缩性土

【例 3-5】　已知做压缩试验的土样天然重度为 18.5 kN/m³,天然含水量为 40%,土粒比重为 2.75,试样高度为 20 mm,试样在各级荷载作用下压缩稳定后的总变形量如表 3-11 所示。试判别该土样的压缩性大小。

表 3-11　压缩试验用表

压力(kPa)	试样总变形量(mm)	压力(kPa)	试样总变形量(mm)
0	0	200	1.886
50	0.926	300	2.310
100	1.308	400	2.564

解:(1)求初始孔隙比

$$e_0 = \frac{d_s(1+\omega_0)\gamma_w}{\gamma} - 1 = \frac{2.75 \times (1+0.4) \times 10}{18.5} - 1 = 1.081$$

(2)列表计算在各级荷载作用下压缩稳定后的孔隙比(见表 3-12)

$$e_i = e_0 - \frac{s}{H_0}(1+e_0) = 1.081 - \frac{s}{20}(1+1.081) = 1.081 - 0.104s$$

表 3-12　各种荷载作用下压缩稳定后的孔隙比

压力(kPa)	试样总变形量(mm)	孔隙比
0	0	1.081
50	0.926	0.985
100	1.308	0.945
200	1.886	0.885
300	2.310	0.841
400	2.564	0.814

(3)判别该土样的压缩性大小

$$a_{1\text{-}2} = \frac{e_1 - e_2}{p_2 - p_1} = \frac{0.945 - 0.885}{200 - 100} = 6 \times 10^{-4}(\text{kPa}^{-1}) = 0.6\ \text{MPa}^{-1} > 0.5\ \text{MPa}^{-1}$$

所以该土样为高压缩性土。

三、土的压缩特性

在做压缩试验得到压缩曲线后，然后逐渐卸去荷重，算出每级卸荷后变形回弹稳定时的孔隙比，则可绘出卸荷后的孔隙比与压力的关系曲线，称为回弹曲线或膨胀曲线。如在卸荷后再逐级加荷，可以得到再压缩曲线，如图3-24所示可以看出曲线有以下3个特性。

（一）土样的回弹曲线与再压缩曲线不重合

这表明土体不能完全恢复其压缩变形，土不是完全弹性体。在卸荷后可以恢复的那部分变形，称土的弹性变形，主要是结合水膜的变形、封闭气体的压缩和土粒本身的弹性变形造成的；在卸荷后仍不能恢复的那部分变形，称土的残余变形，主要是因为土粒和结构单元产生相对位移，改变了原有位置，孔隙水和气体被挤出。

试验结果还表明：土的残余变形常比弹性变形大得多。

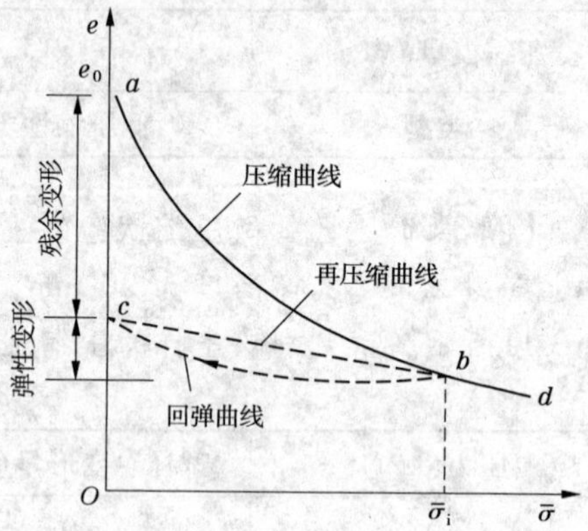

图3-24　土的再压缩曲线

（二）再压缩曲线比压缩曲线平缓

这表明土体曾经受过大于现在所受压力的压力，再受压时，压缩量将大为减小。

（三）再压缩曲线与压缩曲线在交点之后重合

这表明再压荷载超过卸荷时荷载之后，土体表现为原有的压缩性。

四、土体受荷历史对压缩性的影响

从土的压缩特性可以知道，土体的受荷历史对压缩性产生了影响。为了考虑土层形成后的受荷历史对压缩性的影响，就必须了解土层的受荷历史，知道土层受过的前期固结压力。

前期固结压力是指土层在过去历史上曾经受过的最大固结压力，记为p_c。前期固结压力是反映土体压密程度及判别其固结状态的一个指标。天然土层将其与土层现在所受的自重应力相比较，可以分为3种情况。

前期固结压力p_c与目前土层所承受的上覆土的自重压力p进行比较，可把天然土层分三种不同的固结状态。

（1）$p_c = p$，称正常固结土，是指土层在沉积过程中，在土的自重压力作用下逐渐压密固结，固结后土层中的应力未发生明显变化。

（2）$p_c > p$，称超固结土，是指土层在沉积过程历史上曾受过比现在大的应力而固结，土层原有的密度超过现有的自重压力相对的密度，而形成超压状态。

（3）$p_c < p$，称欠固结土，即土层在自重压力下尚未完成固结，新近沉积的土层如充填土，或排水条件差的土层如淤泥等处于欠固结状态。

一般，当施加土层的荷重小于或等于土的前期固结压力时，土层的压缩变形量将极小甚至可以不计；当荷重大于土的前期固结压力时，土层的压缩变形量将会有很大的变化。

在其他条件相同时，正常固结土的压缩变形量小于欠固结土的压缩变形量，大于超固结土的压缩变形量。

第五节　地基最终沉降量的计算

通常情况下，天然土层是经历了漫长的地质历史时期而沉积下来的，往往地基土层在自重应力作用下已压缩稳定。当我们在这样的地基土上建造建筑物时，建筑物的荷重会使在地基土原来自重应力的基础上再增加一个应力增量，即附加应力。由土的压缩特性可知，附加应力会引起地基的沉降，地基土层在建筑物荷载作用下，不断地产生压缩，直至压缩稳定后地基表面的沉降量称为地基的最终沉降量。计算最终沉降量可以帮助我们预知该建筑物建成后将产生的地基变形，判断其值是否超出允许的范围，以便在建筑物设计或施工时，为采取相应的工程措施提供科学依据，保证建筑物的安全。

本节主要介绍地基最终沉降量的计算，学习常用的分层总和法和规范计算法。

一、分层总和法

分层总和法的基本思路是：考虑附加应力随深度逐渐减小，地基土的压缩只发生在有限的土层深度范围内，在此范围内把土层划分为若干分层，因每一分层足够薄，可近似认为每层土应力在本层内不随深度变化。并且压缩变形时不考虑侧向变形，以基础中心点下的附加应力和侧限条件下的压缩指标分别计算每一分层土的压缩变形量，最后把它们叠加作为地基的最终沉降量。分层总和法是最常用的一种最终沉降量的计算方法。分层总和法计算原理见图 3-25。

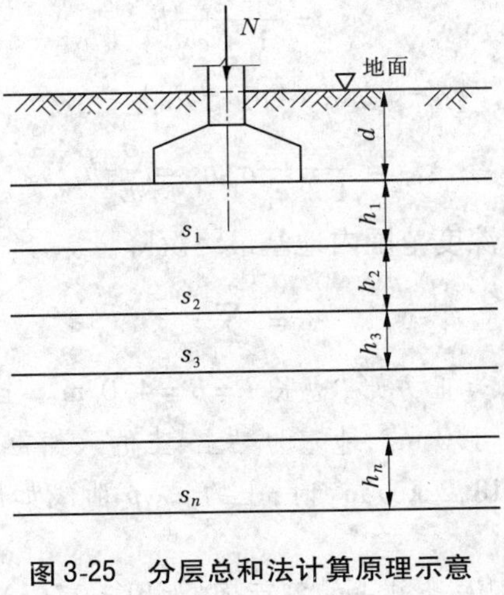

图 3-25　分层总和法计算原理示意

分层总和法的方法和步骤为：

(1) 按比例绘制地基和基础剖面图。

(2) 划分计算薄层。计算薄层的厚度通常为基底宽度的 0.4 倍，但土层交界面和地下水位面应是计算薄层面。对每一分层，可认为压力是均匀分布的。

(3)计算各薄层面处的自重应力和附加应力,分别绘制分布图于基础中心线的左侧与右侧,如图 3-26 所示。

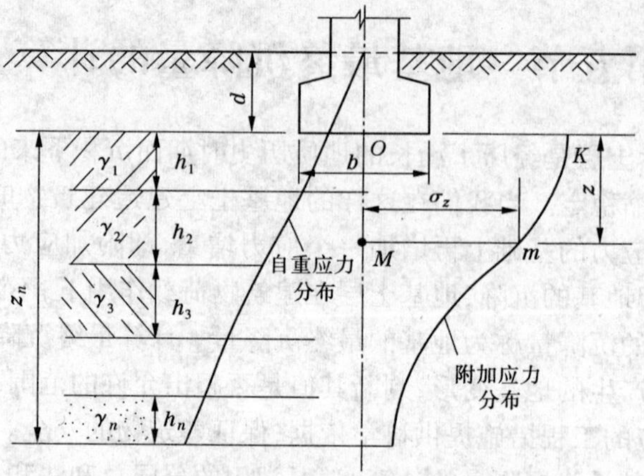

图 3-26　分层总和法计算地基沉降应力示意

(4)确定沉降计算深度。沉降计算深度是指由基础底面向下计算地基压缩变形所要求的深度。沉降计算深度以下地基中的附加应力已很小,其下土的变形可以忽略不计、一般取附加应力等于自重应力 20% 处,即 $\sigma_z = 0.2\sigma_{cz}$;对高压缩性土计算至 $\sigma_z = 0.1\sigma_{cz}$处。

(5)计算各分层土的平均自重应力 $\bar{\sigma}_{czi} = (\sigma_{czi-1} + \sigma_{czi})/2$ 和平均附加应力 $\bar{\sigma}_{zi} = (\sigma_{zi-1} + \sigma_{zi})/2$。

(6)令 $p_{1i} = \bar{\sigma}_{czi}$, $p_{2i} = \bar{\sigma}_{czi} + \bar{\sigma}_{zi}$,从该土层的压缩曲线中由 p_{1i}及 p_{2i}查出相应的 e_{1i}和 e_{2i}。

(7)计算各薄层的压缩量。

$$s_i = \frac{e_{1i} - e_{2i}}{1 + e_{1i}} h_i \tag{3-23}$$

又因

$$e_{1i} - e_{2i} = a(p_{2i} - p_{1i}) = a\bar{\sigma}_{zi} \tag{3-24}$$

故也可用

$$s_i = \frac{a_i}{1 + e_{1i}} \bar{\sigma}_{zi} h_i = \frac{\bar{\sigma}_{zi}}{E_{si}} h_i \tag{3-25}$$

(8)最后计算沉降计算深度范围内地基最终沉降量。

$$s = \sum_{i=1}^{n} s_i \tag{3-26}$$

【例 3-6】 基础底面积为正方形,边长 $l = b = 4.0$ m。上部结构传至基础顶面荷载 $P = 1\,440$ kN。基础埋深 $d = 1.0$ m。地基为黏土,土的天然重度 $\gamma = 16$ kN/m^3。地下水位 3.4 m,水下饱和重度 $\gamma_{sat} = 18.2$ kN/m^3 时,土的 $e \sim p$ 曲线如图 3-27(b)所示。计算基础底面中点的沉降量。

解:(1)绘制基础剖面图与地基土的剖面图,如图 3-27(a)所示。

(2)地基沉降计算分层。计算层每层厚度 $h_i \leqslant 0.4b = 1.6$(m)。地下水位以上 2.4 m 分两层,各 1.2 m;第三层 1.6 m;第四层以下因附加应力很小,均可取 2.0 m。

(3)计算地基土各分层界面处的自重应力。

基础底面　　　$\sigma_{cz} = \gamma d = 16 \times 1 = 16$(kPa)

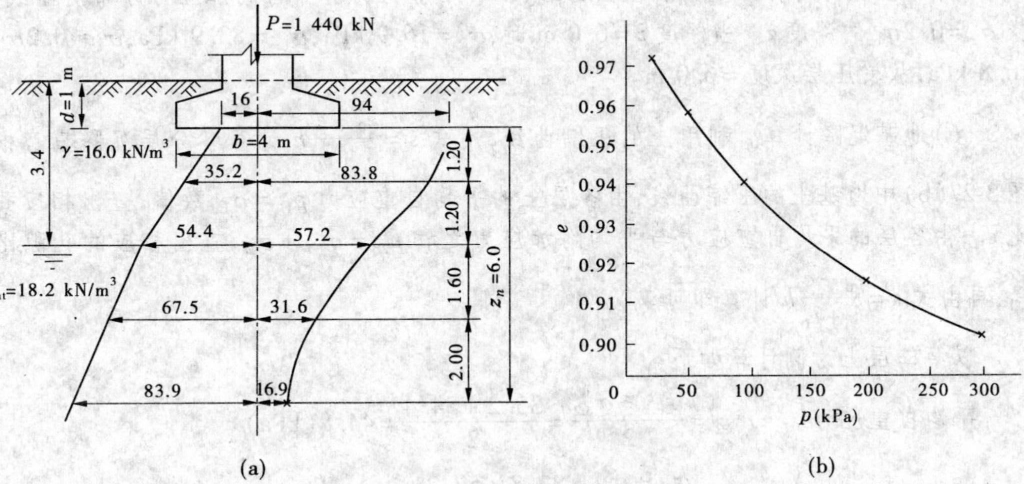

图 3-27　例 3-6 图　（单位：应力，kPa；长度，m）

地下水位处　　　　　$\sigma_{cz}=\gamma z=16\times3.4=54.4$(kPa)

地下水面以下为均质土，自重应力呈线性分布，故任取一点计算，取地面下 7 m（地下水位下 3.6 m）处　$\sigma_{cz}=\sum\gamma z=54.4+(18.2-10)\times3.6=83.9$(kPa)

把自重应力分布线绘于基础轴线左侧。其他分层界面处自重应力标于图中，计算步骤略。

(4)计算地基土的附加应力。

基础底面接触压力 p

$$p=\frac{P}{lb}+\gamma_G d=\frac{1\,440}{4\times4}+20\times1=110.0(\text{kPa})$$

基础底面附加压力 p_0

$$p_0=p-\gamma d=110.0-16\times1=94.0(\text{kPa})$$

地基中的附加应力 σ_z：

基础底面为正方形，用角点法计算，分成相等的四小块，计算边长 $l=b=2.0$ m。附加应力 $\sigma_z=4\alpha_c p_0$，其中应力系数 α_c 可查表获得，列表计算如表 3-13 所示，并把附加应力绘于基础中心线的右侧。

表 3-13　附加应力计算

深度 z(m)	l/b	z/b	附加应力系数 α_c	附加应力 $\sigma_z=4\alpha_c p_0$(kPa)
0	1.0	0	0.250	94.0
1.2	1.0	0.6	0.223	83.8
2.4	1.0	1.2	0.152	57.2
4.0	1.0	2.0	0.084	31.6
6.0	1.0	3.0	0.045	16.9

(5)地基沉降计算深度 z_n。由图 3-27(a)中自重应力分布与附加应力分布两曲线，寻找 $\sigma_z = 0.2\sigma_{cz}$ 的深度 z。当深度 $z = 6.0$ m 时，$\sigma_z = 16.9$ kPa，$\sigma_{cz} = 83.9$ kPa，$\sigma_z \approx 0.2\sigma_{cz} = 16.8$ kPa，故受压层深度 = 6.0 m。

(6)地基沉降计算。利用土的压缩曲线，用式 $s = \dfrac{e_0 - e_i}{1 + e_0}h$ 计算各分层沉降量。根据图 3-27(b)中地基土的压缩曲线，由各层土的平均自重应力 $p_{1i} = \bar{\sigma}_{czi}$ 数值，查出相应孔隙比 e_{1i}；由各层的平均自重应力与平均附加应力之和 $p_{2i} = \bar{\sigma}_{czi} + \bar{\sigma}_{zi}$，查出相应的孔隙比为 e_{2i}；再由式 $s = \dfrac{e_0 - e_i}{1 + e_0}h$ 计算即可。

以第二层土为例计算如下：

平均自重应力　$\bar{\sigma}_{cz2} = \dfrac{\sigma_{cz1} + \sigma_{cz2}}{2} = \dfrac{35.2 + 54.4}{2} = 44.8(\text{kPa})$

平均附加应力　$\bar{\sigma}_{z2} = \dfrac{\sigma_{z1} + \sigma_{z2}}{2} = \dfrac{83.8 + 57.2}{2} = 70.5(\text{kPa})$

$$p_1 = \bar{\sigma}_{cz2} = 44.8 \text{ kPa}$$

$$p_2 = \bar{\sigma}_{cz2} + \bar{\sigma}_{z2} = 44.8 + 70.5 = 115.3(\text{kPa})$$

在图 3-27(b)所示压缩曲线中，由 $p_1 = 44.8$ kPa 查得对应孔隙比 $e_1 = 0.960$。由 $p_2 = 115.3$ kPa 查得对应孔隙比 $e_2 = 0.936$，则该层土的沉降量为

$$s_2 = \left(\frac{e_1 - e_2}{1 + e_1}\right)_2 h_2 = \frac{0.960 - 0.936}{1 + 0.960} \times 1\ 200 = 14.69(\text{mm})$$

注：上式为避免复杂的脚标造成混乱，把式(3-23)中的脚标 i 统一放在了括号外，表示括号内指标皆是第 i 层土的指标。

其他各层土的沉降量计算如表 3-14 所示。

表 3-14　其他各层土的沉降量计算

土层编号	土层厚度 h_i(mm)	平均自重应力 $\bar{\sigma}_{czi}$(kPa)	平均附加应力 $\bar{\sigma}_{zi}$(kPa)	$p_{2i} = \bar{\sigma}_{czi} + \bar{\sigma}_{zi}$ (kPa)	由 $p_{1i} = \bar{\sigma}_{czi}$ 查 e_1	由 p_{2i} 查 e_2	分层沉降量 s_i(mm)
1	1 200	25.6	88.9	114.5	0.970	0.937	20.10
2	1 200	44.8	70.5	115.3	0.960	0.936	14.69
3	1 600	61.0	44.4	105.4	0.954	0.940	11.46
4	2 000	75.7	24.3	100.0	0.948	0.941	7.19

(7)基础中点的总沉降量。

$$s = \sum_{i=1}^{4} s_i = 20.10 + 14.69 + 11.46 + 7.19 = 53.44(\text{mm}) \approx 53.4 \text{ mm}$$

分层总和法存在的问题可以从附加应力的计算与分布、指标选择以及压缩层厚度确定等方面来考察。分层总和法是用弹性理论求算地基中的竖向应力 σ_z，用单向压缩的

$e \sim p$曲线求变形，这与实际地基受力情况有出入；对于变形指标，其试验条件决定了指标的结果，而使用中的选择又影响到计算结果；压缩层厚度的确定方法没有严格的理论依据，是半经验性的方法，其正确性只能从工程实测得到验证。研究表明，不同确定压缩层厚度的方法，使计算结果相差10%左右。以上这些问题就必然使沉降计算值与工程中的实测值不完全相符。但是，因为分层总和法计算沉降概念比较明确，计算过程及变形指标的选取比较简便，易于掌握，它依然是被工程界广泛采用的沉降计算方法。

二、规范计算法

为了简化计算，使基础沉降量计算值接近实测值，《建筑地基基础设计规范》(GB 50007—2011)在分层总和法的基础上，运用平均附加应力面积的概念，按天然土层界面以简化由于过多分层引起的烦琐计算，并结合大量工程实际中沉降量观测的统计分析，以经验系数 φ_s 进行修正，求得地基的最终变形量。规范法计算地基沉降见图3-28。

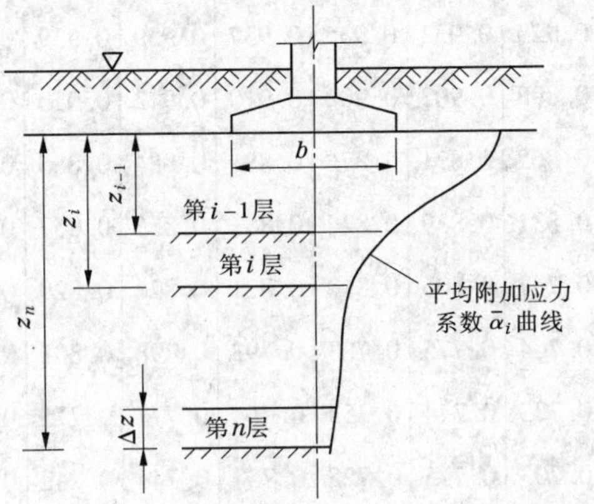

图3-28　规范法计算地基沉降示意

(一)基本公式

$$s = \varphi_s s' = \varphi_s \sum_{i=1}^{n} (z_i\bar{\alpha}_i - z_{i-1}\bar{\alpha}_{i-1}) \frac{p_0}{E_{si}} \tag{3-27}$$

式中　s——地基的最终沉降量，mm；

s'——按分层总和法求得的地基沉降量，mm；

$\bar{\alpha}_i$、$\bar{\alpha}_{i-1}$——基底下 z_i、z_{i-1} 深度范围内土的平均附加应力系数，对于矩形基础，基底为均匀分布或三角形分布附加应力时，中心点以下的平均附加应力分布系数为 l/b、z/b 的函数，MPa，可由表3-15、表3-16查得；

φ_s——沉降计算经验系数，可由表3-17查得；

n——地基变形计算深度范围内天然土层数；

p_0——基底附加压力，kPa；

E_{si}——基底以下第 i 层土的压缩模量，按第 i 层实际应力变化范围取值；

z_i、z_{i-1}——基础底面至第 i 层、第 $i-1$ 层土底面的距离，m。

表 3-15　竖直均布荷载作用下矩形基础中心点下平均附加应力系数 $\bar{\alpha}$

$\frac{z}{b}$	$\frac{l}{b}$											
	1.0	1.2	1.4	1.6	1.8	2.0	2.4	2.8	3.2	3.6	4.0	5.0	>10（条形基础）
0	1.000	1.000	1.000	1.000	1.000	1.000	1.000	1.000	1.000	1.000	1.000	1.000	1.000
0.1	0.997	0.998	0.998	0.998	0.998	0.998	0.998	0.998	0.998	0.998	0.998	0.998	0.998
0.2	0.987	0.990	0.991	0.992	0.992	0.992	0.993	0.993	0.993	0.993	0.993	0.993	0.993
0.3	0.967	0.973	0.976	0.978	0.979	0.979	0.980	0.980	0.981	0.981	0.981	0.981	0.982
0.4	0.936	0.947	0.953	0.956	0.958	0.965	0.961	0.962	0.962	0.963	0.963	0.963	0.963
0.5	0.900	0.915	0.924	0.929	0.933	0.935	0.937	0.939	0.939	0.940	0.940	0.940	0.940
0.6	0.858	0.878	0.890	0.898	0.903	0.906	0.910	0.912	0.913	0.914	0.914	0.915	0.915
0.7	0.816	0.840	0.855	0.865	0.871	0.876	0.881	0.884	0.885	0.886	0.887	0.887	0.888
0.8	0.775	0.801	0.819	0.831	0.839	0.844	0.851	0.855	0.857	0.858	0.859	0.860	0.860
0.9	0.735	0.764	0.784	0.797	0.806	0.813	0.821	0.826	0.829	0.830	0.831	0.832	0.833
1.0	0.698	0.723	0.749	0.764	0.775	0.783	0.792	0.798	0.801	0.803	0.804	0.806	0.807
1.1	0.663	0.694	0.717	0.733	0.744	0.753	0.764	0.771	0.775	0.777	0.779	0.780	0.782
1.2	0.631	0.663	0.686	0.703	0.715	0.725	0.737	0.744	0.749	0.752	0.754	0.756	0.758
1.3	0.601	0.633	0.657	0.674	0.688	0.698	0.711	0.719	0.725	0.728	0.730	0.733	0.735
1.4	0.573	0.605	0.629	0.648	0.661	0.672	0.687	0.696	0.701	0.705	0.708	0.711	0.714
1.5	0.548	0.580	0.604	0.622	0.637	0.643	0.664	0.676	0.679	0.683	0.686	0.690	0.693
1.6	0.524	0.556	0.580	0.599	0.613	0.625	0.641	0.651	0.658	0.663	0.666	0.670	0.675
1.7	0.502	0.533	0.558	0.577	0.591	0.603	0.620	0.631	0.638	0.643	0.646	0.651	0.656
1.8	0.482	0.513	0.537	0.556	0.571	0.583	0.600	0.611	0.619	0.624	0.629	0.633	0.638
1.9	0.463	0.493	0.517	0.536	0.551	0.563	0.581	0.593	0.601	0.606	0.610	0.616	0.622
2.0	0.446	0.475	0.499	0.518	0.533	0.545	0.563	0.575	0.584	0.590	0.594	0.600	0.606
2.1	0.429	0.459	0.482	0.500	0.515	0.528	0.546	0.559	0.567	0.574	0.578	0.585	0.591
2.2	0.414	0.443	0.466	0.484	0.499	0.511	0.530	0.543	0.552	0.558	0.563	0.570	0.577
2.3	0.400	0.428	0.451	0.469	0.484	0.496	0.515	0.528	0.537	0.544	0.548	0.556	0.564
2.4	0.387	0.414	0.436	0.454	0.469	0.481	0.500	0.513	0.523	0.530	0.535	0.543	0.551

续表 3-15

$\frac{z}{b}$	$\frac{l}{b}$											
	1.0	1.2	1.4	1.6	1.8	2.0	2.4	2.8	3.2	3.6	4.0	5.0	>10（条形基础）
2.5	0.374	0.401	0.423	0.441	0.455	0.468	0.486	0.500	0.509	0.516	0.522	0.530	0.539
2.6	0.362	0.389	0.410	0.428	0.442	0.455	0.473	0.487	0.496	0.504	0.509	0.518	0.528
2.7	0.351	0.377	0.398	0.416	0.430	0.442	0.461	0.474	0.484	0.492	0.497	0.506	0.517
2.8	0.341	0.366	0.387	0.404	0.418	0.430	0.449	0.463	0.472	0.480	0.486	0.495	0.506
2.9	0.331	0.356	0.377	0.393	0.407	0.419	0.438	0.451	0.461	0.469	0.475	0.485	0.496
3.0	0.322	0.346	0.366	0.383	0.397	0.409	0.427	0.441	0.451	0.459	0.465	0.474	0.487
3.1	0.313	0.337	0.357	0.373	0.387	0.398	0.417	0.430	0.440	0.448	0.454	0.464	0.477
3.2	0.305	0.328	0.348	0.364	0.377	0.389	0.407	0.420	0.431	0.439	0.445	0.455	0.468
3.3	0.297	0.320	0.339	0.355	0.368	0.379	0.397	0.411	0.421	0.429	0.436	0.446	0.460
3.4	0.289	0.312	0.331	0.346	0.359	0.371	0.388	0.402	0.412	0.420	0.427	0.437	0.452
3.5	0.282	0.304	0.323	0.338	0.351	0.362	0.380	0.393	0.403	0.412	0.418	0.429	0.444
3.6	0.276	0.297	0.315	0.330	0.343	0.354	0.372	0.385	0.395	0.403	0.410	0.421	0.436
3.7	0.269	0.290	0.308	0.323	0.335	0.346	0.364	0.377	0.387	0.395	0.402	0.413	0.429
3.8	0.263	0.284	0.301	0.316	0.328	0.339	0.356	0.369	0.379	0.388	0.394	0.405	0.422
3.9	0.257	0.277	0.294	0.309	0.321	0.332	0.349	0.362	0.372	0.380	0.387	0.398	0.415
4.0	0.251	0.271	9.288	0.302	0.314	0.325	0.342	0.355	0.365	0.373	0.379	0.391	0.408
4.1	0.246	0.265	0.282	0.296	0.308	0.318	0.335	0.348	0.359	0.366	0.372	0.384	0.402
4.2	0.241	0.260	0.276	0.290	0.302	0.312	0.328	0.341	0.352	0.359	0.366	0.377	0.396
4.3	0.236	0.255	0.270	0.284	0.296	0.306	0.322	0.335	0.345	0.363	0.359	0.371	0.390
4.4	0.231	0.250	0.265	0.278	0.290	0.300	0.316	0.329	0.339	0.347	0.353	0.365	0.384
4.5	0.226	0.245	0.260	0.273	0.285	0.294	0.310	0.323	0.333	0.341	0.347	0.359	0.378
4.6	0.222	0.240	0.255	0.268	0.279	0.289	0.305	0.317	0.327	0.335	0.341	0.353	0.373
4.7	0.218	0.235	0.250	0.263	0.274	0.284	0.299	0.312	0.321	0.329	0.336	0.347	0.367

表 3-16　三角形分布荷载作用下矩形基础角点下平均附加应力系数 $\bar{\alpha}$

$\frac{z}{b}$	$\frac{l}{b}$													
	0.2		0.4		0.6		0.8		1.0		1.2		1.4	
	1	2	1	2	1	2	1	2	1	2	1	2	1	2
0	0.000 0	0.250 0	0.000 0	0.250 0	0.000 0	0.250 0	0.000 0	0.250 0	0.000 0	0.250 0	0.000 0	0.250 0	0.000 0	0.250 0
0.2	0.011 2	0.216 1	0.014 0	0.230 8	0.014 8	0.233 3	0.015 1	0.233 9	0.015 2	0.234 1	0.015 3	0.234 2	0.015 3	0.234 3
0.4	0.017 9	0.181 0	0.024 5	0.208 4	0.027 0	0.215 3	0.028 0	0.217 5	0.028 5	0.218 4	0.028 8	0.218 7	0.028 9	0.218 9
0.6	0.020 7	0.150 5	0.030 8	0.185 1	0.035 5	0.196 6	0.037 6	0.201 1	0.038 8	0.203 0	0.039 4	0.203 9	0.039 7	0.204 3
0.8	0.021 7	0.127 7	0.034 0	0.164 0	0.040 5	0.178 7	0.044 0	0.185 2	0.045 9	0.188 3	0.047 0	0.189 9	0.047 6	0.190 7
1.0	0.021 7	0.110 4	0.035 1	0.146 1	0.043 0	0.162 4	0.047 6	0.170 4	0.050 2	0.174 6	0.051 8	0.176 9	0.052 8	0.178 1
1.2	0.021 2	0.097 0	0.035 1	0.131 2	0.043 9	0.148 0	0.049 2	0.157 1	0.052 5	0.162 1	0.054 6	0.164 9	0.056 0	0.166 6
1.4	0.020 4	0.086 5	0.034 4	0.118 7	0.043 6	0.135 6	0.049 5	0.145 1	0.053 4	0,150 7	0.055 9	0.154 1	0.057 5	0.156 2
1.6	0.019 5	0.077 9	0.033 3	0.108 2	0.042 7	0.124 7	0.049 0	0.134 5	0.053 3	0.140 5	0.056 1	0.144 3	0.058 0	0.146 7
1.8	0.018 6	0.070 9	0.032 1	0.099 3	0.041 5	0.115 3	0.048 0	0.125 2	0.052 5	0.131 3	0.055 6	0.135 4	0.057 8	0.138 1
2.0	0.017 8	0.065 0	0.030 8	0.091 7	0.040 1	0.107 1	0.046 7	0.116 9	0.051 3	0.123 2	0.054 7	0.127 4	0.057 0	0.130 3
2.5	0.015 7	0.053 8	0.027 6	0.076 9	0.036 5	0.090 8	0.042 9	0.100 0	0.047 8	0.106 3	0.051 3	0.110 7	0.054 0	0.113 9
3.0	0.014 0	0.045 8	0.024 8	0.066 1	0.033 0	0.078 6	0.039 2	0.087 1	0.043 9	0.093 1	0.047 6	0.097 6	0.050 3	0.100 8
5.0	0.009 7	0.028 9	0.017 5	0.042 4	0.023 6	0.047 6	0.028 5	0.057 6	0.032 4	0.062 4	0.035 6	0.066 1	0.038 2	0.069 0
7.0	0.007 3	0.021 1	0.013 3	0.031 1	0.018 0	0.035 2	0.021 9	0.042 7	0.025 1	0.046 5	0.027 7	0.049 6	0.029 9	0.052 0
10.0	0.005 3	0.015 0	0.009 7	0.022 2	0.013 3	0.025 3	0.016 2	0.030 8	0.018 6	0.033 6	0.020 7	0.035 9	0.022 4	0.037 9

续表 3-16

$\frac{z}{b}$	$\frac{l}{b}$ 1.6		1.8		2.0		3.0		4.0		6.0		10.0	
	1	2	1	2	1	2	1	2	1	2	1	2	1	2
0	0.000 0	0.250 0	0.000 0	0.250 0	0.000 0	0.250 0	0.000 0	0.250 0	0.000 0	0.250 0	0.000 0	0.250 0	0.000 0	0.250 0
0.2	0.015 3	0.234 3	0.015 3	0.234 3	0.015 3	0.234 3	0.015 3	0.234 3	0.015 3	0.234 3	0.015 3	0.234 3	0.015 3	0.234 3
0.4	0.029 0	0.219 0	0.029 0	0.219 0	0.029 0	0.219 1	0.029 0	0.219 2	0.029 1	0.219 2	0.029 1	0.219 2	0.029 1	0.219 2
0.6	0.039 9	0.204 6	0.040 0	0.204 7	0.040 1	0.204 8	0.040 2	0.205 0	0.040 2	0.205 0	0.040 2	0.205 0	0.040 2	0.205 0
0.8	0.048 0	0.191 2	0.048 2	0.191 5	0.048 3	0.191 7	0.048 6	0.192 0	0.048 7	0.192 0	0.048 7	0.192 1	0.048 7	0.192 1
1.0	0.053 4	0.178 9	0.053 8	0.179 4	0.054 0	0.179 7	0.054 5	0.180 3	0.054 6	0.180 3	0.054 6	0.180 4	0.054 6	0.180 4
1.2	0.056 8	0.167 8	0.057 4	0.168 4	0.057 7	0.168 9	0.058 4	0.169 7	0.058 6	0.169 9	0.058 7	0.170 0	0.058 7	0.170 0
1.4	0.058 6	0.157 6	0.059 4	0.158 5	0.059 9	0.159 1	0.060 9	0.160 3	0.061 2	0.160 5	0.061 3	0.160 6	0.061 3	0.160 6
1.6	0.059 4	0.148 4	0.060 3	0.149 4	0.060 9	0.150 2	0.062 3	0.151 7	0.062 6	0.152 1	0.062 8	0.152 3	0.062 8	0.152 3
1.8	0.059 3	0.140 0	0.060 4	0.141 3	0.061 1	0.142 2	0.062 8	0.144 1	0.063 3	0.144 5	0.063 5	0.144 7	0.063 5	0.144 8
2.0	0.058 7	0.132 4	0.059 9	0.133 8	0.060 8	0.134 8	0.062 9	0.137 1	0.063 4	0.137 7	0.063 7	0.138 0	0.063 8	0.138 0
2.5	0.056 0	0.116 3	0.057 5	0.118 0	0.058 6	0.119 3	0.061 4	0.122 3	0.062 3	0.123 3	0.062 7	0.123 7	0.062 8	0.123 9
3.0	0.052 5	0.103 3	0.054 1	0.105 2	0.055 4	0.106 7	0.058 9	0.110 4	0.060 0	0.111 6	0.060 7	0.112 3	0.060 9	0.112 5
5.0	0.040 3	0.071 4	0.042 1	0.073 4	0.043 5	0.074 9	0.048 0	0.079 7	0.050 0	0.081 7	0.051 5	0.083 3	0.052 1	0.083 9
7.0	0.031 8	0.054 1	0.033 3	0.055 8	0.034 7	0.057 2	0.039 1	0.061 9	0.041 4	0.064 2	0.043 5	0.066 3	0.044 5	0.067 4
10.0	0.023 9	0.039 5	0.025 2	0.040 9	0.026 3	0.040 3	0.030 2	0.046 2	0.032 5	0.048 5	0.034 9	0.050 9	0.036 4	0.052 6

（二）沉降计算经验系数 φ_s

φ_s 综合反映了计算公式中一些未能考虑的因素，它是根据大量工程实例中沉降的观测值与计算值的统计分析比较而得的。φ_s 的确定与地基土的压缩模量 E_s 及承受的荷载有关，具体见表 3-17。

表 3-17 沉降计算经验系数 φ_s

基底附加压力（kPa）	$\overline{E}_s$（MPa）				
	2.5	4.0	7.0	15.0	20.0
$p_0 \geqslant f_{ak}$	1.4	1.3	1.0	0.4	0.2
$p_0 \leqslant 0.75f_{ak}$	1.1	1.0	0.7	0.4	0.2

注：f_{ak} 为地基承载力的特征值。

$\overline{E}_s$ 为沉降计算深度范围内的压缩模量当量值，按下式计算

$$\overline{E}_s = \frac{\sum A_i}{\sum \frac{A_i}{E_{si}}} \tag{3-28}$$

式中 A_i——第 i 层土附加应力系数沿土层厚度的积分值；

E_{si}——相应于该土层的压缩模量。

（三）地基沉降计算深度

地基沉降计算深度 z_n，分两种情况：

（1）当基础无相邻荷载影响时，基础宽度在 1～30 m 范围内，基础中心点以下地基沉降计算深度，按下列简化公式取值。

$$z_n = b(2.5 - 0.4\ln b) \tag{3-29}$$

式中 b——基础宽度，m。

（2）当基础存在相邻荷载影响时，应满足条件

$$\Delta s_{n'} \leqslant 0.025\sum_{i=1}^{n}\Delta s'_i \tag{3-30}$$

式中 $\Delta s_{n'}$——计算深度处向上取厚度 Δz 的土层的沉降计算值，Δz 的厚度选取与基础宽度 b 有关，见表 3-18；

$\Delta s'_i$——计算深度范围内第 i 层土的沉降计算值。

表 3-18 计算层厚度 Δz 值

基础宽度 b（m）	$b \leqslant 2$	$2 < b \leqslant 4$	$4 < b \leqslant 8$	$b > 8$
Δz（m）	0.3	0.6	0.8	1.0

在计算深度范围内存在基岩时，z_n 可取至基岩表面；当存在较厚的坚硬黏性土层，其孔隙比小于 0.5、压缩模量大于 50 MPa，或存在较厚的密实砂卵石层，其压缩模量大于 80 MPa 时，z_n 可取于该层土表面；如确定的计算深度下部仍有较软土层，应继续计算，直到再次符合式（3-30）。

（四）方法和步骤

(1)按比例绘制地基和基础剖面图。

(2)估算受压层深度。

(3)划分计算层。按照土层压缩模量分层,压缩模量相同的土层为一层。

(4)计算各分层的平均附加应力系数及沉降量。

(5)校核受压层深度。

(6)考虑沉降计算经验系数,确定最终沉降量。

此法优缺点:

(1)优点:引入沉降计算经验系数,使得计算沉降量与实际沉降量相近;如为均质土,无论厚度多大,只一次计算,过程简化。

(2)当该法运用于同一种土采用单一的压缩模量的情况时,计算简化;若压缩模量不是给定的,对于同一种土不是单一的,则该法不具优越性。

【例3-7】 已知某基础底面面积为正方形,边长 $l=b=4.0$ m,上部结构传至基础顶面中心荷载为 1 440 kN,基础埋深 $d=1.0$ m,地基为均质粉质黏土,土的天然重度 $\gamma=16.0\ \text{kN/m}^3$,地基土的平均压缩模量为 $E_s=5.0$ MPa,地基承载力标准值为 94 kPa。试用规范计算法计算中点沉降量。

解:(1)估算受压层深度。

$$z_n=b(2.5-0.4\ln b)=4.0\times(2.5-0.4\ln 4.0)=7.8(\text{m})$$

(2)计算各分层的平均附加应力系数及沉降量。

因为地基为均质粉质黏土,分为一层。

因 $l/b=4.0=1$, $z/b=7.8/4.0=1.95$,查表3-15,得平均附加应力系数为0.454。

基底压力为

$$p_0=\frac{P}{A}-\gamma d=\frac{1\ 440}{4.0\times4.0}-16.0\times1.0=74(\text{kPa})$$

因

$$0.75f_{ak}=0.75\times94=70.5(\text{kPa})$$

即

$$p_0>0.75f_{ak}$$

则查表3-17,得沉降计算经验系数为1.2。

$$s=\varphi_s s'=\varphi_s\sum_{i=1}^{n}(z_i\bar{\alpha}_i-z_{i-1}\bar{\alpha}_{i-1})\frac{p_0}{E_{si}}=1.2\times\frac{74}{5.0}\times7.8\times0.454=62.89(\text{mm})$$

第六节　地基变形随时间变化计算

土松软多孔,它在荷重作用下的压缩变形不是瞬时就能达到稳定,而是需要有时间过程,所需时间的长短随土层性质、排水条件和地基情况而不同。建筑物位于砂土地基上,因砂土层的透水性较大,压缩性较小,一般在施工完成时,地基的变形已基本稳定。而建造在黏性土地基上的建筑物,特别是饱和黏土地基上的建筑物,其地基土的固结变形常要延续数年才能完成。

在工程实践中,一般建筑物在施工期间完成的沉降量,对于砂土,可认为其最终沉降量已基本完成；对于低压缩黏性土，可认为已完成其最终沉降量的50% ~80%；对于中压缩黏性土，可认为已完成其最终沉降量的20% ~50%；对于高压缩黏性土，可认为已完成其最终沉降量的5% ~20%。

对于固结很慢的地基，例如高压缩黏性土地基，在设计时，不仅要计算基础的最终沉降量，有时还需知道施工期间以及工程完工后一段时间的地基变形量，以掌握地基的变形过程，便于组织施工顺序，控制施工进度，以及作为采取必要措施的依据。

为了掌握饱和土体的压缩过程，首先必须研究饱和土体的渗透固结问题。研究地基土体的压缩变形与时间关系的渗透固结理论，是土力学中的重要内容之一。

饱和土体在荷载作用下，土孔隙中的自由水随着时间推移缓慢渗出，土的体积逐渐减小的过程，称为土的渗透固结。

一、有效应力原理

有效应力原理是土力学中的一个重要原理，用有效应力来研究土的力学性，从而更具科学性。有效应力原理是太沙基于1936年首次论述的，研究的对象是饱和土。

饱和土是由固体颗粒组成的骨架和充满其孔隙的水两部分组成的。当外力作用于饱和土体后，一部分由土的固体颗粒承担，并通过颗粒之间的接触面传递，这部分称为有效应力，记为σ'；另一部分由水承担，水不能承担剪应力，但能承担法向应力，并可通过连通的孔隙水来传递，这部分称为孔隙水压力，记为u。

有效应力原理归纳起来有两个重要内容：

(1)饱和土体内任一平面上受到的总压力由有效应力和孔隙水压力两部分组成。

$$p = \sigma' + u \tag{3-31}$$

式中　p——饱和土体内任一平面上受到的总压力(包括自重应力和附加应力)，kPa。

(2)土的变形与强度的变化仅仅取决于有效应力的变化。

孔隙水压力本身不能使土发生变形和强度的变化，除使土的固体颗粒受到浮力作用外，只能使土的固体颗粒受到静水压力。引起土的体积压缩和抗剪强度发生变化，不是受到的总压力，而是有效应力。

二、饱和土的渗透固结

饱和土体在受到压力作用的瞬间，土中的压力全部由土孔隙中的水来承受。经过一段时间后，土中的孔隙水由于渗透作用而缓慢排出，孔隙水压力逐渐减小，土的固体颗粒开始承受部分应力。

也就是说，饱和土的渗透固结过程是一个排水、压缩和应力转移同时进行的三个过程，即土体孔隙中水逐渐排出、土体孔隙体积逐渐减小、孔隙水压力逐渐转移到土的固体颗粒来承受的过程。

这种由土颗粒和孔隙水分担的压应力及其转换过程使土体逐渐固结的现象，可用弹簧活塞模型来加以说明，如图3-29所示。模型为注满水的容器，水面上设有一个有排水孔的活塞，并支承于放入水中的一个弹簧上，此简单的力学模型表示了饱和黏性土体的性状，容器表示饱和土体，容器中的水表示土孔隙中的自由水，弹簧表示土的颗粒骨架。

由试验可见：

(1)当活塞上刚刚加上压应力 p(即加荷历时 $t=0$)时,由于容器中的水还来不及从排水孔中排出,水又是不可压缩的,此时弹簧便不受力,也不产生任何压缩,通过活塞传递的全部压应力全部由水来承担。即 $u=p,\sigma'=0$,如图 3-29(a)所示。

(2)经过时间 t 后,由于水受到压力 u 的作用,开始从活塞的排水孔中排出,活塞下降,弹簧开始承受压力,弹簧受到压缩,$\sigma'>0$,且 $\sigma'+u=p$,如图 3-29(b)所示。

当经过很长时间后,随着容器中的水不断排出,活塞继续下降,即 σ' 不断增大,u 不断减小。最后当弹簧所受的应力与施加的压应力 p 相等时,活塞便不再下降。此时水停止排出,即 $u=0,\sigma'=p$,如图 3-29(c)所示,表明饱和黏土的渗透固结完成。

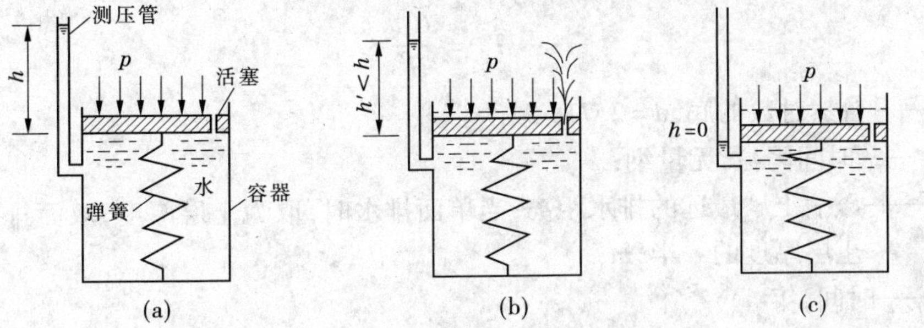

图 3-29　饱和土的渗透固结模型

由此,可以看出,在一定压力作用下,饱和黏土的渗透固结就是土体中孔隙水压力与有效应力转换的过程,或者说是土中孔隙水压力逐渐消减与有效应力逐渐增长的过程。

渗透固结过程,实质上是孔隙水压力向有效应力转移的过程,这一过程所需的时间,就是地基压缩变形达到最终稳定的时间。压缩稳定所需时间的长短,常取决于孔隙水向外渗流的速度。

三、饱和黏土的单向渗透固结理论

单向渗透固结是指土中的孔隙水只沿一个竖直方向排出,同时土的固体颗粒也只沿一个竖直方向位移。例如,厚度不大的饱和软黏土层,上、下面是砂土层,或者仅底面为不透水层,这种地基可认为是单向渗透固结情况。

地基在固结过程中任一时间 t 的变形量 s_t 与最终变形量 s 之比,称为地基土在任一时间 t 的固结度,记为 U_t,表示经过时间 t 所达到的固结程度,即

$$U_t = \frac{s_t}{s} \tag{3-32}$$

由于饱和黏土的固结过程是孔隙水压力逐渐转化为有效应力的过程,如图 3-30 所示。由于土体的压缩是由有效应力引起的,因此任一时间 t 的土体固结度 U_t 又可用土层中的某一时刻有效应力与最终有效应力之比来表示。

(1)土层单面排水时固结度的计算。

土层任意时刻固结度的近似值为

$$U_t = 1 - \frac{\left(\frac{\pi}{2}\alpha - \alpha + 1\right)}{1+\alpha}\frac{32}{\pi^3}e^{-\frac{\pi}{4}T_v} \tag{3-33}$$

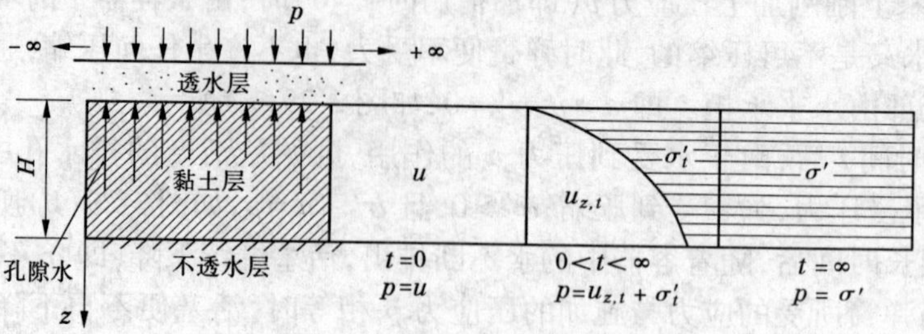

图 3-30 饱和黏土的固结过程

$$T_v = \frac{C_v t}{H^2}$$

式中 e——自然对数的底，e = 2.718 2；

T_v——时间因数，无量纲；

H——压缩土层最远的排水距离，当单面排水时，取为土层厚度，双面排水时，取为土层厚度的一半，m；

t——时间，年；

α——系数，$\alpha = p_1/p_2$；

C_v——固结系数，$C_v = \dfrac{k(1+e_0)}{a\gamma_w}$，$cm^2$/年，$k$ 为土层渗透系数，cm/年，e_0 为土层固结前的孔隙比，a 为土的压缩系数，MPa^{-1}，γ_w 为水的重度，9.81 kN/m^3。

起始孔隙水压力沿深度线性分布的几种情况如图 3-31 所示。对于实际工程问题，可参照图示的方法由图 3-31(a)简化成图 3-31(b)的形式。

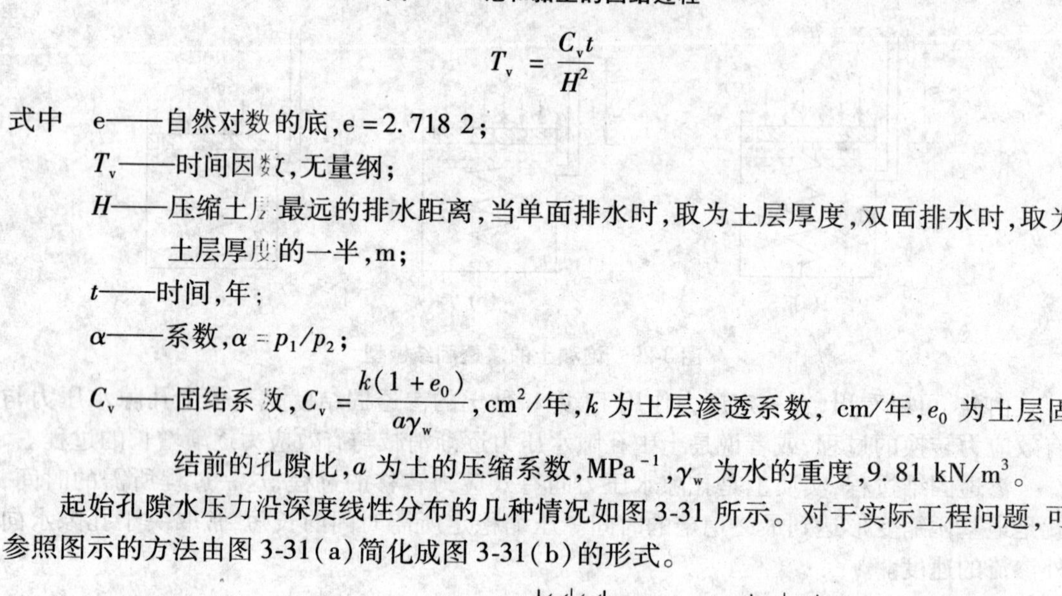

图 3-31 地基中应力分布图形

各图形代表的实际工程条件为：

“0”型：薄压缩层地基，或大面积均布荷载作用下。

“1”型：土层在自重应力作用下的固结。

“2”型：基础底面面积较小，传至压缩层底面的附加应力接近零。

“0－1”型：在自重应力作用下，尚未固结的土层上作用有基础传来的荷载。

“0－2”型：基础底面面积较小，传至压缩层底面的附加应力不接近零。

当 $\alpha=1$ 时，即“0”型，起始超孔隙水压力分布图为矩形，代入式(3-33)得

$$U_0 = 1 - \frac{8}{\pi^2}e^{-\frac{\pi}{4}T_v} \tag{3-34}$$

当 $\alpha=0$ 时，即“1”型，起始超孔隙水压力分布图为三角形，代入式(3-33)得

$$U_1 = 1 - \frac{32}{\pi^3}e^{-\frac{\pi}{4}T_v} \tag{3-35}$$

其他 α 值时的固结度可直接按式(3-33)来求，也可利用式(3-34)和式(3-35)得到的 U_0 及 U_1，按下式来计算

$$U_\alpha = \frac{2\alpha U_0 + (1-\alpha)U_1}{1+\alpha} \tag{3-36}$$

为减少平时计算时的工作量，根据式(3-33)分别计算了不同 $\alpha=p_1/p_2$ 下固结度 U_t 的时间因数 T_v 的值，列于表3-19。也有文献根据式(3-33)绘制了曲线，可供查用。

表3-19　单面排水，不同 $\alpha=p_1/p_2$ 下 $U_t \sim T_v$ 关系

α	固结度 U_t											类型
	0	0.1	0.2	0.3	0.4	0.5	0.6	0.7	0.8	0.9	1.0	
0	0.0	0.049	0.100	0.154	0.217	0.290	0.380	0.500	0.660	0.950	∞	“1”
0.2	0.0	0.027	0.073	0.126	0.186	0.26	0.35	0.46	0.63	0.92	∞	“0－1”
0.4	0.0	0.016	0.056	0.106	0.164	0.24	0.33	0.44	0.60	0.90	∞	
0.6	0.0	0.012	0.042	0.092	0.148	0.22	0.31	0.42	0.58	0.88	∞	
0.8	0.0	0.010	0.036	0.079	0.134	0.20	0.29	0.41	0.57	0.86	∞	
1.0	0.0	0.008	0.031	0.071	0.126	0.20	0.29	0.40	0.57	0.85	∞	“0”
1.5	0.0	0.008	0.024	0.058	0.107	0.17	0.26	0.38	0.54	0.83	∞	“0－2”
2.0	0.0	0.006	0.019	0.050	0.095	0.16	0.24	0.36	0.52	0.81	∞	
3.0	0.0	0.005	0.016	0.041	0.082	0.14	0.22	0.34	0.50	0.79	∞	
4.0	0.0	0.004	0.014	0.040	0.080	0.13	0.21	0.33	0.49	0.78	∞	
5.0	0.0	0.004	0.013	0.034	0.069	0.12	0.20	0.32	0.48	0.77	∞	
7.0	0.0	0.003	0.012	0.030	0.065	0.12	0.19	0.31	0.47	0.76	∞	
10.0	0.0	0.003	0.011	0.028	0.060	0.11	0.18	0.30	0.46	0.75	∞	
20.0	0.0	0.003	0.010	0.026	0.060	0.11	0.17	0.29	0.45	0.74	∞	
∞	0.0	0.002	0.009	0.024	0.048	0.009	0.16	0.23	0.44	0.73	∞	“2”

(2)土层双面排水时固结度的计算。

双面排水情况下，土层任意时刻固结度的近似值

$$U_t = 1 - \frac{8}{\pi^2}e^{-\frac{\pi^2}{4}T_v} \tag{3-37}$$

从式(3-37)中可看出，固结度 U_t 与 α 值无关，且形式上与土层单面排水时的 U_0 相同。需要说明的是，式(3-37)$T_v = \frac{C_v t}{H^2}$中的 H 是双面排水时的最大渗透距离，即固结土层厚度的1/2，而式(3-33)$T_v = \frac{C_v t}{H^2}$中的 H 是单面排水时的最大渗透距离，就是固结土层厚度。因此，双面排水时，起始孔隙水压力沿深度线性分布情况下 t 时刻的固结度，可以用式(3-37)来求，也可按 $\alpha = 1$，即"0"型查表3-19得到，但要注意取固结土层厚度的1/2作为 H 代入。

【例3-8】 某路基为饱和黏土层，厚度为10 m，在均布荷载作用下，在土中引起的附加应力近似梯形分布(见图3-32)，土层顶面附加应力为 $p_1 = 140$ kPa，底面附加应力为 $p_2 = 100$ kPa，设该土层的初始孔隙比 $e = 1$，压缩系数 $a = 0.3$ MPa^{-1}，压缩模量 $E_s = 6.0$ MPa，渗透系数 $k = 1.8$ cm/年。把该黏土层当一层考虑，分别求在顶面单面排水或双面排水条件下：

(1)加荷一年时的沉降量。

(2)沉降量达156 mm所需的时间。

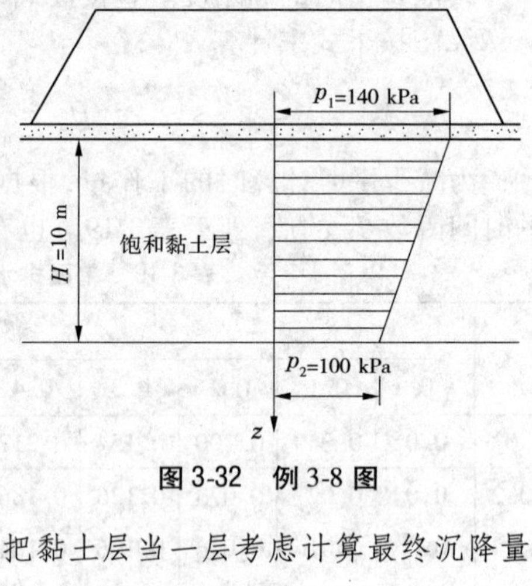

图3-32 例3-8图

解：(1)求 $t = 1$ 年时的沉降量。

因黏土层中附加应力沿深度是梯形分布的，若把黏土层当一层考虑计算最终沉降量，根据分层总和法的原理先求该土层附加应力均值

$$\overline{\sigma} = \frac{1}{2}(p_1 + p_2) = \frac{1}{2} \times (140 + 100) = 120(\text{kPa})$$

黏土层的最终沉降量

$$s = \frac{\overline{\sigma}_z}{E_s}H = \frac{120}{6\ 000} \times 10 \times 10^3 = 200(\text{mm})$$

黏土层的竖向固结系数

$$C_v = \frac{k(1+e)}{a\gamma_w} = \frac{1.8 \times (1+1) \times 10^{-2}}{0.000\ 3 \times 9.81} = 12(\text{m}^2/\text{年})$$

在单面排水条件下竖向固结时间因数

$$T_v = \frac{C_v t}{H^2} = \frac{12 \times 1}{10^2} = 0.12$$

根据 $\alpha = p_1/p_2 = 140/100 = 1.4$ 和 $T_v = 0.12$，因表3-19中未列出 $\alpha = 1.4$ 时的 U_t 与 T_v 关系，内插值求 U_t 不方便，故用式(3-33)计算得

$$U_t = 1 - \frac{\left(\frac{\pi}{2}\alpha - \alpha + 1\right)}{1+\alpha}\frac{32}{\pi^3}e^{-\frac{\pi}{4}T_v} = 1 - \frac{\left(\frac{\pi}{2}\times 1.4 - 1.4 + 1\right)}{1+1.4}\times\frac{32}{\pi^3}e^{-\frac{\pi}{4}\times 0.12} = 0.296$$

则得 $t=1$ 年时的沉降量 $s_t = U_t s = 0.296\times 200 = 59.2$(mm)

在双面排水条件下竖向固结时间因数

$$T_v = \frac{C_v t}{H^2} = \frac{12\times 1}{5^2} = 0.48$$

(此处固结土层最大排水距离取土层厚度的一半)

按 $\alpha=1.0$ 查表 3-19,采用内插法得 $U_t=0.751$(也可按式(3-37)计算 U_t)得 $t=1$ 年时的沉降量 $s_t = U_t s = 0.751\times 200 = 150.2$(mm)。

(2)求沉降量达到 156 mm 所需的时间。

平均固结度为 $$U_t = \frac{s_t}{s} = \frac{156}{200} = 0.78$$

单面排水时:

同样,因 $\alpha=1.4$ 时的 U_t 与 T_v 关系在表 3-19 中未列出,内插值求 T_v 不方便,故利用式(3-33)反算时间因数。

$$T_v = -\frac{4}{\pi^2}\ln\left[\frac{(1-U_t)(1+\alpha)\pi^3}{32\left(\frac{\pi}{2}\alpha - \alpha + 1\right)}\right] = -\frac{4}{\pi^2}\ln\left[\frac{(1-0.78)\times(1+1.4)\times\pi^3}{32\times\left(\frac{\pi}{2}\times 1.4 - 1.4 + 1\right)}\right] = 0.509$$

$$t = \frac{T_v H^2}{C_v} = \frac{0.509\times 10^2}{12} \approx 4.2\text{(年)}$$

双面排水时:

按 $\alpha=1.0$ 查表 3-19 求 T_v,采用内插法得 $T_v=0.536$

所以

$$t = \frac{T_v H^2}{C_v} = \frac{0.536\times 5^2}{12} \approx 1.1\text{(年)}$$

思考题

3-1 土的自重应力分布有何规律?

3-2 地下水位上升和下降对土体自重应力有何影响?

3-3 基底压力和基底附加压力有何区别?为何要计算基底附加压力?

3-4 偏心荷载作用下的基底压力简化计算应注意什么?

3-5 土中附加应力分布有何规律?

3-6 土中附加应力的计算对于矩形基础和条形基础有何区别?为什么?

3-7 角点法计算附加应力应注意些什么?

3-8 如何从土的压缩曲线分析土的压缩特性?

3-9 从分层总和法分析地基最终沉降量的影响因素是什么?

3-10 什么是土的渗透固结?有效应力原理的基本内容是什么?

习 题

3-1　如图 3-33 所示某地基土层剖面，各层土的厚度及重度见图 3-33。试计算自重应力大小并绘制其分布图。

3-2　如图 3-34 所示基础，其上作用着均布荷载 $p=140$ kPa，试求图中 A 点以下 6 m 深处的竖向附加应力 σ_z。

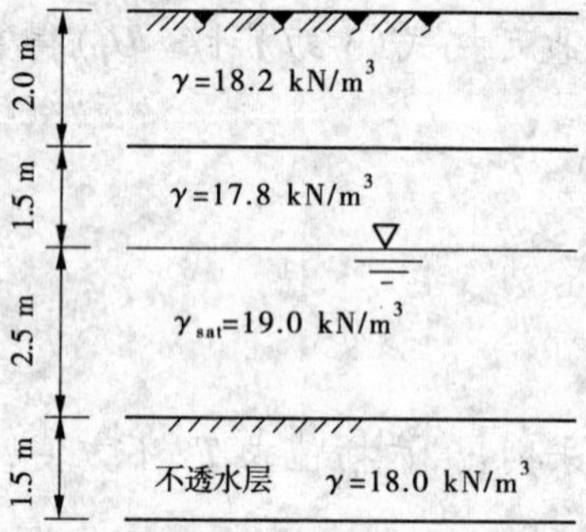

图 3-33　习题 3-1 图

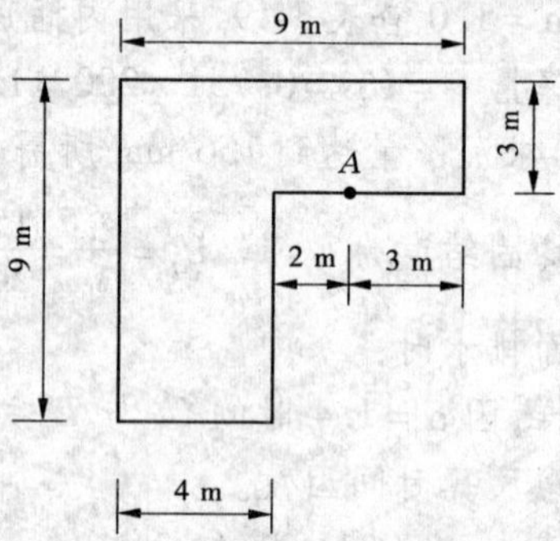

图 3-34　习题 3-2 图

3-3　如图 3-35 所示一矩形基础，长度为 8 m，宽度为 4 m，在长边对称线上作用着竖直偏心荷载 $P=6\,400$ kN，偏心距为 0.4 m。试求基础中心点 A 和长边中点 B 以下 8 m 深度处的竖向附加应力 σ_z。

3-4　如图 3-36 所示，某条形基础的宽度 $b=10$ m，基础埋深 $d=1$ m，埋深范围内土的重度 $\gamma=18$ kN/m³，受竖直中心荷载 $\bar{P}=1\,200$ kN/m 的作用。试求基础中点 O 及一侧 O_1 点下 12 m 深度范围内的竖向附加应力 σ_z，并绘制其分布图。

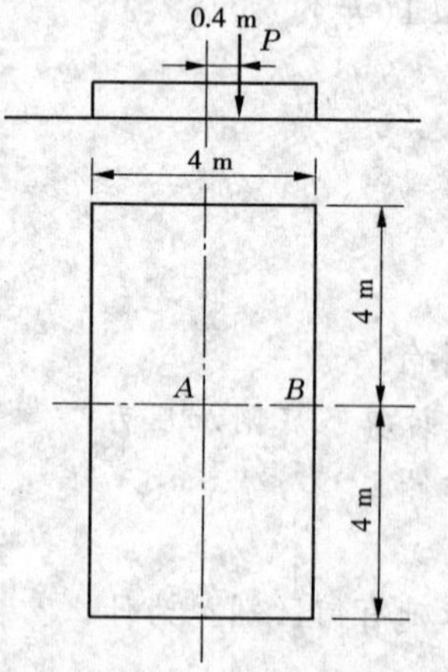

图 3-35　习题 3-3 图

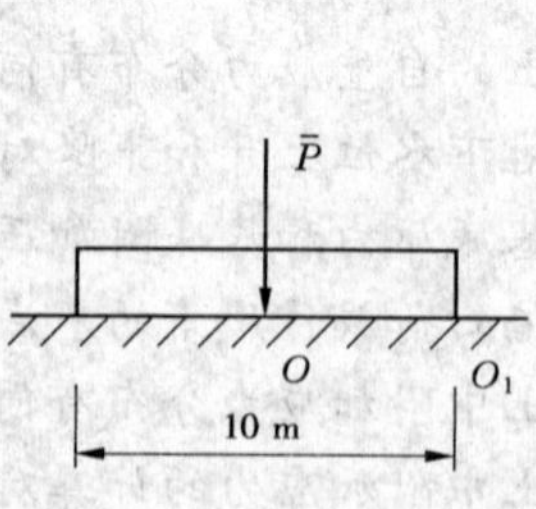

图 3-36　习题 3-4 图

3-5　已知做压缩试验的土样天然重度为 18.5 kN/m³，天然含水量为 40%，土粒比重为 2.75，试样高度为 20 mm，试样在各级荷载作用下压缩稳定后的总变形量如表 3-20 所示。试绘制压缩曲线并判别该土样的压缩性大小。

表 3-20 压缩试验变形量记录

压力(kPa)	试样总变形量(mm)	压力(kPa)	试样总变形量(mm)
0	0	200	1.886
50	0.926	300	2.310
100	1.308	400	2.564

3-6 某矩形基础底宽为 5 m,长为 10 m,基础埋深 $d=1.5$ m,受垂直中心荷载作用 $P=3\ 000$ kN。地基为均质土,且在自重作用下已压缩稳定。地基土重度 $\gamma=17.8$ kN/m^3,压缩曲线如图 3-37 所示。试确定地基中点下最终沉降量。

3-7 已知某基础底面积为正方形,边长 $l=b=4.0$ m,上部结构传至基础顶面荷载为 1 440 kN,基础埋深 $d=1.0$ m,地基为均质粉质黏土,土的天然重度 $\gamma=16.0$ kN/m^3,地基土的平均压缩模量 $E_s=5.0$ MPa,地基承载力标准值为 94 kPa。试用规范计算法计算中点沉降量。

3-8 有一地基为饱和黏土层,层厚为 10 m,上下为砂层。由基底压力在黏土层中引起的附加应力分布图形,如图 3-38 所示。已测得黏土层的物理力学性质指标:初始孔隙比 $e_0=0.8$,压缩系数 $a=0.25$ MPa^{-1},渗透系数 $k=2.0$ cm/年。已求算得该黏土层的最终沉降量为 28 cm,试求地基的变形量达到 19.6 cm 时所需的时间。

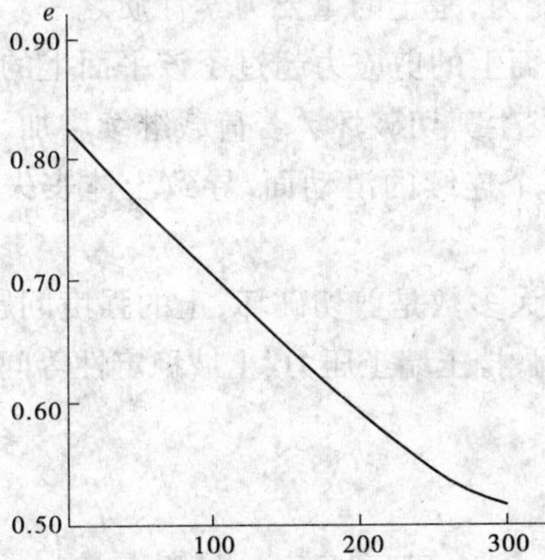

图 3-37 习题 3-6 图

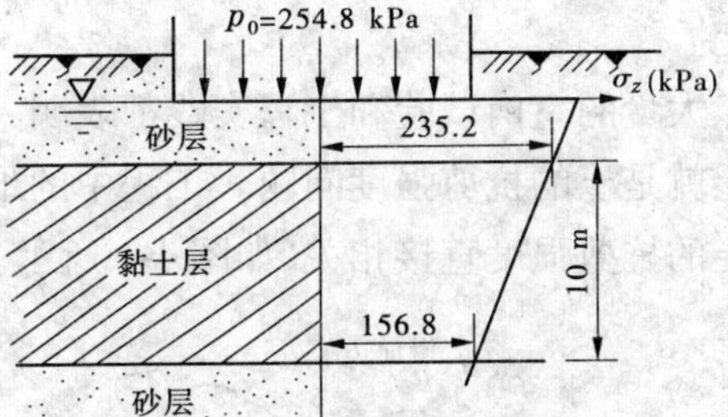

图 3-38 习题 3-8 图

任务四　土的抗剪性与地基承载力

知识培养要求

1. 掌握土的抗剪强度基本概念和库仑定律。

2. 理解土的极限平衡条件应用。

3. 掌握土的抗剪强度指标的测定方法，并熟悉工程上强度指标的选用原则。

4. 掌握地基强度破坏的形式和特征。

5. 掌握地基承载力的基本概念和确定方法。

能力培养要求

1. 能够使用试验方法，确定工程土的抗剪强度指标，具有在不同工程条件下合理选择抗剪强度指标的能力。

2. 能够采用土的极限平衡条件式判别工程土的状态。

3. 会采用合适的方法确定地基土的承载力。

土的抗剪强度是指土体抵抗剪切破坏的极限能力，是土的重要力学性质之一。在外荷载作用下土体中将产生剪应力，若土体中某一平面上的剪应力超过了该平面上的抗剪强度，土就沿剪应力作用面产生相对滑动，该点便发生剪切破坏。若荷载继续增加，剪切破坏点将随之增多，形成局部塑性区，最终形成一个连续的滑动面，导致土体丧失整体稳定。

大量的室内试验和工程实践都表明：土的破坏大多数是剪切破坏，土的强度问题，实质上就是土的抗剪强度问题。工程中的地基承载力、挡土墙土压力、土坡稳定性等问题都与土的抗剪强度直接相关，如图 4-1 所示。

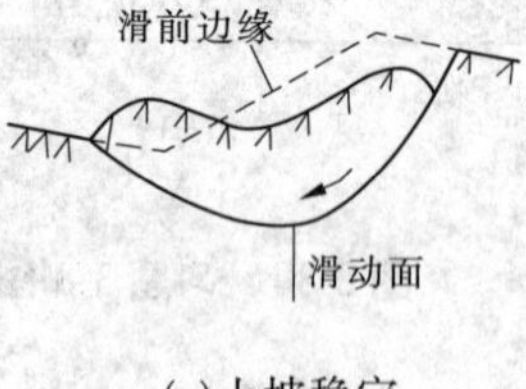

(a)土坡稳定

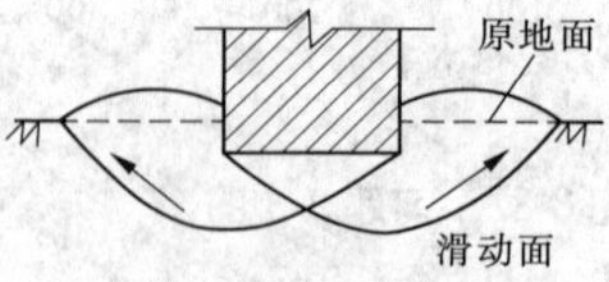

(b)地基失稳

图 4-1　土体破坏示意

为了对地基的稳定性进行力学分析和计算，必须研究土的极限平衡理论，了解土的抗剪强度的影响因素和测定方法。

第一节　土的抗剪强度和破坏理论

一、土的抗剪强度定律——库仑定律

(一)总应力表示法

1776 年库仑提出了土体抗剪强度表达式为:

黏性土 $$\tau_f = \sigma\tan\varphi + c \tag{4-1}$$

无黏性土 $$\tau_f = \sigma\tan\varphi \tag{4-2}$$

式中 τ_f——土的抗剪强度,kPa;

σ——剪切面上的法向应力,kPa;

c——土的黏聚力,kPa;

φ——土的内摩擦角,(°)。

从式(4-1)、式(4-2)可以看出,土的抗剪强度随剪切面的法向应力呈直线变化,如图 4-2 所示。

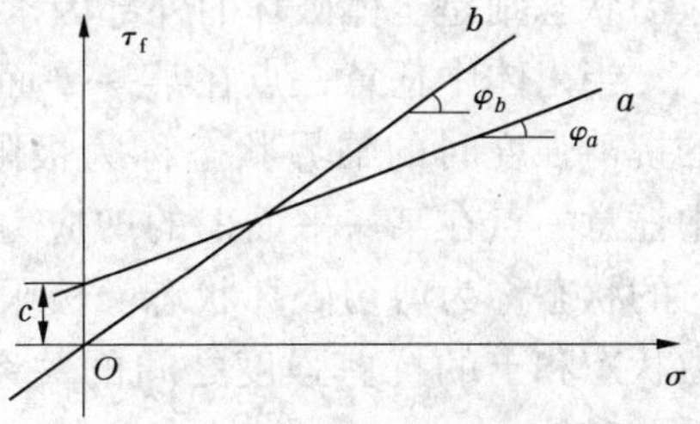

a—黏性土;b—无黏性土

图 4-2　土的抗剪强度

(二)有效应力表示法

有效应力原理表明,土的变形与强度的变化仅仅取决于有效应力的变化。也就是说,土的抗剪强度取决于土中有效应力的大小,即土体内的剪应力仅能由土的骨架承担,其规律可表示为:

黏性土 $$\tau_f = \sigma'\tan\varphi' + c' = (\sigma - u)\tan\varphi' + c' \tag{4-3}$$

无黏性土 $$\tau_f = \sigma'\tan\varphi' = (\sigma - u)\tan\varphi' \tag{4-4}$$

式中 σ——剪切面上的法向应力,kPa;

σ'——剪切面上的有效应力,kPa;

u——孔隙水压力,kPa;

c'——有效黏聚力,kPa;

φ'——有效内摩擦角,(°)。

从库仑定律可以看出,与一般的固体材料不同,土的抗剪强度不是常数,而是与剪切面上的法向应力成正比变化的。

二、土的抗剪强度指标

c、φ 称为土的抗剪强度指标,在一定试验条件下得出的土的黏聚力 c 和内摩擦角 φ,一般能反映土的抗剪强度的大小,如图 4-2 所示。

鉴于目前的理论水平和技术设备条件,要在工程中全面了解或测定地基土中各点的孔隙水压力还很困难,也就无法计算各点的有效应力,所以有效应力表示法在工程中的应用受到一定约束,更多和经常使用的是总应力表示法。为此,在测定土的抗剪强度指标 c、φ 时,应尽可能使试验条件与地基实际工作情况相符合。

土的抗剪强度指标中,内摩擦角 φ 反映了土的摩擦特性,$\tan\varphi$ 表示土的内摩擦系数,

$\sigma\tan\varphi$ 则表示土的内摩擦力。一般认为，土的内摩擦力包含土颗粒表面的摩擦力和颗粒间的嵌入和联锁作用产生的咬合力这两部分。

黏聚力 c 包括了结合水联结作用、胶结作用、毛细水及冰的联结作用等三种。无黏性土一般无联结，抗剪强度主要是由颗粒间的摩擦力组成的，无黏性土黏聚力 $c=0$。

按照库仑定律，对于某一种土，它们是作为常数来使用的。实际上，它们均随试验方法和土样的试验条件等的不同而发生变化，即使是同一种土，φ、c 值也不是常数。

三、土的极限平衡状态及条件

如果说，抗剪强度定律从内因解决了土的抗剪强度变化情况，土在所受荷载作用下的应力状态则是土体破坏的外部因素。

当土体中任意一点在某一平面上的剪应力等于土的抗剪强度时的临界状态称为极限平衡状态；当土体中任意一点在某一平面上的剪应力大于土的抗剪强度时的状态称为剪切破坏状态。极限平衡状态下土的应力状态和土的抗剪强度之间的关系，则称为土的极限平衡条件。

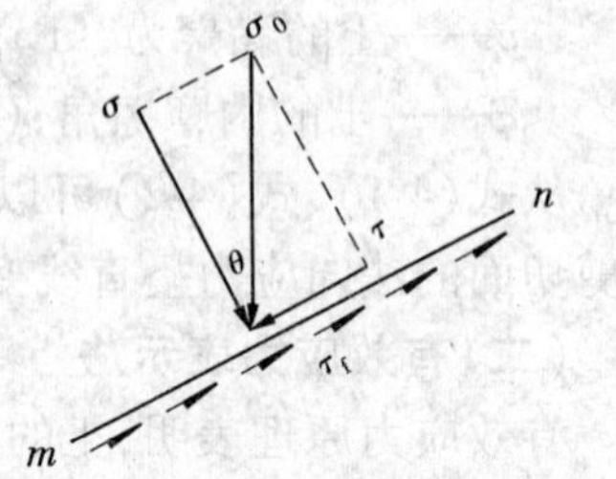

图 4-3 剪切面上的剪应力和抗剪强度示意

作用在土中某点任一平面的剪应力 τ 与抗剪强度 τ_f 如图 4-3所示，如果将两者比较，就可能有 3 种情况：

(1) 当 $\tau<\tau_f$ 时，土体处于稳定平衡状态。

(2) 当 $\tau=\tau_f$ 时，土体处于极限平衡状态。

(3) 当 $\tau>\tau_f$ 时，土体处于剪切破坏状态。

(一) 土中某点的应力状态

根据材料力学关于应力状态的理论，土中任一点的应力可以用该点主应力平面上的最大主应力与最小主应力表示，如图 4-4 所示。

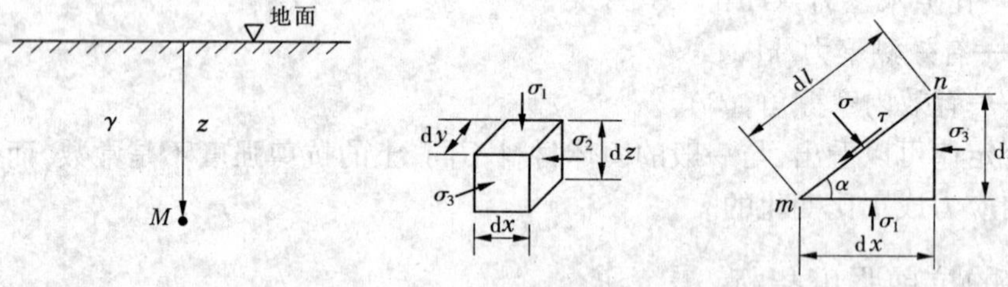

图 4-4 土体中任一点的应力

$$\left.\begin{aligned}\sigma &= \frac{1}{2}(\sigma_1+\sigma_3)+\frac{1}{2}(\sigma_1-\sigma_3)\cos2\alpha \\ \tau &= \frac{1}{2}(\sigma_1-\sigma_3)\sin2\alpha\end{aligned}\right\} \tag{4-5}$$

式中 σ——任一截面 mn 上的法向应力，kPa；

τ——任一截面 mn 上的剪应力，kPa；

σ_1——最大主应力,kPa;

σ_3——最小主应力,kPa;

α——截面 mn 与最大主应力作用面的夹角。

上述应力间的关系也可用应力圆(莫尔圆)表示。

将式(4-5)变为

$$\left.\begin{aligned}\sigma - \frac{1}{2}(\sigma_1 + \sigma_3) &= \frac{1}{2}(\sigma_1 - \sigma_3)\cos 2\alpha \\ \tau &= \frac{1}{2}(\sigma_1 - \sigma_3)\sin 2\alpha\end{aligned}\right\} \tag{4-6}$$

取两式平方和,即得应力圆的公式

$$\left(\sigma - \frac{\sigma_1 + \sigma_3}{2}\right)^2 + \tau^2 = \left(\frac{\sigma_1 - \sigma_3}{2}\right)^2 \tag{4-7}$$

式(4-7)表示了 σ 与 τ 的关系,这种关系是一个圆,称为莫尔圆。纵、横坐标分别表示为 τ 及 σ,圆心为$\left(\frac{\sigma_1 + \sigma_3}{2}, 0\right)$,圆半径等于$\frac{\sigma_1 - \sigma_3}{2}$。

(二)土的极限平衡条件

土体中某点达到极限平衡状态时的条件式,表示了土中某点上所作用的最大主应力 σ_1 与最小主应力 σ_3,以及土的抗剪强度指标 φ、c 值之间的关系。可由莫尔圆与库仑强度线相切的几何关系推出。

通过土中一点,在 σ_1、σ_3 作用下可出现剪切破裂面如图 4-5 所示。

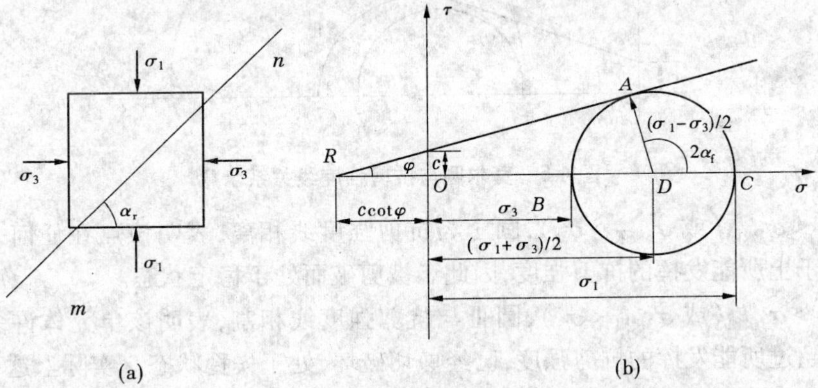

图 4-5 极限平衡状态

从应力圆的几何条件可知

$$\sin\varphi = \frac{\frac{1}{2}(\sigma_1 - \sigma_3)}{c\cot\varphi + \frac{1}{2}(\sigma_1 + \sigma_3)} = \frac{\sigma_1 - \sigma_3}{\sigma_1 + \sigma_3 + 2c\cot\varphi} \tag{4-8}$$

进一步整理可得

$$\sigma_1 = \sigma_3 \tan^2(45° + \frac{\varphi}{2}) + 2c\tan(45° + \frac{\varphi}{2}) \tag{4-9}$$

$$\sigma_3 = \sigma_1 \tan^2(45° - \frac{\varphi}{2}) - 2c\tan(45° - \frac{\varphi}{2}) \tag{4-10}$$

式(4-9)、式(4-10)表示了黏性土的极限平衡条件。对于无黏性土，$c=0$ kPa，表示如下

$$\sigma_1 = \sigma_3 \tan^2(45° + \frac{\varphi}{2}) \tag{4-11}$$

$$\sigma_3 = \sigma_1 \tan^2(45° - \frac{\varphi}{2}) \tag{4-12}$$

由最小主应力 σ_3 及公式 $\sigma_1 = \sigma_3 \tan^2(45° + \frac{\varphi}{2}) + 2c\tan(45° + \frac{\varphi}{2})$ 可推求土体处于极限状态时，所能承受的最大主应力 $\sigma_{1极限}$(若实际最大主应力为 σ_1)。

同理，由最大主应力 σ_1 及公式 $\sigma_3 = \sigma_1 \tan^2(45° - \frac{\varphi}{2}) - 2c\tan(45° - \frac{\varphi}{2})$ 可推求土体处于极限平衡状态时，所能承受的最小主应力 $\sigma_{3极限}$(若实际最小主应力为 σ_3)。

判断时，如图 4-6 所示，圆Ⅱ为满足 $\sigma_1 = \sigma_{1极限}$(或 $\sigma_{3极限} = \sigma_3$)条件的极限应力圆，与抗剪强度线相切，表明切点 A 所代表的平面上的剪应力正好等于土的抗剪强度，该点处于极限平衡状态。

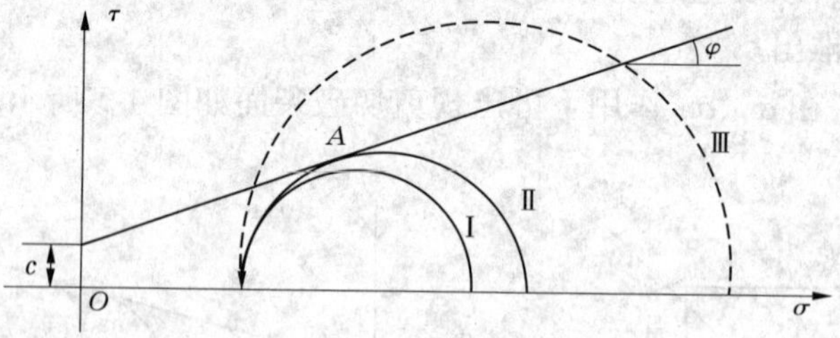

图 4-6　莫尔圆与抗剪强度线关系示意

若 $\sigma_1 < \sigma_{1极限}$(或 $\sigma_{3极限} > \sigma_3$)，圆Ⅰ与抗剪强度线相离，表明该点在任何平面上的剪应力都小于土所能发挥的抗剪强度，因此未被剪破而处于稳定状态。

若 $\sigma_1 > \sigma_{1极限}$(或 $\sigma_{3极限} < \sigma_3$)，圆Ⅲ与抗剪强度线相割，表明该单元体许多平面上的剪应力已超过所能发挥的抗剪强度，已经剪切破坏，处于失稳状态。实际上这种应力状态并不存在，因为在此之前，土体某单元早已沿某平面剪破，它无法承受更大的应力，增加的荷载将由邻近的土体承受，直至地基中出现连续的滑动面。

另外，土体点某点处于极限平衡状态时，其破裂面与最大主应力面的夹角 α_f，从图 4-5 中几何关系可得为

$$\alpha_f = \pm \left(45° + \frac{\varphi}{2}\right) \tag{4-13}$$

式中　± 表示取角的方向不同。

可见，土体的剪切破坏面不是发生在剪应力最大的斜面上，而是发生在与大主应力面

成夹角 α_f 的斜面上。

【例 4-1】 某土样承受 $\sigma_1 = 200$ kPa，$\sigma_3 = 100$ kPa 的应力，土的内摩擦角 $\varphi = 28°$，黏聚力 $c = 10$ kPa。试判别该土的应力状态，并计算最大剪应力面上的抗剪强度。

解：(1)求与 σ_3 处于极限平衡状态的 $\sigma_{1极限}$

$$\begin{aligned}\sigma_{1极限} &= \sigma_3 \tan^2\left(45° + \frac{\varphi}{2}\right) + 2c\tan\left(45° + \frac{\varphi}{2}\right)\\ &= 100 \times \tan^2\left(45° + \frac{28°}{2}\right) + 2 \times 10 \times \tan\left(45° + \frac{28°}{2}\right)\\ &= 310.27(\text{kPa})\end{aligned}$$

(2)判断。

因 $\sigma_{1极限} > \sigma_{1已知}$，则该土样处于尚未剪破的弹性平衡状态。

(3)计算最大剪应力面上的抗剪强度

$$\tau_f = \sigma\tan\varphi + c = \frac{\sigma_1 + \sigma_3}{2}\tan\varphi + c = \frac{200 + 100}{2}\tan28° + 10 = 89.76(\text{kPa})$$

第二节　土的抗剪强度试验

土的抗剪强度试验是确定土的抗剪强度指标 c、φ 的试验。测定土的抗剪强度的设备与方法很多，常用的室内试验有直接剪切试验、三轴压缩试验、无侧限抗压强度试验，野外常用的有十字板剪切试验等。各种试验的仪器、试验原理和方法都不一样，取决于土的性质和工程的规模。

一、直接剪切试验

直接剪切试验是最早、最简单的抗剪强度测定方法，使用广泛。直接剪切试验所用仪器，按加荷方式不同可分为应变式和应力式。我国多采用应变式直剪仪，等速推动剪切盒使之错动，如图 4-7 所示。

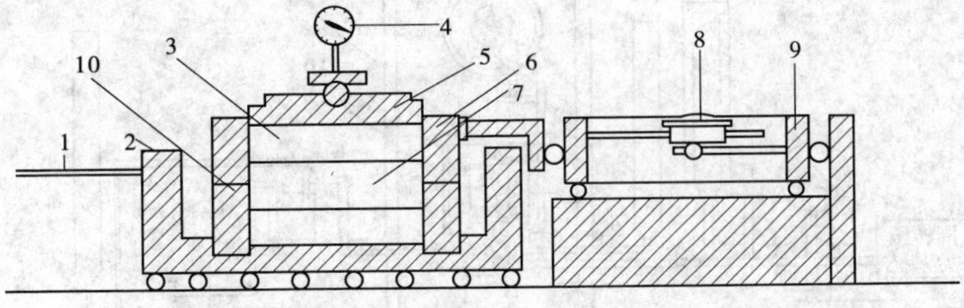

1—轮轴；2—底座；3—透水石；4—垂直变形百分表；5—活塞；
6—上盒；7—土样；8—测微表；9—量力环；10—下盒

图 4-7　应变控制式直剪仪

应变控制式直剪仪的主要部分由固定的上盒和活动的下盒组成，将土样放在盒内上、下两块透水石之间。垂直荷重 P 通过金属传压板，施加到土样上。水平剪力 τ 由等速转动的手轮推动下盒，施加到土样上，土样沿上、下盒水平接触面受剪，直至剪切破坏。

读出施加的垂直荷重 P 即剪切面上的法向应力 σ，利用剪切变形读数换算出土的抗剪强度 τ_f，重复做 3 ~ 5 个试样，由此得出法向应力 σ 和土的抗剪强度 τ_f 之间的关系曲线，从而获得土的抗剪强度指标 c、φ，如图 4-8 所示。

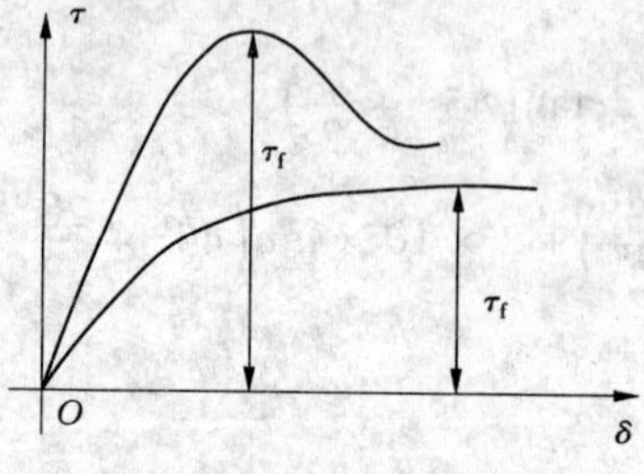

(a)剪应力与剪切位移关系图

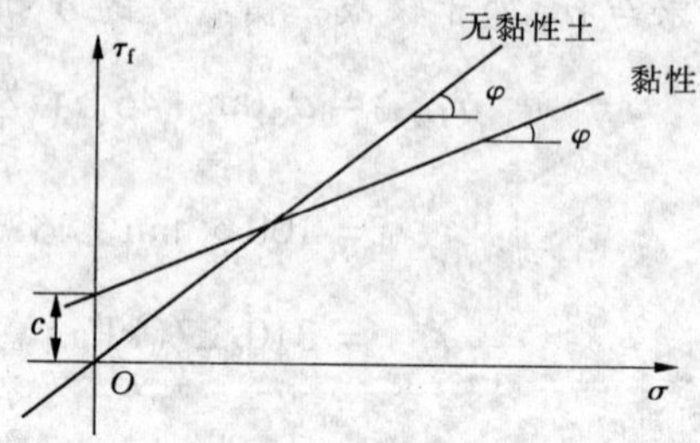

(b)剪应力与正应力关系图

图 4-8　直接剪切试验

直接剪切试验具有仪器构造简单、操作方便、易于掌握等优点。但在技术性能方面存在以下缺点：①剪切面人为限定在上下盒的接触面上，此平面不一定是土样的最薄弱面；②剪切过程中，土样剪切面积逐渐减小，但仍按初始面积进行计算；③试验时不能严格控制排水条件，无法量测孔隙水压力，不能以有效应力进行计算；④土样应力状态复杂，存在应力集中现象，但在试验中仍当做均匀分布来考虑，其结果有误差。工程规模较大的重要工程往往采用更完善的三轴剪切试验。

二、三轴压缩试验

三轴压缩试验是针对直剪仪的缺点而发展起来的，是测定土的抗剪强度的较为完善的一种方法。所用仪器称为三轴压缩仪，它由加载系统（对试样施加周围压力及竖向应力增量）、量测系统（量测孔隙水压力及试样排水量）、压力室（底座和有机玻璃罩等组成的密封容器）等组成，如图 4-9 所示。

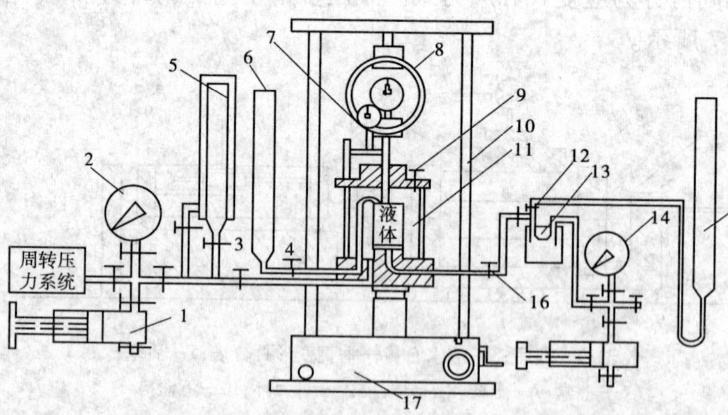

1—调压筒；2—周围压力表；3—周围压力阀；4—排水阀；5—体变管；6—排水管；7—百分表；8—量力环；9—排气孔；10—轴向加压设备；11—压力室；12—量管阀；13—零位指示器；14—孔隙水压力表；15—量水管；16—孔隙压力阀；17—试验机

图 4-9　三轴压缩仪

试验用的土样为圆柱体，套在橡胶膜内，上下扎紧置于密封的压力室内。开启阀门向压力室压入液体，使试样在三轴方向承受相同的周围压力，即 σ_3，此时，土样不受剪力。然后通过活塞杆对试样施加垂直压力 $\Delta\sigma$，$\Delta\sigma$ 逐渐增大直至土样剪裂，则剪切时的大主应力为 $\sigma_1=\Delta\sigma+\sigma_3$，如图 4-10(a)所示。

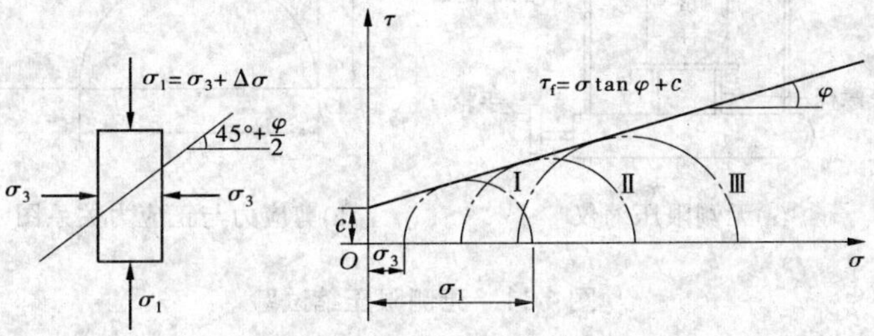

(a)破坏时试样上的主应力　　(b)剪应力与正应力关系图

图 4-10　三轴压缩试验原理

据剪切时的大主应力、小主应力可画出一个应力圆，重复做 3 ~ 5 个试样，施加不同的周围压力 σ_3，可以得到不同的剪切破坏时的大主应力 σ_1，由此得出同一种土的不同的极限应力圆。作出这组极限应力圆的公切线即莫尔破裂包线，就是所求土的抗剪强度曲线，从而获得土的抗剪强度指标 c、φ，如图 4-10(b)所示。

三轴压缩仪是一种较完善的抗剪强度测量仪器，其最突出的优点是试样中的应力状态明确，破裂面就是最薄弱的面；能较严格地控制排水条件，并能准确量测剪切过程中试样的孔隙水压力变化，定量得到土样中有效应力的变化情况，结果比较可靠。试验的难点是仪器设备与试验操作较复杂等。

三、无侧限压缩试验

无侧限压缩试验是指试验时土样侧向不受限制，可以任意变形的试验。实际上是三轴试验的一个特例，只对土样施加垂直压力，不施加周围压力，即 $\sigma_3=0$。

无侧限压缩试验设备称为无侧限压缩仪，如图 4-11(a)所示。试样放在仪器底座上，摇动手轮，使底座缓慢上升，顶压上部量力环，从而产生轴向压力至土样剪切破坏。试验时的轴向压应力用 q_u 表示，q_u 称为无侧限抗压强度。

三轴剪切试验是通过施加不同的周围压力 σ_3，得出同一种土的不同的极限应力圆后，作出公切线即为强度包线。无侧限压缩试验据试验结果只能作一个极限应力圆 $\left(\sigma_3=0,\tau_f=\dfrac{q_u}{2}\right)$，因此对一般黏性土就难以作出强度包线。但饱和黏性土的三轴不固结不排水剪试验结果的强度包线是一条水平线(见图 4-11(b))。因此，当仅测定饱和黏性土的不固结不排水剪强度时，可用无侧限抗压强度试验代替三轴试验，据无侧限压缩试验的试验结果推算饱和黏性土的不排水抗剪强度 c。也就是说，无侧限压缩试验适用土质是饱和黏性土。

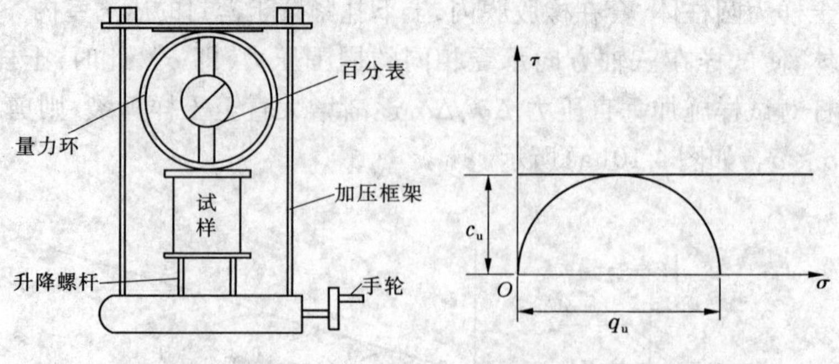

(a)无侧限压缩仪　　(b)剪应力与正应力关系图

图 4-11　无侧限压缩试验

$$\tau_f = c = \frac{q_u}{2} \tag{4-14}$$

式中　c——土的不排水抗剪强度，kPa；

q_u——无侧限抗压强度，kPa。

利用无侧限压缩试验还可以测定黏性土的灵敏度

$$S_t = \frac{q_u}{q'_u} \tag{4-15}$$

式中　S_t——灵敏度；

q'_u——重塑试样的无侧限抗压强度，kPa。

四、十字板剪切试验

十字板剪切试验是一种在工地现场直接测试地基土强度的方法，适用于地基为取原状土困难的软弱黏性土，也避免了软弱黏性土取土、运送、制备土样过程中受扰动强度变化的缺点。

试验所用仪器为十字板剪切仪，主要由十字板、加力装置及量测设备三个部分组成，如图 4-12 所示。试验时先在地基中钻孔至要求测试的深度以上 75 cm 左右。清理孔底，将十字板头压入土中至测试深度。由地面设备施加扭力矩，直至十字板旋转土体剪切破坏，破裂面为十字板旋转形成的圆柱面。测得土的抗剪强度 τ_f，即

$$\tau_f = \frac{2M}{\pi D^2 \left(H + \frac{D}{3}\right)} \tag{4-16}$$

式中　M——剪切破坏时的扭力矩，kN · m；

H——十字板的高度，m；

D——十字板的直径，m。

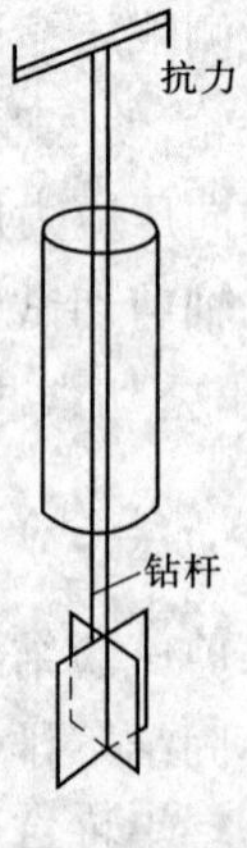

图 4-12　十字板剪切仪

由十字板在现场测定的土的抗剪强度，属于不排水剪切试验

的条件，因此其结果应与无侧限抗压强度试验结果接近，即 $\tau_f=\frac{q_u}{2}$。

十字板剪切试验的优点是设备简单，操作方便，土样扰动少，故国内外广泛应用于工程勘察。

第三节　剪切试验方法的分析与选用

一、抗剪强度指标的影响因素

影响抗剪强度的因素是多方面的，主要有下述几个方面。

（一）土本身固有的物理性质

1. 土粒的形状、成分、级配

土的固体颗粒形状越不规则，表面越粗糙，级配越好，内摩擦角越大，内摩擦力越大，抗剪强度也越高。黏土矿物成分不同，其黏聚力也不同。

2. 土的初始密度

土的初始密度越大，土粒间接触较紧，土粒表面摩擦力和咬合力也越大。黏性土的紧密程度越大，黏聚力 c 值也越大。

3. 土中含水量

土中含水量的多少，对土抗剪强度的影响十分明显。无黏性土中含水量大时，会降低土粒表面上的摩擦力，使土的内摩擦角 φ 值减小；黏性土含水量增高时，会使结合水膜加厚，因而也就降低了黏聚力。

（二）土的应力状态和历史

1. 黏性土的扰动

黏性土的天然结构如果被破坏，其抗剪强度就会明显下降，其原状土的抗剪强度高于同密度和同含水量的重塑土。

2. 孔隙水压力的影响

孔隙水压力的影响不可忽视，孔隙水压力由于作用在土中自由水上，不会产生土粒之间的内摩擦力，只有作用在土的颗粒骨架上的有效应力，才能产生土的内摩擦强度。

二、剪切试验方法的选用

在上述影响抗剪强度的各因素中，孔隙水压力会随着所加荷载和时间的变化而变化，作为一个变化的影响因素，在各剪切试验中必须予以考虑。事实上，试样内的有效应力（或孔隙水压力）将随试样剪切前的固结程度和剪切中的排水条件而异。也就是说，同一种土，如试验条件不同，那么，即使剪切面上的总应力相同，也会因土中孔隙水是否排出与排出的程度，亦即有效应力的数值不同，使试验结果的抗剪强度不同。因而，在土工工程设计中所需要的强度指标试验方法必须与现场的施工加荷实际相符合。

目前，为了近似地模拟土体在现场能受到的受剪条件，而把剪切试验按固结和排水条件的不同分为不固结不排水剪、固结不排水剪和固结排水剪三种基本试验类型。但是直接剪切仪的构造却无法做到任意控制土样是否排水。在试验中,便通过采用不同的加荷速率来达到排水控制的要求,即相应采用快剪、固结快剪和慢剪三种试验方法。

三种试验方法在工程实践中的正确选用非常复杂,应根据土层性质、排水情况、加荷速度、荷载大小综合确定。

(1)不固结不排水剪(快剪):在整个试验过程中不让孔隙水排出,使土样中始终存在孔隙水压力的试验方法。在直剪试验中,竖向压力施加后立即施加水平剪力进行剪切,使土样在 3 ~5 min 内剪坏。由于剪切速度快,可认为土样在这样短暂的时间内没有排水固结或者说模拟了"不固结不排水"剪切情况,得到的强度指标用 c_q、φ_q 表示。实际工程中,若有地基土为黏性土,透水性小,排水条件差,施工速度快的情况应用此试验方法。

(2)固结不排水剪(固结快剪):在整个试验过程中使孔隙水压力全部消散固结后使土样剪破的试验方法。在直剪试验中,竖向压力施加后,给以充分时间使土样排水固结。固结终了后施加水平剪力,快速地(在 3 ~5 min 内)把土样剪坏,即剪切时模拟不排水条件,得到的指标用 c_{cq}、φ_{cq} 表示。实际工程中,若有地基土土层较薄,透水性较大,排水条件好,施工速度不快的情况应用此试验方法。一般认为击实填土地基、船闸、挡土墙等的地基,以及验算水库水位骤降时土坝边坡的稳定安全系数的情况,采用固结不排水剪。

(3)固结排水剪(慢剪):在整个试验过程中使孔隙水压力全部消散固结,之后的土样剪破的试验过程中仍充分排水的试验方法。在直剪试验中,竖向压力施加后,让土样充分排水固结,固结后以慢速施加水平剪力,使土样在受剪过程中一直有充分时间排水固结,直到土被剪破,得到的指标用 c_s、φ_s 表示。实际工程中,若有地基土土层透水性好、排水条件好、施工速度慢的情况用此试验方法。

由上述三种试验方法可知,即使在同一垂直压力作用下,由于试验时的排水条件不同,故作用在受剪面积上的有效应力也不同,所以测得的抗剪强度指标也不同。在一般情况下,$\varphi_s > \varphi_{cq} > \varphi_q$。

上述三种试验方法对黏性土是有意义的,但效果要视土的渗透性而定。对于无黏性土,由于土的渗透性很大,即使快剪也会产生排水固结。

第四节　地基承载力

地基承载力是指地基在保证建筑物安全可靠,并符合正常使用的前提下,地基土在单位面积上所能承受荷载的能力,用荷载强度表示。

根据建筑物对地基的要求,在确定地基承载力时,必须考虑两方面要求:一是建筑物所能承受的变形能力,不致因沉降差异而使建筑物的变形超出容许值;二是保证地基有足够稳定性,不致发生破坏,即同时满足地基的强度和变形要求。这样确定的地基承载力,称地基容许承载力。地基容许承载力的大小取决于地基土的物理力学性质、地基土的分布、基础尺寸、基础埋深以及上部结构特征。正确确定该值,是地基基础设计的关键所在。

地基承载力的主要依据为土的强度理论。确定地基承载力主要有理论公式计算、现场原位试验和查规范、表格等方法。

一、地基变形的三个阶段

对地基进行载荷试验时,可以得到荷载 p 与沉降 s 的关系曲线,如图 4-13 所示。地基在竖直荷载作用下,地基变形一般经过三个阶段。

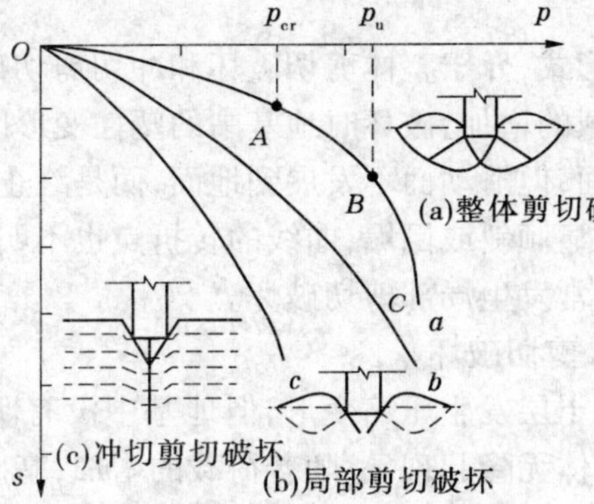

图 4-13 地基的破坏形式

(一)线性变形阶段

当荷载较小时,基底压力 p 与沉降 s 接近直线,如图中的 OA 段。基础产生沉降的原因是地基土中的孔隙体积减小,地基产生压缩变形。地基土中各点的剪应力小于土的抗剪强度,地基的变形主要是压密变形。

(二)塑性变形阶段

当荷载继续增加到某一数值,$p \sim s$ 曲线不再呈直线关系,如图 4-13 中 AB 段。地基中已有局部区域的剪应力达到了土的抗剪强度,从而出现了剪切变形,导致基础沉降有较大增加,这些区域称塑性变形区,对应于 A 点的荷载称临塑荷载,用 p_{cr} 表示。塑性变形区随荷载的继续增加逐渐向纵深发展,扩大成连续的滑动面,则地基濒临失稳破坏,故对应于 B 点的荷载称为极限荷载 p_u。

(三)破坏阶段

随着荷载的继续增加,即达到 $p \sim s$ 曲线 B 点以后,剪切破坏区不断扩大形成一个连续的、通达地面的滑动面,基础急剧下沉向一侧倾斜,土从一侧或两侧挤出,基础四周地面隆起,地基发生整体剪切破坏,$p \sim s$ 曲线显著下降。

二、地基变形破坏的模式

地基受到外荷载作用时,首先在基础边缘产生应力集中,地基出现塑性变形,随着荷载加大,塑性变形区自基础边缘向基底中心及地基深处发展,最后造成地基失稳破坏。地基剪切破坏的主要模式有:整体剪切破坏、局部剪切破坏、冲切剪切破坏(刺入剪切破坏)。

(一)整体剪切破坏

整体剪切破坏可明显地区分出三个变形阶段,如图 4-13(a)所示。当荷载增加到某一数值时,在基础边缘的土体开始发生剪切破坏,随着荷载的不断增加,剪切破坏区不断扩大，从地基到地面有连续的整体滑动面，邻近基础的土体明显隆起，地基发生整体的滑动破坏，上部结构随基础发生突然倾斜，造成灾难性破坏。

对于压缩性较小的土，如密实砂土和坚硬的黏土，多发生整体剪切破坏；饱和软黏土地基，若加荷速率过快，土体内孔隙水压力增加过快，极易发生整体剪切破坏。

（二）局部剪切破坏

这是一种过渡性的破坏形式，介于整体剪切破坏和冲切剪切破坏之间，如图 4-13（b）所示。随着作用于基础上荷载的增加，破坏时地基中的塑性变形区仅局限于基础下方，紧靠基础土层会出现剪切滑动面，但滑动面不发展到地面，而是终止于地基中某一点。地面可能微有隆起，但基础不会明显倾斜或倒塌，曲线的转折点也不明显。

中等密实的砂土、软黏土常发生局部剪切破坏。

（三）冲切剪切破坏（刺入剪切破坏）

随着荷载的增加，基础下土层发生压缩变形，但地基中没有明显剪切破坏面，以垂直向下变形为主，邻近基础的土体无隆起现象；随着荷载的增加，基础沉降也加大，直到基础“切入”地基中，$p \sim s$ 曲线无明显拐点。

松散砂土及饱和软黏土地基所受的荷载小、加荷速率慢，地基多发生刺入剪切破坏。

三、理论公式法确定地基承载力

（一）地基的临塑荷载

临塑荷载是指地基刚开始出现剪切破坏（塑性变形）时基底单位面积上所承受的荷载。临塑荷载 p_{cr} 是地基第一、第二阶段分界点所对应的荷载，也就是地基即将产生塑性区所对应的基础底面的压强，临塑荷载可以作为地基允许承载力。

临塑荷载 p_{cr} 计算公式可根据土中应力计算的弹性理论和土体的极限平衡条件推导出来。设地表作用一均布条形荷载 p，如图 4-14（a）所示，在地表任意深度 M 处产生的大小主应力分别为

$$\left.\begin{matrix}\sigma_1\\ \sigma_3\end{matrix}\right\} = \frac{p_0}{\pi}(\beta \pm \sin\beta) \tag{4-17}$$

式中　β——从 M 点到均布条形荷载两端点的夹角，rad。

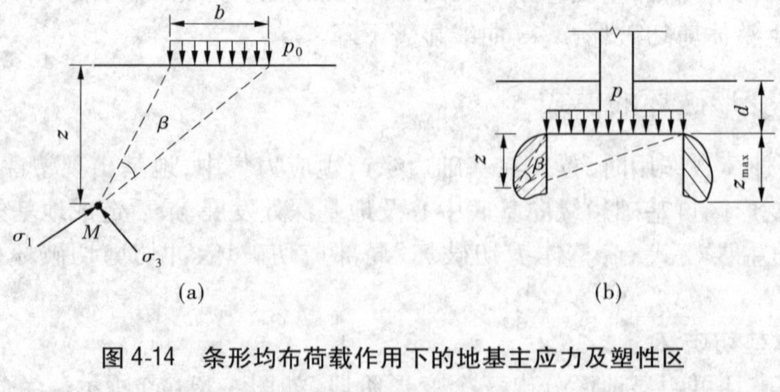

图 4-14　条形均布荷载作用下的地基主应力及塑性区

实际上，由于建筑物基础有一定埋深 d，如图 4-14 所示，M 点上土的应力除由附加压

力 $p_0 = p - \gamma d$ 产生外,还有土的自重应力 $\gamma d + \gamma z$。严格地说,M 点上土的自重应力在各向是不等的,因此上述两项在 M 点所产生的应力在数值上是不能叠加的。为了简化起见,假定土的自重应力在各向是相等的,故地基中任一点 M 处的 σ_1、σ_3 可写为

$$\left.\begin{matrix}\sigma_1\\ \sigma_3\end{matrix}\right\} = \frac{p - \gamma_0 d}{\pi}(\beta \pm \sin\beta) + \gamma_0 d + \gamma z \tag{4-18}$$

根据 M 点达到极限平衡状态时,其最大、最小主应力必须满足极限平衡条件式,整理后得

$$z = \frac{p - \gamma_0 d}{\pi\gamma}\left(\frac{\sin\beta}{\sin\varphi} - \beta\right) - \frac{c}{\gamma\tan\varphi} - \frac{\gamma_0}{\gamma}d \tag{4-19}$$

式(4-19)为塑性变形区的边界方程,它表示塑性区边界上任意一点的 z 与 β 之间的关系。如果基础的埋深 d、基底压力 p 以及土的 γ、c、φ 已知,则根据式(4-19)可绘出塑性区的边界线,如图 4-14(b)所示。采用弹性理论计算,基础两边点的主应力最大,因此塑性区首先从基础两点开始向深度发展。

塑性区发展的最大深度 $z_{\max}$ 可由 $\frac{dz}{d\beta} = 0$ 的条件求得

$$z_{\max} = \frac{p - r_0 d}{\pi\gamma}\left(\cot\varphi - \frac{\pi}{2} + \varphi\right) - \frac{c}{\gamma\tan\varphi} - \frac{\gamma_0}{\gamma}d \tag{4-20}$$

由式(4-20)可见,当基底压力 p 增大时,塑性区就发展,该区的最大深度也随之增大;地基中刚要出现塑性区时,可认为塑性区最大深度 $z_{\max} = 0$,相应的基底压力 p 即为临塑荷载 p_{cr}。将 $z_{\max} = 0$ 代入式(4-20),得临塑荷载公式

$$p_{cr} = \frac{\pi(c\cot\varphi + \gamma_0 d)}{\cot\varphi - \frac{\pi}{2} + \varphi} + \gamma_0 d \tag{4-21}$$

式中 d——基础埋深,m;

γ——地基土的重度,地下水位以下用浮重度,kN/m^3;

γ_0——基底以上土的加权平均重度,kN/m^3;

c——地基土的黏聚力,kPa;

φ——地基土的内摩擦角,在三角函数后用“°”表示,单独出现时以弧度表示,即乘以 $\frac{\pi}{180°}$。

(二)地基临界荷载

工程实践证明,即使地基中存在塑性变形区,地基中塑性区有所发生,只要塑性区范围不超过某一限度,就不致影响建筑物的安全和正常使用。因此,如果用 p_{cr} 作为浅基础的地基承载力设计值,无疑是偏于保守且不经济的。地基中的塑性区究竟容许发展到多大范围,这与建筑物的重要性、荷载的性质和土的物理力学性质等因素有关。一般认为,在中心荷载作用下,塑性区的最大发展范围 $z_{\max}$ 可控制在基础底宽的 1/4,相应的荷载为 $p_{\frac{1}{4}}$;而对于偏心荷载作用下的基础,塑性区的最大发展范围 $z_{\max}$ 可控制在基础底宽的 1/3,

相应的荷载为 $p_{\frac{1}{3}}$。取 $z_{max}=\dfrac{b}{4}$，$z_{max}=\dfrac{b}{3}$代入式(4-20)得

$$p_{\frac{1}{4}}=\frac{\pi(c\cot\varphi+\gamma_0 d+\gamma\dfrac{b}{4})}{\cot\varphi-\dfrac{\pi}{2}+\varphi}+\gamma_0 d \tag{4-22}$$

$$p_{\frac{1}{3}}=\frac{\pi(c\cot\varphi+\gamma_0 d+\gamma\dfrac{b}{3})}{\cot\varphi-\dfrac{\pi}{2}+\varphi}+\gamma_0 d \tag{4-23}$$

上述公式是在条形均布荷载作用下导出的，对于矩形和圆形基础，其结果偏于安全。此外，在公式的推导过程中采用了弹性力学的解答，对于已经出现塑性区的塑性变形阶段，公式的推导是不够严格的。但当塑性区不大时，由此引起的误差在工程上还是允许的。

【例 4-2】 某条形基础 $b=5$ m，基底埋深 $d=1.2$ m，地基为均质土，基土的重度 $\gamma=18.0\ \text{kN/m}^3$，$\varphi=22°$，$c=15$ kPa。求地基承受中心荷载时的临塑荷载 p_{cr}和临界荷载 $p_{\frac{1}{4}}$。

解：由式(4-21)可求得临塑荷载 p_{cr}为

$$p_{cr}=\frac{\pi(c\cot\varphi+\gamma_0 d)}{\cot\varphi-\dfrac{\pi}{2}+\varphi}+\gamma_0 d=\frac{\pi(15\times\cot22°+18.0\times1.2)}{\cot22°-\dfrac{\pi}{2}+22°\times\dfrac{\pi}{180°}}+18.0\times1.2$$

$$=164.3(\text{kPa})$$

由式(4-22)可求得 $p_{\frac{1}{4}}$为

$$p_{\frac{1}{4}}=\frac{\pi(c\cot\varphi+\gamma_0 d+\gamma\dfrac{b}{4})}{\cot\varphi-\dfrac{\pi}{2}+\varphi}+\gamma_0 d$$

$$=\frac{\pi(15\times\cot22°+18.0\times1.2+18.0\times\dfrac{5}{4})}{\cot22°-\dfrac{\pi}{2}+22°\times\dfrac{\pi}{180°}}+18.0\times1.2$$

$$=218.9(\text{kPa})$$

(三)极限荷载

地基的极限承载力 p_u 是地基濒临破坏时，作用在基底上的荷载，是地基变形第二阶段与第三阶段的分界点所对应的荷载，是地基达到完全剪切破坏时的最小压力。极限荷载除以安全系数，可作为地基的容许承载力。

地基的极限承载力 p_u 求解方法一般有两种：一是根据土的极限平衡条件理论和已知边界条件，计算出土中各点达到极限平衡时的应力及滑动方向，求得基底极限承载力；二是通过基础模型试验，研究地基的滑动面形状并进行简化，根据滑动土体的静力平衡条件求得极限承载力。由于推导时的假定条件不同，所得极限承载力的公式也就不同。太沙基极限荷载公式是属于假定滑动面，求极限荷载的方法，主要适用于均质地基上基底粗糙

的条形基础。下面主要介绍汉森公式,汉森公式是个半经验公式,提出了在中心倾斜荷载作用下,不同形状及不同埋深的极限荷载计算公式,由于适用范围广,对水利工程有实用意义,因此已被广泛应用。

对于均质地基基础底面完全光滑,在中心倾斜荷载作用下,汉森建议按下式计算竖向地基极限承载力

$$p_u = \frac{1}{2}\gamma b N_r S_r d_r i_r g_r b_r + \gamma_m d N_q S_q d_q i_q g_q b_q + c N_c S_c d_c i_c g_c b_c \tag{4-24}$$

式中 γ——基底以下土的重度,kN/m^3;

γ_m——基底以上埋深范围内土的重度,kN/m^3;

S_r、S_q、S_c——基础的形状系数,$S_r = 1 - 0.4\frac{b}{l}i_r \geqslant 0.6$ 或 $S_r = 1 + \frac{N_q b}{N_c l}$, $S_q = 1 + \frac{b}{l}i_q\sin\varphi$ 或 $S_q = 1 + \frac{b}{l}\tan\varphi$,$S_c = 1 + 0.2\frac{b}{l}i_c$ 或 $S_r = 1 - 0.4\frac{b}{l}$,对于条形基础 $S_r = S_q = S_c = 1$;

i_r、i_q、i_c——荷载倾斜系数,$i_r = \left(1 - \frac{0.7P_h}{P + cb\cot\varphi}\right)^5 > 0$,$i_q = \left(1 - \frac{0.5P_h}{P + cb\cot\varphi}\right)^5 > 0$,$i_c = i_q - \frac{1 - i_q}{N_q - 1}$,当基础中心受压时,$i_c = i_q = i_r = 1$;

d_r、d_q、d_c——基础深度修正系数,计算式为

$$d_r = 1$$

$$d_q = \begin{cases} 1 + 2\tan\varphi(1 - \sin\varphi)^2\frac{d}{b} & (d \leqslant b) \\ 1 + 2\tan\varphi(1 - \sin\varphi)^2\arctan\frac{d}{b} & (d > b) \end{cases}$$

$$d_c = \begin{cases} 1 + 0.35\frac{d}{b} & (d \leqslant b) \\ 1 + 0.4\arctan\frac{d}{b} & (d > b) \end{cases}$$

g_r、g_q、g_c——地面倾斜系数,β 地面与水平面的倾角,$g_r = g_q = (1 - 0.5\tan\beta)^5$,$g_c = 1 - \frac{\beta}{147°}$;

b_r、b_q、b_c——基底倾斜系数,η 为基底与水平面的倾角,为正值,且 $\eta + \beta \leqslant 90°$,则可按下式计算

$$b_r = \exp(-2.7\eta\tan\varphi)$$

$$b_q = \exp(-2\eta\tan\varphi)$$

$$b_c = 1 - \frac{\eta}{147°}$$

N_r、N_q、N_c——地基承载力系数,可根据地基内摩擦角查表 4-1 确定。

表 4-1 承载力 N_r、N_c、N_q

φ(°)	N_r	N_c	N_q	φ(°)	N_r	N_c	N_q
0	0	5.14	1.00	24	6.90	19.33	9.61
2	0.01	5.69	1.20	26	9.53	22.25	11.83
4	0.05	6.17	1.43	28	13.13	25.80	14.71
6	0.14	6.82	1.72	30	18.09	30.15	18.40
8	0.27	7.52	2.06	32	24.95	35.50	23.18
10	0.47	8.35	2.47	34	34.54	42.18	29.45
12	0.76	9.29	2.97	36	48.08	50.61	37.77
14	1.16	10.37	3.58	38	67.43	61.36	48.92
16	1.72	11.62	4.33	40	95.51	75.36	64.23
18	2.49	13.09	5.25	42	136.72	93.69	85.36
20	3.54	14.83	6.40	44	198.77	118.41	115.35
22	4.96	16.89	7.82	45	240.95	133.86	134.86

当基底受到偏心荷载作用时,先将其换成有效的基底面积,然后按中心荷载情况下的极限承载力公式进行计算。

若是条形基础,其荷载的偏心距为 e,则用有效宽度 $b'=b-2e$ 来代替原来的宽度 b。

若是矩形基础,并且在两个方面均有偏心,则用有效面积 $A'=b'\times l'$来代替原来的面积 A。其中 $b'=b-2e_B$,$l'=l-2e_L$。

对于成层土所组成的地基,在各土层的强度相差不大的情况下,汉森建议按下式近似确定持力层的深度。

$$z_{\max}=\lambda b \tag{4-25}$$

式中 λ——系数,根据土层平均内摩擦角和荷载的倾角 β 查表 4-2 求得;

b——基础的原宽度。

表 4-2 λ 系数表

$\tan\beta$	φ(°)		
	≤20	21~35	36~45
≤0.2	0.6	1.20	2.00
0.21~0.30	0.4	0.90	1.60
0.31~0.40	0.2	0.60	1.20

四、按原位测试成果确定地基承载力

常规的勘探方法是由钻探取样,在实验室测定土的物理力学性质指标。这样,土样在钻取、包装、运送、拆封及试验过程中很难保持原有的天然结构。为了使勘探工作提供更确切的数据,原位测试方法显得很重要。

原位试验可直接或间接在现场测定土的性质指标。对于饱和的粉土、砂类土等取样困难的土层及高灵敏度的软黏土,在取样到试验过程中,不可避免地使其结构受到扰动,室内土工试验结果常不能令人满意,而原位试验却能弥补此不足。

目前,常用估算地基承载力的原位试验方法主要有载荷试验、标准贯入试验和静力触探试验。

(一)载荷试验

载荷试验是在通过一定面积的载荷板(亦称承压板)上向地基土逐级施加荷载,测读相应的沉降量,最后绘出荷载 p 与稳定沉降量 s 的关系曲线,常称 $p \sim s$ 曲线,如图 4-13 所示。它能反映载荷板下 1 ~ 2 倍载荷板宽度或直径范围内地基土的强度、变形的综合性状。

按载荷试验 $p \sim s$ 曲线确定地基土承载力基本值 f_0 的方法如下:

(1)分析 $p \sim s$ 曲线,该曲线常有三段线段,即直线段、过渡的曲线段和直线段,曲线上有明显特征点 A、B 和它们所对应的荷载 p_{cr}、p_u,取 A 点所对应的荷载值 p_{cr}。

(2)当极限荷载 p_u 能确定,且 $p_u < 1.5p_{cr}$时,取 p_u 的一半。

(3)若 $p \sim s$ 曲线拐点不明显,对低压缩性土和砂土,可取 $s = (0.01 \sim 0.015)b$ 所对应的荷载值;对于中、高压缩性的土和砂土,可取 $s = 0.02b$ 所对应的荷载值(b 为承压板边长或直径,s 为承压板沉降量)。

确定地基承载力标准值的方法:每层土的试验数不少于 3 个,且基本值的极差不超过平均值的 30%,取此平均值作为地基承载力的标准值 f_k。

地基承载力设计值的确定:地基承载力的标准值经过基础的宽度和深度的修正后就得到地基承载力的设计值,与 $1.1f_k$ 比较,取大值作为地基承载力的设计值。

应该指出:载荷板的面积总是小于基础面积,试验的历时又远比地基对基础的作用历时短,而且试验影响的深度有限,用载荷试验成果确定地基承载力的方法有一定的偏差。所以,对于地基土层较复杂、基础尺寸大的水工建筑物,不宜用小尺寸的载荷试验确定地基承载力。

(二)标准贯入试验

标准贯入试验简称标贯试验,标准贯入试验设备是工程钻机的附属设备,应和钻机相配合。标准贯入试验设备是由标准贯入器、落锤、三角架和钻杆等辅助设备组成的。圆锥动力触探根据锤击能量的大小可分轻型、重型、超重型三类。

重型动力触探试验,当钻至试验土层时,将标准贯入器放置于地面以下预定的深度处,然后将 63.5 kg 的重锤,从 76 cm 高度自由落下锤击贯入器,根据打入的难易程度,得到每贯入土中 10 cm 时所需的锤击数,来判定土的工程性质,其值常用 $N_{63.5}$表示。

根据试验测得的标准贯入击数 $N_{63.5}$,用下列方法评价地基承载力:

(1)梅耶霍夫公式

$$f = \frac{N_{63.5}}{12}(1 + d/b) \tag{4-26}$$

（2）太沙基和皮克（R. Peek）公式

太沙基和皮克在控制建筑物总沉降量不超过 25 mm 的前提下，建议根据标准贯入击数，用下列公式求地基的容许承载力。

当基础宽度

$$\left.\begin{aligned} b \leqslant 1.3\ \text{m 时} \quad & f = N_{63.5}/8 \\ b > 1.3\ \text{m 时} \quad & f = \frac{N_{63.5}}{12}(1 + 0.3/b) \end{aligned}\right\} \tag{4-27}$$

显然，因为对沉降量控制很严格，用上式计算出来的结果过于安全。

（三）静力触探试验

静力触探试验是利用机械或液压装置，将装有金属触探头的触杆按一定的速率压入土中，触探头内装有电阻应变片，在探头压土的过程中，电阻应变片发生变形，通过电测装置，可以间接测出土层对探头的贯入阻力，了解土层原始状态的物理力学性质。显然，土愈密实，贯入阻力愈大，利用贯入阻力大小可建立与地基承载力之间的相关关系，借此估计地基承载力和变形模量。

静力触探试验时，测得探头贯入土中时所受的比贯入阻力 p_s，用下列公式确定地基承载力的设计值。

（1）梅耶霍夫公式

$$f = \frac{bp_s}{36}\left(1 + \frac{d}{b}\right) \tag{4-28}$$

式中 p_s——静力触探试验的比贯入阻力，kPa；

b——基础宽度，m；

d——基础埋深，m。

（2）国内建议公式

$$f_k = 58\sqrt{p_s} - 46 \tag{4-29}$$

标准值 f_k 修正后，即得到承载力的设计值。

静力触探法一般适用于软黏土、一般黏性土、砂土和黄土等，但不适用于含碎石、砾石的土层和致密的砂土层，最大贯入深度为 30 m。

还应指出：静力触探试验成果有较强的地区性，用以评价地基容许承载力时，应考虑当地经验取用。

五、按规范确定地基容许承载力

根据地基土的物理力学指标，或原位测试试验的结果，按《建筑地基基础设计规范》（GB 50007—2011）确定地基承载力。规范是在大量的现场载荷试验和某些土工试验资料的基础上，结合工程实践经验，进行统计、分析、对比，对各类土分别制定了一套便于查用的表格。应用这些表格，确定地基承载力比较简便，一般工程的设计中广泛采用。

根据《建筑地基基础设计规范》（GB 50007—2011）确定地基承载力时，当基础宽度大于 3 m 或者埋深大于 0.5 m 时，从载荷试验或其他原位测试、经验值等方法确定的地基承载力特征值，应按下式修正

$$f_a = f_{ak} + \eta_b \gamma (b - 3) + \eta_d \gamma_m (d - 0.5) \tag{4-30}$$

式中 f_a——修正后的地基承载力特征值,kPa;

f_{ak}——地基承载力特征值,由理论公式计算、原位测试并结合工程实践经验等方法综合确定,kPa;

γ——基底以下土的天然重度,地下水位以下用浮重度,kN/m^3;

γ_m——基底以上埋深范围内土的加权平均重度,地下水位以下取浮重度,kN/m^3;

b——基础宽度,m,当 $b<3$ m 时,取 $b=3$ m,当 $b>6$ m 时,取 $b=6$ m;

d——基础埋深,m,$d<1.5$ m 时,按 1.5 m 计算;

η_b、η_d——相应于基础宽度和埋深的承载力修正系数,按表 4-3 查用。

表 4-3 承载力修正系数

土的类别		η_b	η_d
淤泥和淤泥质土		0	1.0
人工填土 e 或 I_L 大于等于 0.85 的黏性土		0	1.1
红黏土	含水比 $\alpha_w > 0.8$	0	1.2
	含水比 $\alpha_w \leqslant 0.8$	0.15	1.4
大面积压实填土	压实系数大于 0.95、黏粒含量 $\rho_c \geqslant 10\%$ 的粉土	0	1.5
	最大干密度大于 2.1 t/m^3 的级配砂石	0	2.0
粉土	黏粒含量 $\rho_c \geqslant 10\%$ 的粉土	0.3	1.5
	黏粒含量 $\rho_c < 10\%$ 的粉土	0.5	2.0
e 及 I_L 均小于 0.85 的黏性土		0.3	1.6
粉砂、细砂(不包括很湿与饱和时的稍密状态)		2.0	3.0
中砂、粗砂、砾砂和碎石土		3.0	4.4

注:强风化和全风化的岩石,可参照所风化形成的相应土类取值,其他状态下的岩石不修正。

可以认为,承载力的设计值就是地基容许承载力的初值。按 f 设计基础,经过地基变形验算后若满足要求,它就是地基的容许承载力。

【例 4-3】 某基础宽度 $b=6$ m,埋深 $d=3$ m,基础底面以上为亚黏土,平均重度为 $\gamma=18\ kN/m^3$,$f_{ak}=80$ kPa;基础底面下为淤泥质土,天然含水量 $\omega=45\%$,$\gamma_0=10\ kN/m^3$。试按规范确定地基设计承载力 f。

解:由于基础宽度 $b=6$ m >3 m,基础埋深 $d=3$ m >1.5 m,故应对承载力标准值进行修正,查表 4-3 得 $\eta_b=0$,$\eta_d=1.1$。

$$f = f_{ak} + \eta_b \gamma (b-3) + \eta_d \gamma_m (d-0.5) = 80 + 0 + 1.1 \times 18 \times (3-0.5)$$
$$= 129.5 (kPa)$$

思考题

4-1 莫尔-库仑强度理论的内容是什么?

4-2　土的抗剪强度指标是什么？请分析影响土的抗剪强度的因素。

4-3　三轴剪切试验的优点是什么？该法如何求得抗剪强度指标？

4-4　请回答直接剪切试验的工作原理，并分析其优缺点。

4-5　请简析常见工程中如何确定土的抗剪强度指标？

4-6　地基在竖直荷载作用下，地基变形一般经过哪三个阶段？各阶段有何特点？

4-7　地基破坏模式有哪几种？各有何特点？

4-8　什么是地基承载力？临塑荷载、临界荷载和极限荷载分别是什么？

4-9　确定地基承载力的方法有哪些？

4-10　按规范确定地基容许承载力时，在什么情况下需要进行修正？

习　题

4-1　已知土中某点最大主应力和最小主应力分别为300 kPa和100 kPa，内摩擦角 φ 为30°，黏聚力为10 kPa，试求：

(1)最大剪应力值；

(2)作用在与最大主应力面成30°的面上正应力、剪应力、抗剪强度，并判断该处是否发生剪切破坏。

4-2　已知某砂做直接剪切试验，当法向应力为200 kPa时，测得破坏的抗剪强度为150 kPa。问该砂的内摩擦角是多少？

4-3　已知某黏土做直接剪切试验，法向应力与测得破坏的抗剪强度如表4-4所示。问该土的内摩擦角与黏聚力分别是多少？

表4-4　法向应力与抗剪强度

序号	法向应力(kPa)	抗剪强度(kPa)
1	200	150
2	150	115

4-4　已知某条形基础宽度4 m，基础埋深1.5 m，地基土重度17.8 kN/m³，浮重度10.2 kN/m³，内摩擦角180°，黏聚力15 kPa。试求：无地下水情况和地下水上升至基础底面处情况的临界荷载。

4-5　同题4-4已知条件，地基土内摩擦角改为20°。试求：无地下水情况，用极限荷载确定其地基承载力。

4-6　某条形基础 $b=1.5$ m，基底埋深 $d=2$ m，地基土的重度 $\gamma=19.0$ kN/m³，饱和重度 $\gamma_{sat}=21.0$ kN/m³，$\varphi=20°$，$c=20$ kPa，地下水埋深为1.5 m。求地基承受中心荷载时的临塑荷载 p_{cr} 和临界荷载 $p_{\frac{1}{4}}$。

4-7　地基为均匀中砂，重度 $\gamma=16.7$ kN/m³，条形基础宽度 $b=2.0$ m，埋深 $d=1.2$ m，基底下滑裂面范围内土的平均标准贯入击数 $N_{63.5}=20$，静力触探试验的贯入阻力 $p_s=3\,500$ kPa。试估算地基土的容许承载力。

任务五　土压力与土坡稳定

知识培养要求

1. 掌握土压力的基本概念和分类，掌握静止土压力的计算。
2. 掌握朗肯土压力理论计算土压力的方法。
3. 理解库仑土压力理论计算土压力的方法。
4. 了解挡土墙类型，掌握重力式挡土墙的稳定性验算。
5. 掌握无黏性土坡的稳定分析，了解黏性土坡的稳定分析方法。

技能培养要求

1. 能够进行一般工程情况下的土压力影响因素的分析与计算。
2. 会分析挡土墙的稳定性，能够提出减小挡土墙后土压力的措施。
3. 会分析一般土坡的稳定性。

第一节　概　述

一、挡土结构物

在水利水电、铁路和公路桥梁及工民建等工程建设中，常采用挡土墙来支撑土坡或挡土以免滑塌。例如：支挡建筑物周围填土的挡土墙，房屋地下室的侧墙，桥台，水闸边墙等，如图 5-1 所示。这些结构物都会受到土压力的作用，土体作用在挡土墙上的压力称为土压力。作用于挡土墙背上的土压力是设计挡土墙要考虑的主要荷载。

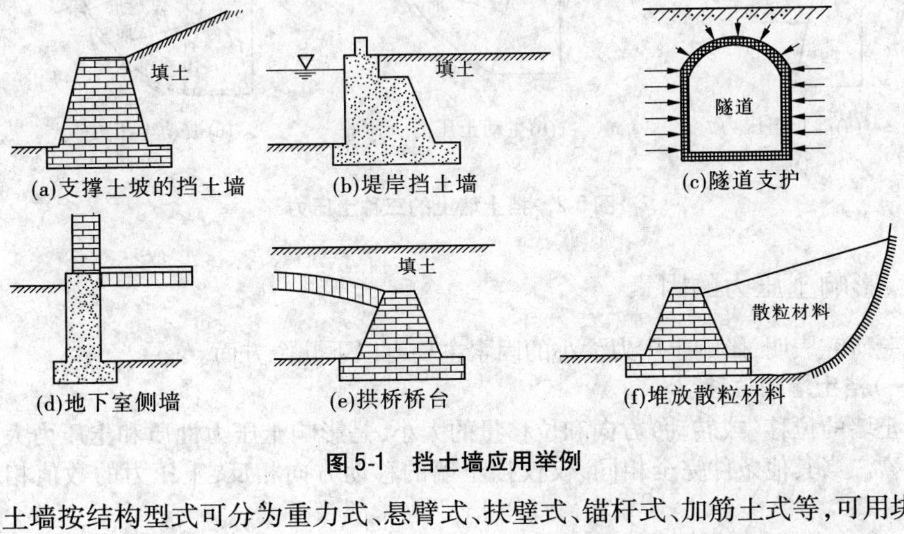

图 5-1　挡土墙应用举例

挡土墙按结构型式可分为重力式、悬臂式、扶壁式、锚杆式、加筋土式等，可用块石、条石、砖、混凝土与钢筋混凝土等材料修建。

二、土压力的概念和类型

挡土墙的设计，一般取单位长度墙体按平面问题考虑。作用于挡土墙上的土压力的计算较为复杂，目前计算土压力的理论仍多采用古典的朗肯土压力理论和库仑土压力理论。大型及特殊构筑物土压力的计算常采用有限元数值分析计算。本任务主要介绍静止土压力的计算、主动土压力及被动土压力计算的朗肯土压力理论和库仑土压力理论及一些特殊情况下的土压力的计算。对非极限土压力的计算请参阅有关书籍及参考文献。

试验表明，土压力的大小主要与挡土墙的位移、挡土墙的形状、墙后填土的性质以及填土的刚度等因素有关，但起决定因素的是墙的位移。根据墙身位移的情况，作用在墙背上的土压力可分为静止土压力、主动土压力和被动土压力三种。

（一）静止土压力

当挡土墙静止不动时，既不能移动也不能转动，这时土体作用在挡土墙的压力称为静止土压力，以 E_0 表示，见图 5-2（a）。例如，地下室外墙在楼面和内隔墙的支撑作用下几乎无位移发生，作用在外墙面上的土压力即为静止土压力。

（二）主动土压力

挡土墙向着背离填土的方向发生移动或转动，随着墙的位移量的逐渐增大，土体作用于墙上的土压力逐渐减小。当墙后土体达到极限平衡状态并出现滑动面时，这时作用于墙上的土压力减至最小，称为主动土压力，以 E_a 表示，见图 5-2（b）。

（三）被动土压力

挡土墙在外力作用下移向填土，随着墙位移量的逐渐增大，土体作用于墙上的土压力逐渐增大，当墙后土体达到被动极限平衡状态并出现滑动面时，这时作用于墙上的土压力增至最大，称为被动土压力，以 E_p 表示，见图 5-2（c）。

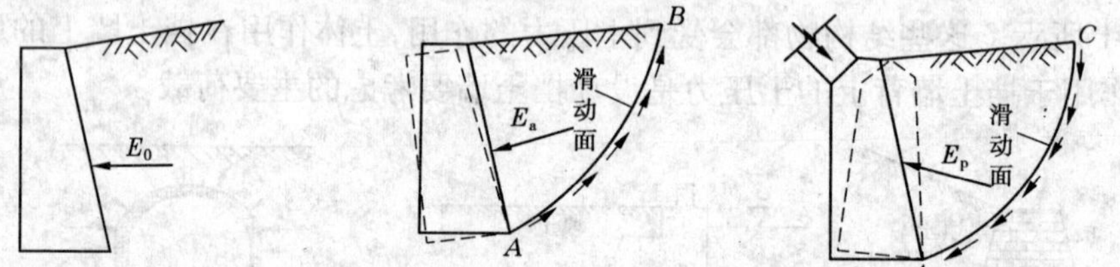

(a)静止土压力　(b)主动土压力　(c)被动土压力

图 5-2　挡土墙上的三种土压力

三、影响土压力的因素

试验研究表明，影响土压力大小的因素主要有以下几个方面。

（一）挡土墙的位移

挡土墙的位移（或转动）方向和位移量的大小，是影响土压力性质和土压力大小的最主要因素。当其他条件完全相同，仅仅挡土墙的移动方向相反，土压力的数值相差可达 20 倍左右。

（二）挡土墙的形状

挡土墙的剖面形状、墙背的坡度以及墙背的光滑程度等，都关系到采用何种土压力计算公式以及土压力计算的结果。

（三）填土性质

填土的松密程度（重度）、干湿程度（含水量）、土的强度指标（内摩擦角和黏聚力），以及填土的表面形状（坡度）等，都影响到土压力的大小。

（四）挡土墙的材料

若挡土墙的材料采用素混凝土或钢筋混凝土，可以认为墙体表面光滑，不计摩擦力。若采用砌石挡土墙，就必须计算摩擦力，因而土压力的大小和方向都不相同。

第二节　静止土压力

一、静止土压力的计算

断面很大的挡土墙，如果修筑在坚硬的地基上，墙体不产生转动和位移，地基也不产生沉降，挡土墙背面的土体处于弹性平衡状态，此时作用在墙背上的土压力为静止土压力 E_0。

由于墙体静止不动，土体无侧向位移，因此可以按照水平向自重应力的计算公式来确定静止土压力大小。若墙后填土为均质，则单位面积上的静止土压力为

$$e_0 = \gamma z K_0 \tag{5-1}$$

式中　e_0——静止土压力强度，kPa；

K_0——静止土压力系数；

γ——填土的重度，kN/m^3；

z——土压力计算点的深度，m。

由式(5-1)可知，静止土压力的大小沿深度呈线性变化趋势，其分布规律如图5-3(a)所示，作用在单位长度挡土墙上的土压力合力大小为

$$E_0 = \frac{1}{2}\gamma H^2 K_0 \tag{5-2}$$

式中　H——挡土墙的高度，m；

其余符号意义同前。

合力的作用点位于离墙角 $H/3$ 处，如图5-3(b)所示。

若墙后填土中有地下水，则计算静止土压力时，水下土的重度应取浮重度（有效重度）。相应静止土压力合力的大小即等于压力分布图形的面积，其表达式为

$$E_0 = \frac{1}{2}\gamma H_1^2 K_0 + \gamma H_1 H_2 K_0 + \frac{1}{2}\gamma' H_2^2 K_0 \tag{5-3}$$

其中，合力作用点位于图形的形心处。

此外，还应考虑水压力的作用，作用在墙背上的总水压力为

$$P_w = \frac{1}{2}\gamma_w H_2^2 \tag{5-4}$$

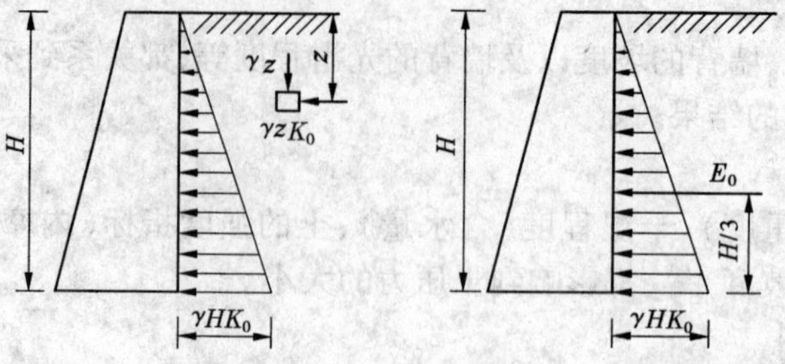

图 5-3　静止土压力计算

其中,水压力作用点距离墙底 $H/3$ 处。

二、静止土压力系数的确定

静止土压力系数 K_0 可以通过室内的或原位的静止土压力试验测定。其物理意义:在不允许有侧向变形的情况下,土样受到轴向压力增量 $\Delta\sigma_1$ 将会引起侧向压力的相应增量 $\Delta\sigma_3$,则比值$\dfrac{\Delta\sigma_3}{\Delta\sigma_1}$称为静止土压力系数或土的侧压力系数 K_0。其确定方法如下。

(一)按照经典弹性力学理论计算

计算公式如下

$$K_0 = \frac{\Delta\sigma_3}{\Delta\sigma_1} = \frac{\mu}{1-\mu} \tag{5-5}$$

式中　μ——墙后填土的泊松比。

(二)半经验公式

对于无黏性土及正常固结黏土,可近似按下列公式计算

$$K_0 = 1 - \sin\varphi' \tag{5-6}$$

式中　φ'——填土的有效摩擦角。

(三)经验取值

砂土:$K_0 = 0.34 \sim 0.45$;黏性土:$K_0 = 0.5 \sim 0.7$。

【例 5-1】　已知某建于基岩上的挡土墙,墙高 $H = 6.0$ m,墙后填土为中砂,重度 $\gamma = 17$ kN/m^3,内摩擦角 $\varphi = 30°$。计算作用在此挡土墙上的静止土压力,并画出静止土压力沿墙背的分布及其合力的作用点位置。

解:因挡土墙建于基岩上,故按静止土压力公式计算。

(1)静止土压力系数:　$K_0 = 1 - \sin\varphi = 1 - \sin30° = 0.5$

(2)墙底静止土压力强度值:$e_0 = \gamma H K_0 = 17 \times 6 \times 0.5 = 51(\text{kPa})$

(3)静止土压力合力:　$E_0 = \dfrac{1}{2}\gamma H^2 K_0 = \dfrac{1}{2} \times 17 \times 6^2 \times 0.5 = 153(\text{kN/m})$

(4)静止土压力合力作用点:$h = \dfrac{H}{3} = \dfrac{6}{3} = 2(\text{m})$

静止土压力沿墙背的分布及其合力的作用点位置如图 5-4 所示。

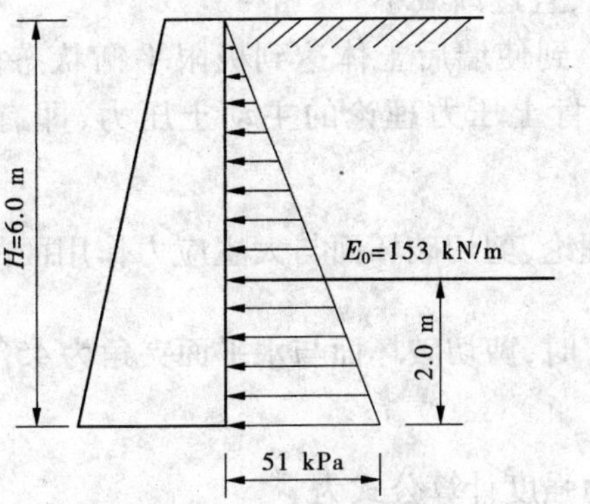

图 5-4　例 5-1 计算图

第三节　朗肯土压力

一、基本原理

1857 年,朗肯研究了半无限土体在自重应力作用下,土体内各点从弹性平衡状态发展为极限平衡状态的应力条件,推导出挡土墙土压力的计算公式,即著名的朗肯土压力理论。

朗肯土压力理论的假设条件如下:

(1)挡土墙的墙背竖直、光滑。

(2)挡土墙墙后填土表面水平。

(3)土体在水平与竖直方向上为均质半无限体,处于极限平衡状态。

二、朗肯主动土压力计算

(一)理论研究

在表面水平的半无限空间弹性土体内,每一个竖直面都是对称面,因此竖直和水平截面上的剪应力都等于零,则相应截面上的法向应力都是主应力。如图 5-5(a)所示,当挡土墙背离土体向左逐渐平移时,墙后土体中任意深度 z 处单元体的应力状态将随之变化。此时,单元体的竖直法向应力是大主应力,且保持不变,即有 $\sigma_1=\sigma_z=\gamma z$;而水平法向应

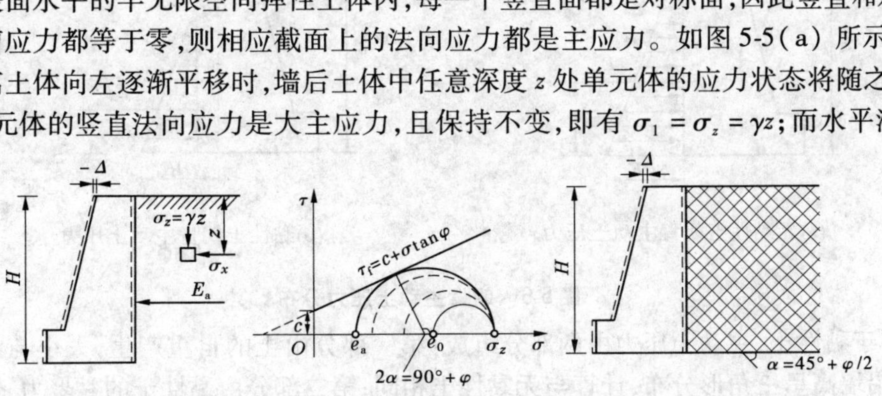

(a)计算简图　(b)应力状态示意　(c)主动破坏剪切面示意

图 5-5　朗肯主动土压力计算

力是小主应力，即 $\sigma_3=\sigma_x$，且逐渐减小。

当水平法向应力减小到使墙后土体达到极限平衡状态(莫尔应力圆与强度包线相切)时，小主应力即为朗肯土压力理论的主动土压力，即有 $e_a=\sigma_3=\sigma_x$，如图 5-5(b)所示。

根据土力学的强度理论，剪切破坏面与大主应力作用面的夹角是 $45°+\frac{\varphi}{2}$。因此，墙后土体达到极限平衡状态时，剪切破坏面与水平面夹角为 $45°+\frac{\varphi}{2}$，如图 5-5(c)所示。

(二)计算公式

黏性土的主动土压力强度计算公式为

$$e_a=\gamma zK_a-2c\sqrt{K_a} \tag{5-7}$$

对于无黏性土，因为土的黏聚力 $c=0$，则有

$$e_a=\gamma zK_a \tag{5-8}$$

式中 e_a——主动土压力强度，kPa；

K_a——主动土压力系数，$K_a=\tan^2(45°-\frac{\varphi}{2})$；

γ——墙后填土的重度，地下水位以下用有效重度，kN/m^3；

c——墙后填土的黏聚力，kPa；

φ——填土内摩擦角，(°)；

z——计算点深度，m。

(三)主动土压力分布

对于无黏性土，墙顶部主动土压力等于 0，墙底部 $z=H$ 处，$e_a=\gamma HK_a$。主动土压力沿墙高呈三角形分布，如图 5-6(a)所示。

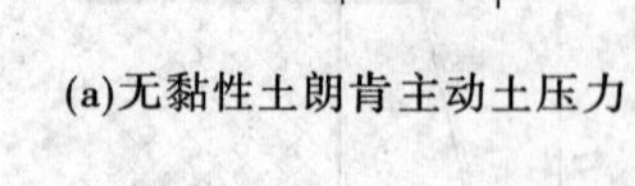

(a)无黏性土朗肯主动土压力

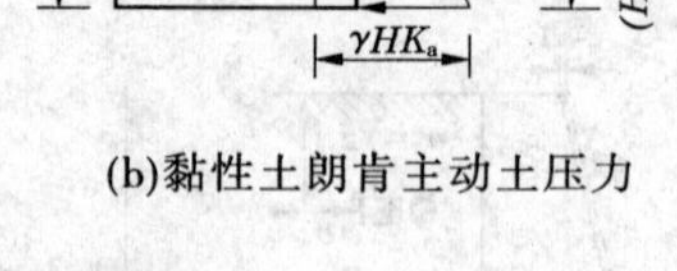

(b)黏性土朗肯主动土压力

图 5-6 朗肯主动土压力分布

对于黏性土，主动土压力由两部分组成：第一部分由土的自重产生，大小与深度 z 成正比，沿墙高呈三角形分布，计算与无黏性土相同；第二部分由黏性土的黏聚力 c 产生，与深度 z 无关，是一个常数 $-2c\sqrt{K_a}$。这两部分土压力叠加后，如图 5-6(b)所示。墙顶部土压力三角形 aed 对墙顶部的作用力为负值，即拉力。但墙与土并非整体，实际结果是墙与

土分离，墙顶部 ae 段土压力作用为零。因此，黏性土的主动土压力分布只有三角形 abc 部分，墙底 $z=H$ 处，$e_a=\gamma HK_a-2c\sqrt{K_a}$。

（四）总主动土压力

沿墙体长度方向取 1 m 进行计算。对于无黏性土，作用在单位长度挡土墙上的总主动土压力如图 5-6（a）所示，即为三角形的面积：$E_a=\dfrac{1}{2}\gamma H^2K_a$。总主动土压力的作用点位于主动土压力三角形分布图形的重心，即墙底面以上 $H/3$ 处。

对于黏性土，如图 5-6（b）所示，土压力为零的 a 点，其深度 z_0 称为临界深度，此处 $e_a=0$，则有

$$z_0=\frac{2c}{\gamma\sqrt{K_a}} \tag{5-9}$$

作用在单位长度挡土墙上的总主动土压力就等于分布图上三角形 abc 的面积，即

$$E_a=\frac{1}{2}(\gamma HK_a-2c\sqrt{K_a})(H-z_0)=\frac{1}{2}\gamma H^2K_a-2cH\sqrt{K_a}+\frac{2c^2}{\gamma} \tag{5-10}$$

总主动土压力的作用点位于主动土压力三角形分布图形的重心，即墙底面以上 $(H-z_0)/3$ 处，如图 5-6（b）所示。

三、朗肯被动土压力计算

（一）理论研究

当挡土墙在推力的作用下从水平方向均匀地压缩墙后土体，则土体中深度 z 处的应力状态将随之产生变化。如图 5-7（a）所示，竖直法向应力 $\sigma_z=\gamma z$ 保持不变，而水平法向应力 $\sigma_x=\gamma zK_0$ 将不断增大并最终超过 σ_z。当水平法向应力增大到使墙后土体达到极限平衡状态（莫尔应力圆与强度包线相切）时，水平法向应力即为朗肯土压力理论的被动土压力，即有 $e_p=\sigma_1=\sigma_x$，如图 5-7（b）所示。

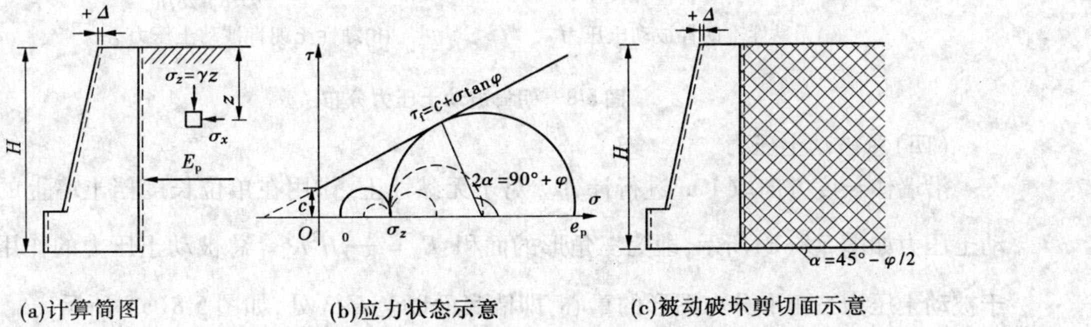

(a)计算简图　(b)应力状态示意　(c)被动破坏剪切面示意

图 5-7　朗肯被动土压力计算

根据土力学的强度理论，剪切破坏面与大主应力作用面的夹角是 $45°+\dfrac{\varphi}{2}$。墙后土体达到极限平衡状态时，大主应力为水平应力 σ_x，其作用面是竖直面，故剪切破坏面与竖

直面的夹角为 $45° + \frac{\varphi}{2}$(与水平面的夹角 $45° - \frac{\varphi}{2}$),如图 5-7(c)所示。

(二)计算公式

黏性土的被动土压力强度计算公式为

$$e_p = \gamma z K_p + 2c\sqrt{K_p} \tag{5-11}$$

对于无黏性土,因为土的黏聚力 $c = 0$,则有

$$e_p = \gamma z K_p \tag{5-12}$$

式中 e_p——被动土压力强度,kPa;

K_p——被动土压力系数,$K_p = \tan^2(45° + \frac{\varphi}{2})$。

(三)被动土压力分布

对于无黏性土,墙顶部被动土压力等于 0,墙底部 $z = H$ 处,$e_p = \gamma H K_p$。被动土压力沿墙高呈三角形分布,如图 5-8(a)所示。

对于黏性土,被动土压力由两部分组成:第一部分由土的自重产生,大小与深度 z 成正比,沿墙高呈三角形分布,计算与无黏性土相同;第二部分由黏性土的黏聚力 c 产生,与深度 z 无关,是一个常数 $2c\sqrt{K_p}$。这两部分土压力叠加后,呈梯形分布,如图 5-8(b)所示。墙顶部 $z = 0$,$e_p = 2c\sqrt{K_p}$;墙底部 $z = H$ 处,$e_p = \gamma H K_p + 2c\sqrt{K_p}$。

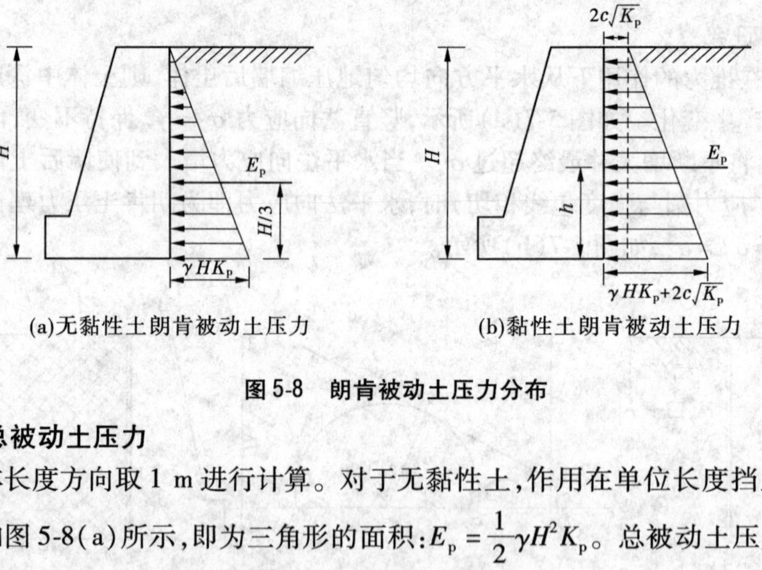

(a)无黏性土朗肯被动土压力　　(b)黏性土朗肯被动土压力

图 5-8　朗肯被动土压力分布

(四)总被动土压力

沿墙体长度方向取 1 m 进行计算。对于无黏性土,作用在单位长度挡土墙上的总主动土压力如图 5-8(a)所示,即为三角形的面积:$E_p = \frac{1}{2}\gamma H^2 K_p$。总被动土压力的作用点位于被动土压力三角形分布图形的重心,即墙底面以上 $H/3$ 处,如图 5-8(a) 所示。

对于黏性土,如图 5-8(b)所示,作用在单位长度挡土墙上的总被动土压力就等于分布图上梯形的面积,即

$$E_p = \frac{1}{2}\gamma H^2 K_p + 2cH\sqrt{K_p} \tag{5-13}$$

总被动土压力的作用点位于被动土压力梯形分布图形的重心,距离墙底面的距离 $h =$

$\dfrac{6c+\gamma H\sqrt{K_p}}{12c+3\gamma H\sqrt{K_p}}H$,如图 5-8(b)所示。

【例 5-2】 有一混凝土挡土墙如图 5-9 所示,墙高 6.0 m,墙背竖直、光滑,墙后填土面水平。填土为中砂,重度 $\gamma=19.0\ \text{kN/m}^3$,内摩擦角 $\varphi=30°$。试计算作用在此挡土墙上的主动土压力和被动土压力,并画出土压力分布图。

解:由题意可知墙背竖直、光滑,填土表面水平,符合朗肯假定。

(1)主动土压力计算。

主动土压力系数 $K_a=\tan^2(45°-\dfrac{\varphi}{2})=\tan^2(45°-\dfrac{30°}{2})=1/3$

墙顶处主动土压力强度 $e_a^{上}=0$

墙底处主动土压力强度 $e_a^{下}=\gamma HK_a=19\times6\times1/3=38(\text{kPa})$

总主动土压力 $E_a=\dfrac{1}{2}\gamma H^2K_a=\dfrac{1}{2}\times19\times6^2\times1/3=114(\text{kN/m})$

主动土压力合力作用点距离墙底 2 m。

(2)被动土压力计算。

被动土压力系数 $K_p=\tan^2(45°+\dfrac{\varphi}{2})=\tan^2(45°+\dfrac{30°}{2})=3$

墙顶处被动土压力强度 $e_p^{上}=0$

墙底处被动土压力强度 $e_p^{下}=\gamma HK_p=19\times6\times3=342(\text{kPa})$

总被动土压力 $E_p=\gamma H^2K_p/2=19\times6^2\times3/2=1\ 026(\text{kN/m})$

被动土压力合力作用点距离墙底 2 m。

(3)挡土墙上的主动、被动土压力分布图(见图 5-9)。

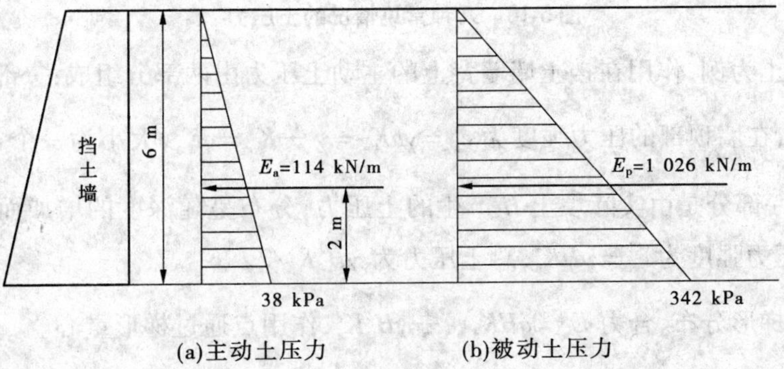

图 5-9 例 5-2 图

四、几种常见情况的土压力

以上介绍的公式均假定墙后填土为均质的情况,实际工程中常常会遇到填土上有超载的情况,土是多层的非均质土,可能存在地下水等情况,计算方法具体如下。

(一)填土表面有均布荷载

如图 5-10(a)所示,当墙后填土表面上作用有均布荷载 q 时,可把均布荷载看做虚拟的填土层,虚拟填土层的性质与填土相同,虚拟填土层厚度 $h = q/\gamma$ 。

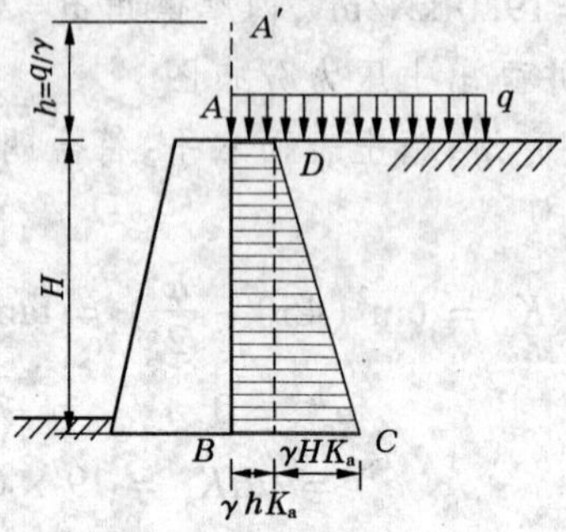

(a)填土表面有均布荷载

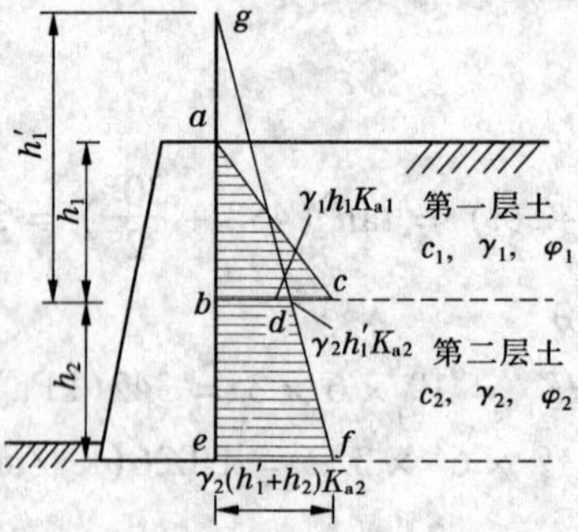

(b)填土分层

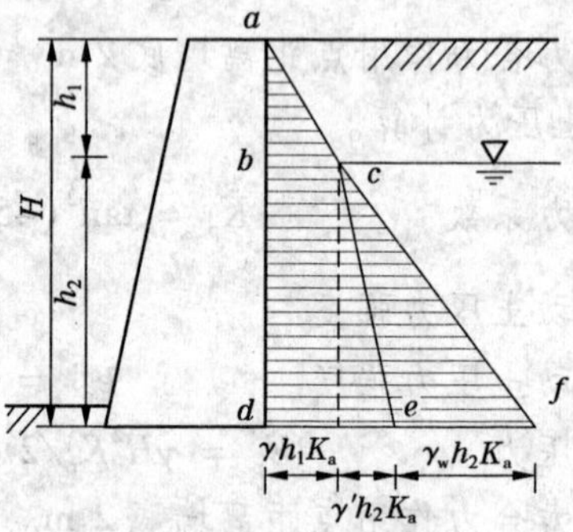

(c)填土中有地下水

图 5-10　几种常见情况的土压力

以无黏性土为例,作用在挡土墙墙背上的主动土压力由两部分组成:一部分是由均布荷载 q 产生的,在墙顶部的压力强度为 $e_a^1 = \gamma h K_a = \gamma \dfrac{q}{\gamma} K_a = qK_a$,大小为一个常数,总土压力为 qHK_a;另一部分是由实际填土 H 产生的土压力,分布呈随深度的增加而增加的三角形,墙底处的压力强度为 $e_a^2 = \gamma H K_a$,总土压力为 $\gamma H^2 K_a/2$。

土压力呈梯形分布,合力 $E_a = qHK_a + \dfrac{1}{2}\gamma H^2 K_a$,作用点通过梯形重心。

被动土压力与主动土压力计算原理相同、分布相似,$E_p = qHK_p + \dfrac{1}{2}\gamma H^2 K_p$。

(二)墙后填土分层

如图 5-10(b)所示,当挡土墙的墙后填土由几层不同性质的水平土层构成时,土压力计算分第一层土、第二层土等依次叠加。

对于第一层土,厚度 h_1,填土指标 γ_1、c_1、φ_1,土压力计算与前面单层土计算方法相同。计算第二层土的土压力时,将第一层土按重度换算成与第二层土相同重度的土层,当填土

层厚度 $h_1' = h_1 \dfrac{\gamma_1}{\gamma_2}$，然后按照高度为 $h_1' + h_2$ 来计算第二层的土压力，如图中△*gef* 所示，第二层范围内的梯形 *bdfe* 部分土压力即为所求。

以下各层土压力计算原理相同。另外，由于上下土层的性质与指标不同，对应的土压力系数也不相同，因此交界面上下土压力的数值不一定相同，会出现突变。

（三）填土中有地下水

如图 5-10(c)所示，当挡土墙后的填土中有地下水时，这时作用在挡土墙上的压力除土压力外，还有水压力的作用。在计算挡土墙所受的总侧向压力时，对地下水位以上部分的土压力计算同前，对地下水位以下部分的土压力和水压力的计算，通常将两部分分别计算后相加。

在地下水位以下，土体的重度采用有效重度 γ' 计算，并计算水压力。例如水深 h_2，水下土层对墙底处的土压力强度 $e_a = \gamma' h_2 K_a$，总的水压力 $P_w = \dfrac{1}{2}\gamma_w h_2^2$。

【例 5-3】 某挡土墙高度 $H = 6$ m，墙背竖直、光滑，墙后填土表面水平。填土上作用有均布荷载 $q = 18$ kPa。填土为粗砂，重度 $\gamma = 18$ kN/m^3，内摩擦角 $\varphi = 30°$。计算作用在此挡土墙上的主动土压力及其分布。

解：首先将填土表面作用的均布荷载 q 折算成当量土层高度

$$h = q/\gamma = 18/18 = 1(\text{m})$$

将墙背 *AB* 向上延长 1 m 至 *A'* 点。此时计算墙高为 $h + H = 1 + 6 = 7(\text{m})$

主动土压力系数 $K_a = \tan^2(45° - \varphi/2) = \tan^2(45° - 30°/2) = 1/3$

原挡土墙顶 *A* 处的主动土压力强度 $e_a^1 = \gamma h K_a = q K_a = 18 \times 1/3 = 6(\text{kPa})$

挡土墙底 *B* 处的主动土压力强度 $e_a^2 = \gamma(h + H)K_a = 18 \times 7 \times 1/3 = 42(\text{kPa})$

总主动土压力 $E_a = \dfrac{1}{2}(e_a^1 + e_a^2)H = \dfrac{1}{2} \times (6 + 42) \times 6 = 144(\text{kN/m})$

总主动土压力分布呈梯形 *ABCD*，总主动土压力作用点位于梯形的重心。

此挡土墙上的主动土压力计算结果及其分布如图 5-11 所示。

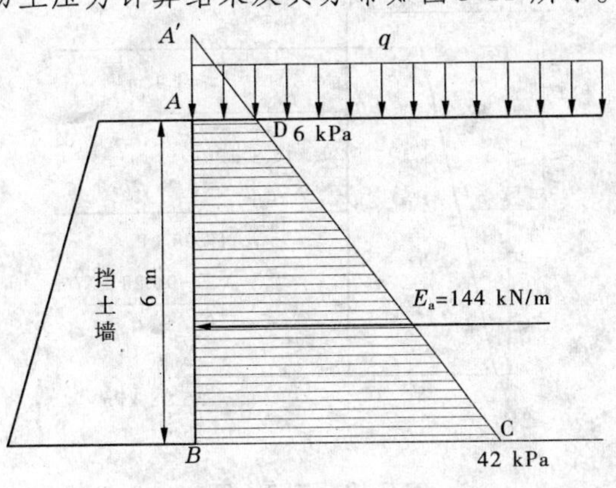

图 5-11　例 5-3 图

【例 5-4】 某混凝土挡土墙高度 $H=6.0\ \text{m}$,墙背竖直、光滑,墙后填土分两层,各 3 m 厚。上层黏土重度 $\gamma_1=19\ \text{kN/m}^3$,内摩擦角 $\varphi_1=16°$,黏聚力 $c_1=10\ \text{kPa}$;下层重度 $\gamma_2=17.0\ \text{kN/m}^3$,内摩擦角 $\varphi_2=30°$。试计算作用在此挡土墙上的总主动土压力及其分布。

解:已知条件符合朗肯土压力理论,上层填土为黏性土,墙顶部土压力为零。

第一层土的压力系数 $$K_{a1}=\tan^2(45°-\frac{\varphi_1}{2})=\tan^2(45°-8°)\approx 0.568$$

计算临界深度 $$z_0=\frac{2c_1}{\gamma_1\sqrt{K_{a1}}}=\frac{2\times 10}{19\times 0.754}\approx 1.4(\text{m})$$

两层分界面处第一层土底部的土压力强度

$$\begin{aligned}e_{a1}&=\gamma_1 h_1 K_{a1}-2c_1\sqrt{K_{a1}}=19\times 3\times 0.568-2\times 10\times 0.754\\&=32.376-15.080=17.296\approx 17.3(\text{kPa})\end{aligned}$$

计算第二层填土的土压力强度,需要先将第一层土折算成当量土层,其厚度

$$h_1'=h_1\frac{\gamma_1}{\gamma_2}=3\times\frac{19}{17}\approx 3.35(\text{m})$$

第二层土的压力系数 $$K_{a2}=\tan^2(45°-\frac{\varphi_2}{2})=\tan^2(45°-15°)=\frac{1}{3}$$

第二层顶面土压力强度 $$e_{a2}=\gamma_2 h_1' K_{a2}=17\times 3.35\times\frac{1}{3}=18.98(\text{kPa})$$

第二层底面土压力强度

$$e_{a3}=\gamma_2(h_1'+h_2)K_{a2}=17\times(3.35+3)\times\frac{1}{3}=35.98(\text{kPa})$$

土压力分布如图 5-12 所示,上层为三角形 abc,下层为梯形 $bdfe$,总主动土压力

$$\begin{aligned}E_a&=e_{a1}(h_1-z_0)/2+(e_{a2}+e_{a3})h_2/2=17.3\times(3-1.4)/2+(18.98+35.98)\times 3/2\\&=13.84+82.44=96.28(\text{kN/m})\end{aligned}$$

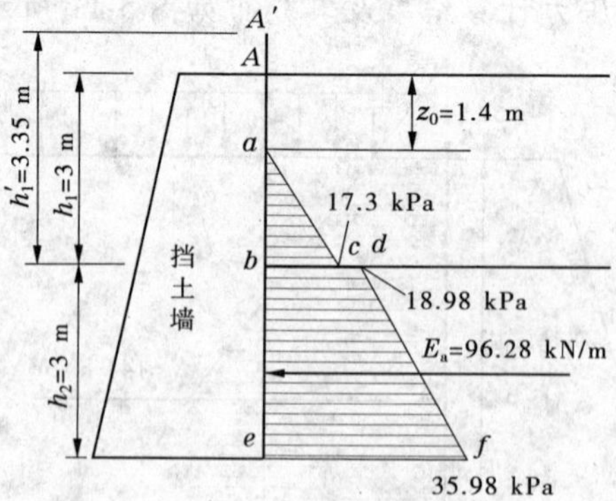

图 5-12 例 5-4 图

第四节　库仑土压力

一、基本原理

库仑于 1776 年提出了库仑土压力理论，它是根据墙后土体处于极限平衡状态时形成一个滑动楔体的静力平衡条件得出的土压力计算理论。

库仑土压力理论的假设条件为：

(1)墙背俯斜、粗糙，墙后填土为均质的无黏性土，填土表面倾斜。

(2)墙后土体处于极限平衡状态时形成一个滑动楔体，滑动面为一经过墙踵的平面。

(3)不考虑滑动楔体本身的压缩变形。

二、主动土压力

如图 5-13(a)所示，挡土墙的墙高为 H，倾角为 ε，墙与土之间的摩擦角为 δ，填土表面倾斜且与水平面成 β 角，墙后填土的内摩擦角 φ，墙后的填土沿某一破裂面 BC 破坏，破裂面 BC 与水平面之间的倾角为 α，整个土体沿着墙背 AB 及破裂面 BC 同时下滑，形成一个滑动的楔体 $\triangle ABC$。取滑动楔体为隔离体，受到的作用力有：

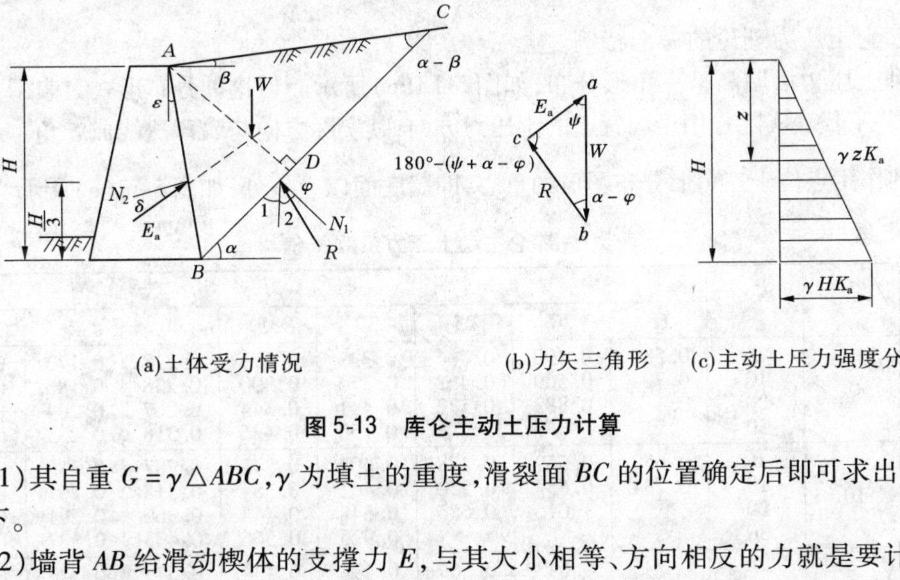

(a)土体受力情况　(b)力矢三角形　(c)主动土压力强度分布

图 5-13　库仑主动土压力计算

(1)其自重 $G=\gamma\triangle ABC$，γ 为填土的重度，滑裂面 BC 的位置确定后即可求出自重，方向向下。

(2)墙背 AB 给滑动楔体的支撑力 E，与其大小相等、方向相反的力就是要计算的土压力，该力与墙背法线方向之间的交角为 δ。因为土体下滑时，墙给予土体的阻力方向向上，因此 E 在法线 N_2 的下侧。

(3)在滑动面 BC 上作用的反力 R，大小未知，它的方向与 BC 面的法线 N_1 之间的交角为墙背填土的内摩擦角，位于法线下方。

滑动楔体 ABC 在上述三个力的共同作用下处于静力平衡状态，因此这一组平衡力系可以组成一个封闭的力矢三角形 abc，如图 5-13(b)所示令 W 与 E_a 之间夹角为 ψ($\psi=90°-\varepsilon-\delta$)，则 E_a 与 R 之间的夹角为 $180°-(\psi+\alpha-\varphi)$。取不同的滑动面(改变坡角

α)，则 W 、E 与 R 的数值以及方向将随之变化，找出最大的 E 值（此时，该滑动面为最危险滑动面），即为所求的主动土压力 E_a。由力矢三角形不难证明三角形各角的数值，整理后得到无黏性土的库仑主动土压力计算公式

$$E_a = \frac{1}{2}\gamma H^2 K_a \tag{5-14}$$

$$K_a = \frac{\cos^2(\varphi - \varepsilon)}{\cos^2\varepsilon\cos(\delta + \varepsilon)\left[1 + \sqrt{\frac{\sin(\delta + \varphi)\sin(\varphi - \beta)}{\cos(\delta + \varepsilon)\cos(\varepsilon - \beta)}}\right]^2} \tag{5-15}$$

式中 K_a——主动土压力系数，可由表 5-1 查得；

δ——墙背与填土之间的摩擦角，可由试验确定或参考表 5-2 确定；

H——挡土墙高度，m；

γ——墙后填土重度，kN/m^3；

φ——填土内摩擦角，(°)；

ε——墙背倾角，(°)，俯斜时取正号，仰斜时取负号；

β——墙后填土面的倾角，(°)。

式(5-14)与朗肯土压力计算公式的形式相同，但土压力系数计算公式不同。当 $\varepsilon = 0, \delta = 0, \beta = 0$ 时，有 $K_a = \tan^2(45° - \frac{\varphi}{2})$，与朗肯主动土压力系数一致，这说明朗肯土压力理论是库仑土压力理论的一个特例。

主动土压力沿墙高呈三角形分布，如图 5-13(c)所示。但这种分布形式只表示土压力的大小，并不代表实际作用于墙背上的土压力方向，其实际方向与墙背法线成 δ 角。总主动土压力的作用点位于三角形分布图形的重心，即墙底面以上 $\frac{H}{3}$ 处，如图 5-13(c)所示。

表 5-1 库仑主动土压力系数 K_a 值

δ	ε	β	φ							
			15	20	25	30	35	40	45	50
0	0	0	0.589	0.490	0.406	0.333	0.271	0.217	0.172	0.132
		10	0.704	0.569	0.462	0.374	0.300	0.238	0.186	0.142
		20		0.883	0.572	0.441	0.344	0.267	0.204	0.154
		30				0.750	0.436	0.318	0.235	0.172
	10	0	0.652	0.559	0.478	0.407	0.343	0.287	0.238	0.194
		10	0.784	0.654	0.550	0.461	0.384	0.318	0.261	0.211
		20		1.015	0.684	0.548	0.444	0.360	0.291	0.232
		30				0.925	0.566	0.433	0.337	0.262
	20	0	0.735	0.648	0.569	0.498	0.434	0.375	0.322	0.274
		10	0.895	0.767	0.662	0.572	0.492	0.421	0.358	0.302
		20		1.205	0.833	0.687	0.576	0.483	0.405	0.337
		30				1.169	0.740	0.586	0.474	0.385
	−10	0	0.539	0.433	0.344	0.270	0.209	0.158	0.117	0.083
		10	0.643	0.500	0.389	0.301	0.229	0.171	0.125	0.088
		20		0.785	0.482	0.353	0.261	0.190	0.136	0.094
		30				0.614	0.331	0.226	0.155	0.104
	−20	0	0.497	0.380	0.287	0.212	0.153	0.105	0.070	0.043
		10	0.594	0.438	0.323	0.234	0.166	0.114	0.074	0.045
		20		0.707	0.401	0.274	0.188	0.125	0.080	0.047
		30				0.498	0.239	0.147	0.090	0.051

续表 5-1

δ	ε	β	φ							
			15	20	25	30	35	40	45	50
10	0	0	0.533	0.447	0.373	0.308	0.253	0.204	0.163	0.127
		10	0.664	0.531	0.431	0.350	0.282	0.225	0.177	0.136
		20		0.897	0.549	0.420	0.326	0.254	0.195	0.148
		30				0.762	0.423	0.306	0.226	0.166
	10	0	0.603	0.520	0.448	0.384	0.326	0.275	0.229	0.189
		10	0.759	0.626	0.524	0.440	0.368	0.307	0.253	0.206
		20		1.064	0.674	0.534	0.432	0.351	0.283	0.227
		30				0.969	0.564	0.427	0.332	0.258
	20	0	0.695	0.615	0.543	0.478	0.419	0.365	0.316	0.271
		10	0.890	0.752	0.646	0.558	0.481	0.414	0.354	0.300
		20		1.308	0.844	0.687	0.573	0.481	0.403	0.337
		30				1.268	0.758	0.593	0.478	0.388
	-10	0	0.476	0.385	0.309	0.245	0.191	0.146	0.109	0.078
		10	0.590	0.455	0.354	0.275	0.211	0.159	0.116	0.082
		20		0.773	0.450	0.328	0.242	0.177	0.127	0.088
		30				0.605	0.313	0.212	0.146	0.098
	-20	0	0.427	0.330	0.252	0.188	0.137	0.096	0.064	0.039
		10	0.529	0.388	0.286	0.209	0.149	0.103	0.068	0.041
		20		0.675	0.364	0.248	0.170	0.114	0.073	0.044
		30				0.475	0.220	0.135	0.082	0.047
15	0	0	0.518	0.434	0.363	0.301	0.248	0.201	0.160	0.125
		10	0.655	0.522	0.423	0.343	0.277	0.221	0.174	0.135
		20		0.914	0.546	0.415	0.323	0.251	0.194	0.147
		30				0.776	0.422	0.305	0.225	0.165
	10	0	0.592	0.511	0.441	0.378	0.323	0.273	0.228	0.188
		10	0.759	0.622	0.520	0.437	0.366	0.305	0.252	0.206
		20		1.103	0.679	0.535	0.432	0.350	0.284	0.228
		30				1.005	0.570	0.430	0.333	0.260
	20	0	0.690	0.611	0.540	0.476	0.419	0.336	0.317	0.273
		10	0.903	0.757	0.649	0.560	0.483	0.416	0.357	0.303
		20		1.382	0.862	0.697	0.579	0.486	0.408	0.341
		30				1.341	0.778	0.605	0.487	0.395
	-10	0	0.457	0.371	0.298	0.237	0.186	0.142	0.106	0.076
		10	0.575	0.441	0.344	0.267	0.205	0.155	0.114	0.081
		20		0.776	0.441	0.320	0.236	0.174	0.125	0.087
		30				0.607	0.308	0.209	0.143	0.097
	-20	0	0.405	0.314	0.240	0.180	0.132	0.093	0.062	0.038
		10	0.509	0.372	0.274	0.201	0.144	0.100	0.066	0.040
		20		0.667	0.352	0.239	0.164	0.110	0.071	0.042
		30				0.470	0.214	0.131	0.080	0.046
20	0	0			0.357	0.297	0.245	0.199	0.160	0.125
		10			0.419	0.340	0.275	0.220	0.174	0.135
		20			0.547	0.414	0.322	0.250	0.193	0.147
		30				0.798	0.425	0.305	0.225	0.166
	10	0			0.438	0.377	0.322	0.273	0.229	0.190
		10			0.521	0.438	0.367	0.306	0.254	0.207
		20			0.690	0.540	0.435	0.354	0.286	0.230
		30				1.051	0.582	0.437	0.338	0.263
	20	0			0.543	0.479	0.422	0.370	0.321	0.277
		10			0.659	0.568	0.490	0.423	0.363	0.309
		20			0.890	0.714	0.592	0.496	0.417	0.349
		30				1.434	0.807	0.624	0.501	0.406
	-10	0			0.291	0.232	0.182	0.140	0.105	0.076
		10			0.337	0.262	0.202	0.153	0.113	0.080
		20			0.436	0.316	0.233	0.171	0.123	0.086
		30				0.614	0.306	0.207	0.142	0.096
	-20	0			0.232	0.174	0.128	0.090	0.061	0.038
		10			0.266	0.195	0.140	0.097	0.064	0.039
		20			0.344	0.233	0.160	0.108	0.069	0.042
		30				0.468	0.210	0.129	0.079	0.045

注:表中角度单位为(°)。

表 5-2　墙背与填土之间的摩擦角 δ

挡土墙墙背粗糙度及填土排水情况	δ
墙背平滑，排水不良	$\varphi/3$
墙背粗糙，排水良好	$\varphi/3 \sim \varphi/2$
墙背很粗糙，排水良好	$\varphi/2 \sim 2\varphi/3$

【例 5-5】　某挡土墙高 $H = 4.8$ m，墙背倾角 $\varepsilon = 10°$，墙后的填土倾角 $\beta = 10°$，墙背与填土间的摩擦角 $\delta = 20°$。墙后填土为中砂，$\gamma = 17.5$ kN/m^3，内摩擦角 $\varphi = 30°$。试计算作用在此挡土墙上的主动土压力 E_a，并画出土压力沿墙背的分布以及合力的方向。

解：

由 $\delta = 20°, \varphi = 30°, \varepsilon = \beta = 10°$，由公式或查表得 $K_a = 0.438$。

故
$$E_a = \frac{1}{2}\gamma H^2 K_a = \frac{1}{2} \times 17.5 \times 4.8^2 \times 0.438 = 88.3(\text{kN/m})$$

主动土压力呈三角形分布，合力作用点离墙踵高

$$h = H/3 = 4.8/3 = 1.6(\text{m})$$

主动土压力 E_a 的作用方向与墙背的法向线 N—N 成 $\delta = 20°$，位于该法线的上侧，如图 5-14 所示。

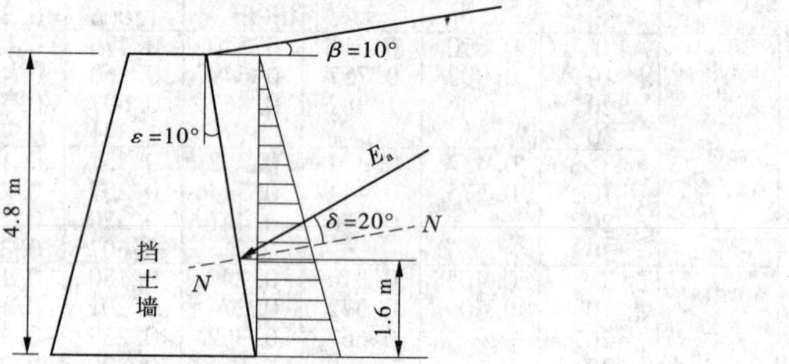

图 5-14　例 5-5 图

三、被动土压力

挡土墙在外力作用下向后移动，推向填土，使滑动楔体△ABC 达到极限平衡状态，墙后填土沿墙背 AB 面和填土内某一滑动面 BC 同时向上滑动。取滑动楔体△ABC 为隔离体进行受力分析，如图 5-15 所示。

(1)取挡土墙 1 延米宽，楔体自重 W。

(2)墙背 AB 对滑动楔体的推力 E_p，该支撑力与被动土压力大小相等，方向相反。因为土楔体向上滑动，墙背给土体的推力朝斜下方向，故推力 E_p 的方向位于墙背法线上方，与之成 δ 角，如图 5-15(a)所示。

(3)墙后填土中的滑动面 BC 上，作用着下方土体对滑动楔体的反力 R。R 的方向与滑动面 BC 的法线成 φ 角。因为土楔体向上滑动，故支撑力 R 在法线的上方。

如图 5-15(b)所示,由力矢三角形 abc 可知:W 与 R 的夹角为 $\alpha+\varphi$,令 W 与 E_p 之间夹角为 $\psi(\psi=90°-\varepsilon+\delta)$,则 E_p 与 R 之间的夹角为 $180°-(\psi+\alpha+\varphi)$。

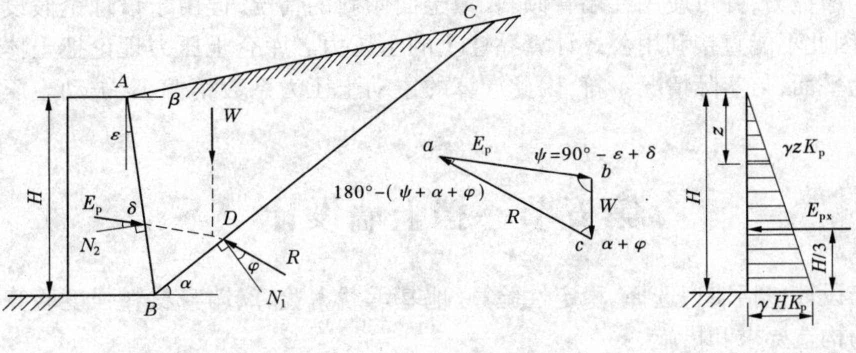

(a)土体受力情况　　(b)力矢三角形　　(c)主动土压力强度分布图

图 5-15　库仑被动土压力计算

与主动土压力计算原理相同,可得无黏性土库仑被动土压力 E_p 为

$$E_p=\frac{1}{2}\gamma H^2K_p \tag{5-16}$$

$$K_p=\frac{\cos^2(\varphi+\varepsilon)}{\cos^2\varepsilon\cos(\delta-\varepsilon)\left[1-\sqrt{\dfrac{\sin(\delta+\varphi)\sin(\varphi+\beta)}{\cos(\delta-\varepsilon)\cos(\varepsilon-\beta)}}\right]^2} \tag{5-17}$$

式中　K_p——被动土压力系数;

其他符号含义同式(5-15)。

式(5-16)与朗肯被动土压力理论公式形式完全相同,但被动土压力系数公式不同。当 $\varepsilon=0$、$\delta=0$、$\beta=0$ 时,代入式(5-17)得 $K_p=\tan^2(45°+\dfrac{\varphi}{2})$,与朗肯被动土压力系数一致,证实了朗肯土压力理论是库仑土压力理论的特例。

与无黏性土朗肯被动土压力的分布类似,库仑被动土压力沿墙高呈三角形分布,墙顶部 $z=0$ 时,$e_p=0$,墙底部 $z=H$ 时,$e_p=\gamma HK_p$,如图 5-15(c)所示。但这种分布形式只表示土压力大小,并不代表实际作用于墙背上的土压力方向。总被动土压力的作用点位于被动土压力三角形分布图形的重心,即墙底面以上 $H/3$ 处,如图 5-15(c)所示。

四、朗肯土压力理论与库仑土压力理论的比较

朗肯土压力理论与库仑土压力理论是在各自的假设条件下,应用不同的分析方法得到的土压力假设公式。只有在最简单的情况下(墙背竖直、光滑,填土表面水平),用这两种理论计算的结果才相等,否则便得出不同的结果。因此,应根据实际情况合理选择使用。

朗肯土压力理论从半无限土体中一点的极限平衡应力状态出发,直接求得墙背上各点的土压力强度分布,其公式简单,便于记忆,对于黏性土和无黏性土均适用,因此在工程上得到广泛使用。但由于假设条件的原因,在使用上受到限制,并且该理论忽略了墙背与

填土之间摩擦力的影响，使计算的主动土压力偏大，而被动土压力偏小。

库仑土压力理论根据墙后土楔体的静力平衡条件得出土压力计算公式，考虑了墙背与土之间的摩擦力，并可应用在墙背倾斜、填土面倾斜的情况，但由于该理论假设填土是无黏性土，因此不能直接利用公式计算黏性土的土压力。库仑土压力理论把土体中的滑动面假定为平面，与实际情况不符，因此计算的主动土压力系数稍偏小，被动土压力系数偏高。

第五节　挡土墙设计

挡土墙设计包括墙型选择、稳定性验算、地基承载力验算、墙身材料强度验算以及一些设计中的构造要求和措施。

一、挡土墙类型

常用的挡土墙型式有重力式、悬臂式、扶壁式、锚杆及锚定板式和加筋土挡土墙等。一般应根据工程需要、土质情况、材料供应、施工技术以及造价等因素合理选择。

（一）重力式挡土墙

重力式挡土墙一般由块石或混凝土材料砌筑，墙身截面较大。根据墙背的倾斜方向可分为仰斜、直立和俯斜三种，如图5-16所示。墙高一般小于8 m，当高度为8～12 m时，宜采用衡重式（见图5-16(d)），衡重式挡土墙墙背设有衡重台（减荷台），能利用衡重台上部填土的重力且重心后移以增加稳定性。重力式挡土墙依靠墙身自重抵抗土压力引起的倾覆弯矩。它结构简单，施工方便，能就地取材，在建筑工程中应用最广。

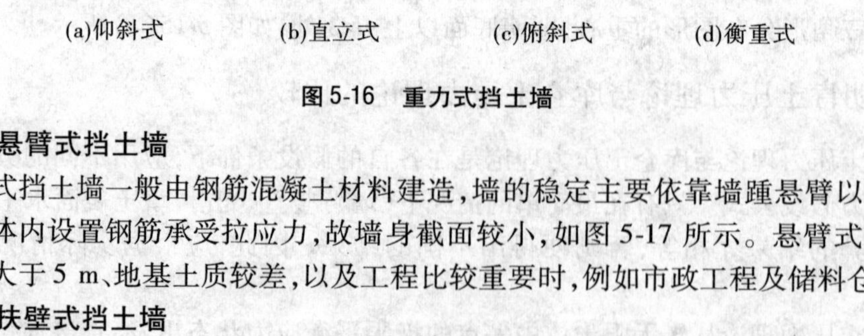

图5-16　重力式挡土墙

（二）悬臂式挡土墙

悬臂式挡土墙一般由钢筋混凝土材料建造，墙的稳定主要依靠墙踵悬臂以上的土重维持。墙体内设置钢筋承受拉应力，故墙身截面较小，如图5-17所示。悬臂式挡土墙适用于墙高大于5 m、地基土质较差，以及工程比较重要时，例如市政工程及储料仓库等。

（三）扶壁式挡土墙

当墙高大于10 m时，挡土墙立壁挠度较大，为了增加立壁的抗弯性能，常沿墙的纵向每隔一定的距离（0.3～0.6）H（H为墙角）设置一道扶壁，称为扶壁式挡土墙，如图5-18

所示。扶壁间填土可增加抗滑和抗倾覆能力，一般用于重要的土建工程。

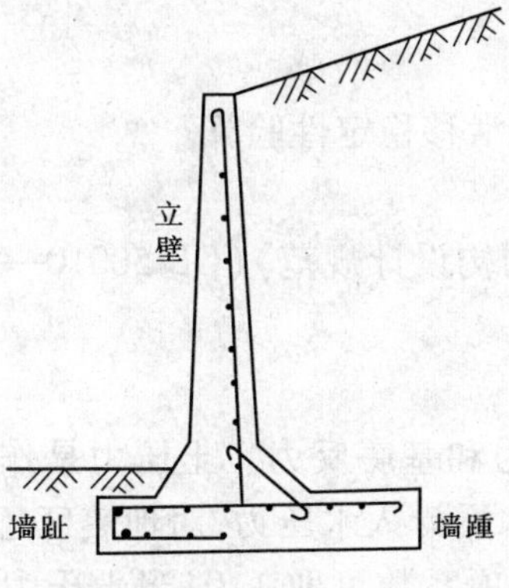

图 5-17　悬臂式挡土墙

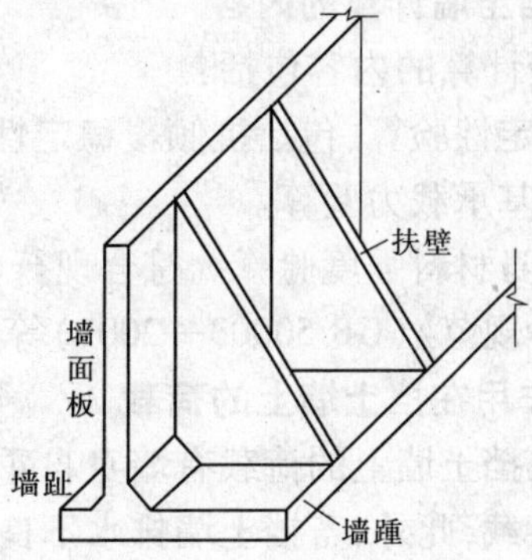

图 5-18　扶壁式挡土墙

(四)锚杆及锚定板式挡土墙

锚定板式挡土墙由预制的钢筋混凝土立柱、墙面、钢拉杆和埋置在填土中的锚定板在现场拼装而成，依靠填土与结构的相互作用力维持其自身稳定，如图 5-19 所示。与重力式挡土墙相比，其结构柔性大、工程量小、造价低、施工方便，特别适用于地基承载力不大的地区。锚杆式挡土墙是利用嵌入坚实岩层的灌浆锚杆作为拉杆的一种挡土结构。

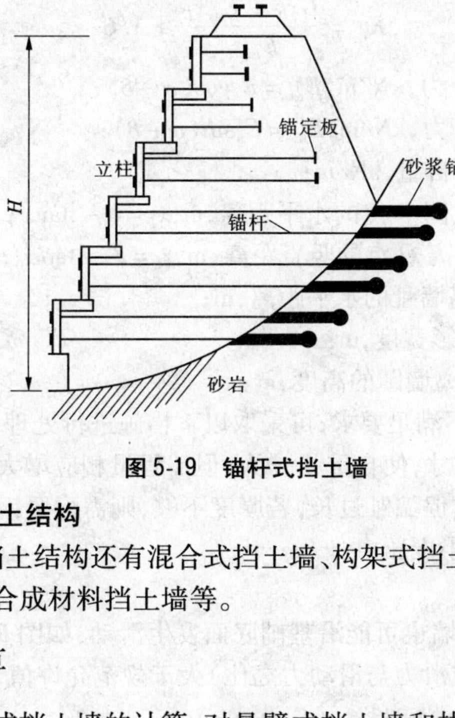

图 5-19　锚杆式挡土墙

(五)其他型式的挡土结构

此外，其他型式的挡土结构还有混合式挡土墙、构架式挡土墙、板桩墙、加筋土挡土墙以及近年来发展的土工合成材料挡土墙等。

二、挡土墙的计算

本节主要介绍重力式挡土墙的计算，对悬臂式挡土墙和扶壁式挡土墙，其计算内容、计算原则和安全系数可以借用，但荷载计算有所不同，此处略。

挡土墙截面尺寸一般按照试算法确定，即先根据挡土墙的工程地质、填土性质、荷载情况以及墙体材料和施工条件凭经验初步拟定截面尺寸，然后进行验算。如不满足要求，则修改截面尺寸或采取其他措施。

(一)挡土墙计算的内容

挡土墙计算的内容包括:

(1)稳定性验算,包括抗倾覆稳定性验算和抗滑移稳定性验算。

(2)地基承载力验算。

(3)墙身材料强度验算。符合现行《混凝土结构设计规范》(GB 50010—2010)和《砌体结构设计规范》(GB 50003—2001)等规定要求。

(二)作用在挡土墙上的荷载

作用在挡土墙上的荷载有墙身自重 G、土压力和基底反力。土压力是作用在挡土墙上的主要荷载,此外,若挡土墙排水不良,填土积水需计入水压力,对地震区还应考虑地震效应等。验算稳定性时,土压力及自重的荷载分项系数可取 1.0;当土压力作为外荷载时,应取 1.2 的荷载分项系数。

(三)挡土墙稳定性验算

1. 抗倾覆稳定性验算

挡土墙的破坏大部分是倾覆破坏。如图 5-20 所示,要保证挡土墙在土压力的作用下不发生绕墙趾 O 点的倾覆,必须要求抗倾覆稳定性安全系数 K_t(O 点的抗倾覆力矩与倾覆力矩之比)大于规范允许值,一般取 1.6,即

$$K_t = \frac{Gx_0 + E_{az}x_f}{E_{ax}z_f} \geqslant 1.6 \tag{5-18}$$

式中 E_{ax}—— E_a 的水平分力,kN/m,$E_{ax} = E_a\cos(\alpha - \delta)$;

E_{az}—— E_a 的竖直分力,kN/m,$E_{az} = E_a\sin(\alpha - \delta)$;

G——挡土墙每延米自重,kN/m;

x_f——土压力作用点离 O 点的水平距离,m,$x_f = b - z\tan\varepsilon$;

z_f——土压力作用点离 O 点的竖直距离,m,$z_f = z - b\tan\alpha_0$;

x_0——挡土墙重心离墙趾的水平距离,m;

b——基底的水平投影宽度,m;

z——土压力作用点离墙踵的高度,m。

若抗倾覆稳定性验算不满足要求,可采取以下措施进行处理:

(1)增大挡土墙断面尺寸,使自重 G 增大,但工程量相应增大。

(2)伸长墙趾,加大 x_0,但墙趾过长,若厚度不够,则需配置钢筋。

(3)墙背做成仰斜,减小土压力。

2. 抗滑移稳定性验算

在土压力作用下,挡土墙也可能沿基础底面发生滑动,如图 5-21 所示。因此,要求基底的抗滑移安全系数 K_s(抗滑力与滑动力之比)大于规范允许值,一般取 1.3,即

$$K_s = \frac{(G_n + E_{an})\mu}{E_{a\tau} - G_\tau} \geqslant 1.3 \tag{5-19}$$

式中 G_n——挡土墙自重垂直于基底平面方向的分力,kN/m,$G_n = G\cos\alpha_0$;

G_τ——挡土墙自重平行于基底平面方向的分力,kN/m,$G_\tau = G\sin\alpha_0$;

E_{an}——E_a 垂直于基底平面方向的分力,kN/m,$E_{an}=E_a\sin(\varepsilon+\alpha_0+\delta)$;

$E_{a\tau}$——E_a 平行于基底平面方向分力,kN/m,$E_{a\tau}=E_a\cos(\varepsilon+\alpha_0+\delta)$;

μ——挡土墙基底的摩擦系数,宜按试验确定,也可按表 5-3 选用。

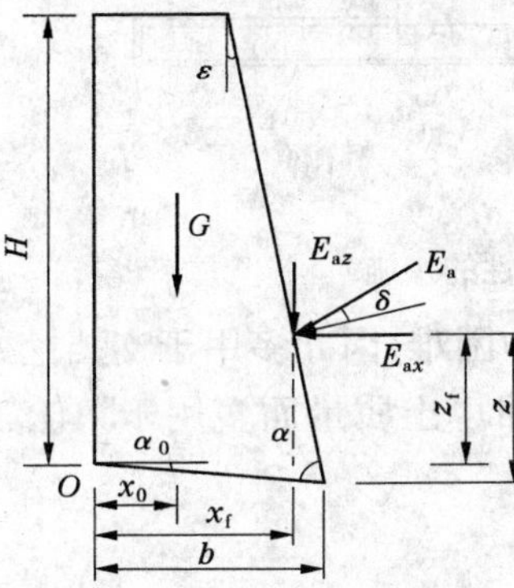

图 5-20 抗倾覆稳定性验算

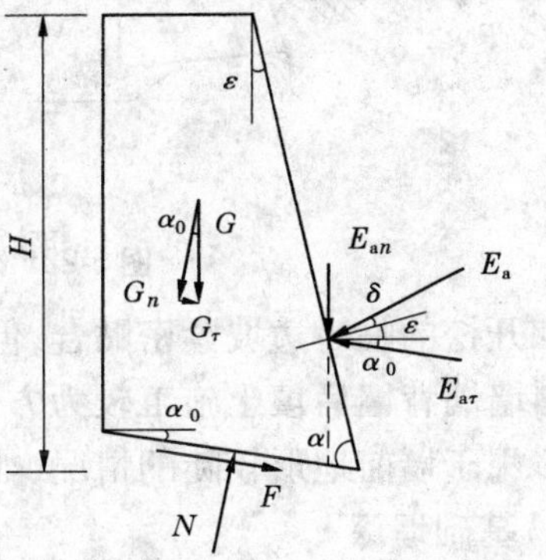

图 5-21 抗滑移稳定性验算

表 5-3 挡土墙基底摩擦系数 μ

土的类别		摩擦系数 μ
黏性土	可塑	0.25~0.30
	硬塑	0.30~0.35
	坚硬	0.35~0.40
粉土	$S_r\leqslant0.5$	0.30~0.40
中砂、粗砂、砂		0.40~0.50
碎石土		0.40~0.60
软质岩石		0.40~0.60
表面粗糙的硬质岩石		0.65~0.75

注:1. 对易风化的软质岩石和 $I_P>22$ 的黏性土,μ 应通过试验测定。

2. 对碎石土,可根据其密实度、填充物状况、风化程度等确定。

如果抗滑移稳定性验算不满足要求,可以采取以下措施进行处理:

(1)增大挡土墙断面尺寸,使 G 增大,增大抗滑力。

(2)墙基底面做成砂、石垫层,以提高 μ,增大抗滑力。

(3)墙底做成逆坡,利用滑动面上部分反力来抗滑,如图 5-22(a)所示。

(4)在软土地基上,其他方法无效或不经济时,可在墙踵后加拖板,利用拖板上的土重来抗滑,拖板与挡土墙之间应该用钢筋连接,如图 5-22(b)所示。

三、重力式挡土墙的构造措施

(一)墙型的选择

重力式挡土墙按墙背倾斜方式分为仰斜、直立和俯斜三种,如用相同的计算方法和计算指标计算主动土压力,一般仰斜最小,直立居中,俯斜最大。仰斜墙背墙身截面经济,墙

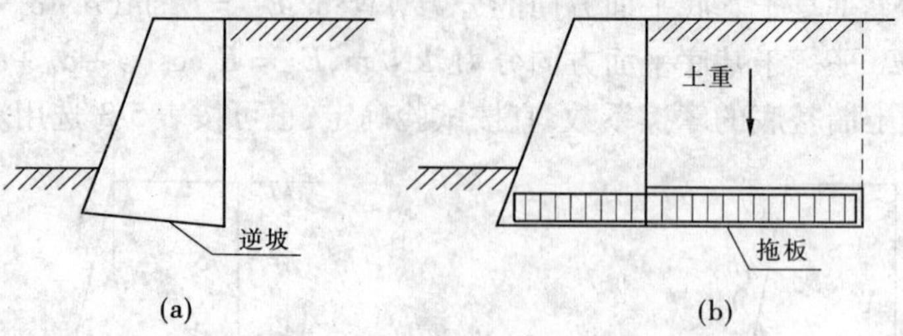

图 5-22 增加抗滑移稳定性的措施

背可以和开挖的临时边坡紧密贴合，但墙后填土较为困难，因此多用于支挡挖方工程的边坡。俯斜墙墙背墙后填土施工较为方便，易于保证回填土质量而多用于填土工程。直立墙墙背多用于墙前地形较陡的情况，如山坡上建墙。

（二）基础埋深

重力式挡土墙的基础埋深（如基底倾斜，基础埋深从最浅处的墙趾处计算）应该根据持力层土的承载力、水流冲刷、岩石裂隙发育及风化程度等因素进行确定。在特强冻胀、强冻胀地区应考虑冻胀的影响。在土质地基中，基础埋深不宜小于 0. 5 m；在软质岩石中，基础埋深不宜小于 0. 3 m。

（三）断面尺寸拟定

当墙前地面较陡时，墙面坡可按 1∶0. 05 ~ 1∶0. 2 采用，当墙高较小时，亦可采用直立的截面。当墙前地面较为平坦时，对于中、高挡土墙，墙面坡度可较缓，但不宜缓于1∶0. 4，以免增高墙身或增加开挖深度。仰斜墙背坡度愈缓，主动土压力愈小，但为了避免施工困难，仰斜墙背一般不宜缓于 1∶0. 25，墙面坡应尽量与墙背坡平行。俯斜墙背的坡度不大于 1∶0. 36。为了增加挡土墙的抗滑移稳定性，可将基底做成逆坡。但是，基底逆坡过大，可能使墙身连同基底下的一块三角形土体一起滑动。因此，土质地基的基底逆坡坡度不宜大于 0. 1∶1，岩石地基基底逆坡不宜大于 0. 2∶1。

当墙高较大时，为了使基底压力不超过地基承载力特征值，可加墙趾台阶，如图 5-23 所示，以便扩大基底宽度，这对墙的抗倾覆稳定也是有利的。墙趾台阶的高宽比可取 $h:a=2:1$，a 不得小于 20 cm。此外，基底法向反力的偏心距应满足 $e\leqslant\frac{b_1}{4}$ 条件（b_1 为无台阶时的基底宽度）。

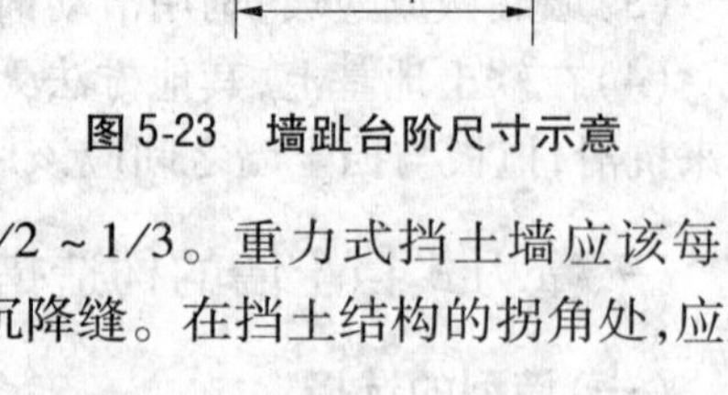

图 5-23 墙趾台阶尺寸示意

挡土墙的顶部，对于块石挡土墙，墙顶宽度不宜小于 400 mm；对于混凝土挡土墙，墙顶宽度不宜小于 200 mm。重力式挡土墙基础底面宽为墙高的 1/2 ~ 1/3。重力式挡土墙应该每隔 10 ~ 20 m设置一道伸缩缝。当地基有变化时，宜加设沉降缝。在挡土结构的拐角处，应采取加强的构造措施。

（四）墙后排水措施

在挡土墙建成使用期间，如遇雨水渗入墙后填土中，会使填土的重度增大，内摩擦角减小，土的强度降低，从而使填土对墙的土压力增大；同时，墙后积水增加水压力，对墙的稳定性不利。积水自墙面渗出，还要产生渗流压力。水位较高时，静、动水压力对挡土墙的稳定威胁更大。因此，挡土墙设计中必须设置排水。对于可以向坡内排水的支挡结构，应在支挡结构上设置排水孔，如图 5-24 所示。

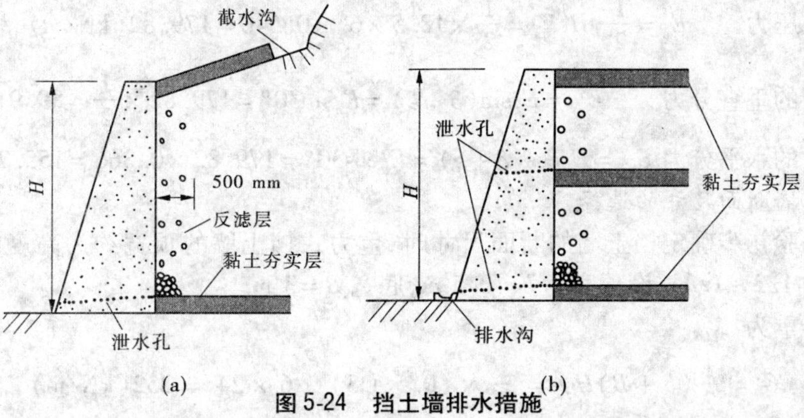

图 5-24　挡土墙排水措施

排水孔应沿着横、竖两个方向设置，其间距宜为 2 ~ 3 m，排水孔外斜坡度宜为 5%，孔眼尺寸不宜小于 100 mm。为了防止泄水孔堵塞，应在其入口处以粗颗粒材料做反滤层和必要的排水暗沟。为防止地面水渗入填土和一旦渗入填土中的水渗到墙下地基，应在地面和排水孔下部铺设黏土层并夯实，以利隔水。当墙后有山坡时，应在坡脚处设置截水沟。对于不能向坡外排水的边坡，应在墙背填土中设置足够的排水暗沟。

（五）填土质量要求

为保证挡土墙的安全正常工作及经济合理，填料的恰当选取极为重要。由土压力理论可知，填土重度越大，则主动土压力越大，而填土的内摩擦角越大，则主动土压力越小。所以，在选择填料时，应从填料的重度和内摩擦角哪一个因素对减小土压力更为有效这一点出发来考虑。一般说来，选用内摩擦角较大、透水性较强的粗粒填料（如粗砂、砾石、碎石、块石等），能显著减小主动土压力，而且它们的内摩擦角受浸水的影响也很小；当采用黏性土作填料时，宜掺入适量的碎石。在季节性冻土地区，墙后填土应选用非冻胀性填料，如炉渣、碎石、粗砂等。墙后填土必须分层夯实，保证质量。

四、挡土墙设计实例

根据使用要求，需要在某水库大坝坝肩处设计一个回车场。由于坝肩开挖后边坡陡峭，位置较狭小，因此需要修建一段重力式挡土墙，工程等级为三级。

（一）工程条件及构造措施

挡土墙最大高度 $H = 6$ m，墙背倾斜角 $\varepsilon = 10°$，填土面倾斜角 $\beta = 20°$。墙后填料为砂土，内摩擦角 $\varphi = 30°$，重度 18.5 kN/m^3，墙背与填土的摩擦角 $\delta = 20°$。地基修正后的容许承载力 180 kPa，墙底摩擦系数 $\mu = 0.5$。

由于地基位于强风化层，岩石整体性较差，优先选用了钢筋混凝土重力式挡土墙，墙身重度 24 kN/m^3。另外，为了使墙后雨水尽快渗出，需要在墙身设置专门的排水措施，以及相应的粗粒料反滤层。

（二）设计参数及稳定性验算

1. 用库仑理论计算作用在墙上的主动土压力

根据已知条件查表5-1，得到 $K_a = 0.540$。

主动土压力 $E_a = \frac{1}{2}\gamma H^2 K_a = \frac{1}{2} \times 18.5 \times 6^2 \times 0.540 = 179.82(\text{kN/m})$

土压力的垂直分力 $E_{ay} = E_a \sin(\delta + \varepsilon) = E_a \sin 30° = 179.82 \times \frac{1}{2} = 89.91(\text{kN/m})$

土压力的水平分力 $E_{ax} = E_a \cos(\delta + \varepsilon) = E_a \cos 30° = 179.82 \times 0.866 = 155.72(\text{kN/m})$

2. 挡土墙断面尺寸的选择

根据经验初步确定挡土墙的断面尺寸时，重力式挡土墙的顶宽约为高度的1/12，底宽为高度的1/2～1/3。设顶宽为 $b = 0.5$ m，底宽 $B = 3$ m。

墙体自重为

$$G = \frac{1}{2}(b + B)H\gamma = \frac{1}{2} \times (0.5 + 3) \times 6 \times 24 = 252(\text{kN/m})$$

3. 抗滑移稳定性验算

$$K_s = \frac{(G + E_{ay})\mu}{E_{ax}} = \frac{(252 + 89.91) \times 0.5}{155.73} = 1.098 < 1.3$$

结果不满足抗滑移稳定性要求，需要修改断面尺寸。取顶宽 $b = 1$ m，底宽 $B = 4$ m，再进行上述验算，此时墙体自重为

$$G = \frac{1}{2}(b + B)H\gamma = \frac{1}{2} \times (1 + 4) \times 6 \times 24 = 360(\text{kN/m})$$

$$K_s = \frac{(G + E_{ay})\mu}{E_{ax}} = \frac{(360 + 89.91) \times 0.5}{155.73} = 1.44 > 1.3$$

满足抗滑移稳定性要求。

4. 抗倾覆稳定性验算

设计墙体尺寸如图5-25所示，依据图中尺寸求出自重 G 的重心距离墙趾的距离为 $x_0 = 2.18$ m，土压力水平分力的力臂 $h_f = H/3 = 2$ m，土压力垂直分力的力臂 $x_f = 3.65$ m，求得抗倾覆安全系数为

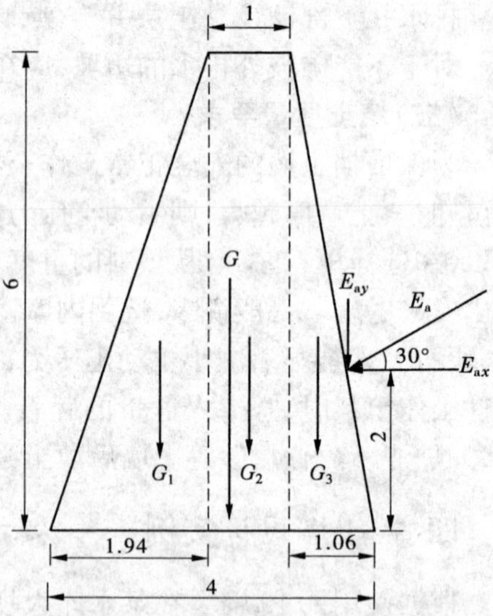

图5-25　设计挡土墙尺寸　（单位：m）

$$K_t = \frac{Gx_0 + E_{ay}x_f}{E_{ax}h_f} = \frac{360 \times 2.18 + 89.91 \times 3.65}{155.73 \times 2} = \frac{784.80 + 328.17}{311.46} = 3.57 > 1.6$$

抗倾覆稳定性验算满足要求。

5. 地基承载力验算

作用在基础底面上的总力 $N = G + E_{ay} = 360 + 89.91 = 449.91(\text{kN/m})$

合力作用点距离墙趾的距离为

$$c=\frac{Gx_0+E_{ay}x_f-E_{ax}h_f}{N}=\frac{784.80+328.17-311.46}{449.91}=1.78(\mathrm{m})$$

偏心距 $$e=\frac{B}{2}-c=2-1.78=0.22<\frac{B}{6}$$

基底压力 $$p_{\min}^{\max}=\frac{N}{B}(1\pm\frac{6e}{B})=\frac{449.91}{4}\times(1\pm\frac{6\times0.22}{4})=\frac{149.60}{75.36}(\mathrm{kPa})<180\ \mathrm{kPa}$$

地基承载力验算满足要求。

钢筋混凝土墙体,不再进行强度验算。

第六节　土坡稳定分析

一、土坡稳定的作用

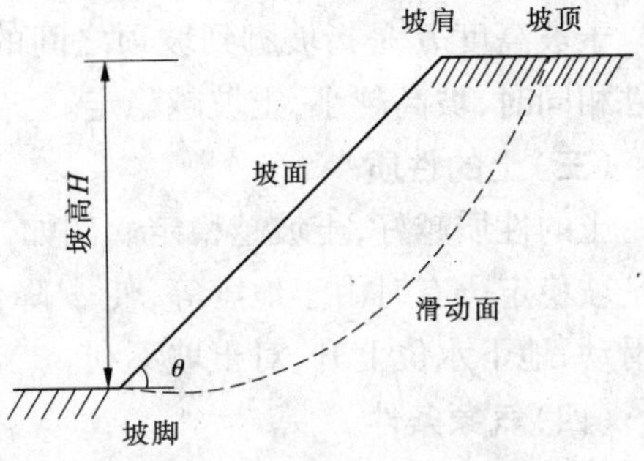

图 5-26　土坡的各部分名称

土坡就是具有倾斜表面的土体。由于地质作用自然形成的土坡,如山坡、江河的岸坡等称为天然土坡。经过人工开挖,填土工程建造物如基坑、渠道、土坡、路堤等的边坡,通常称为人工土坡。土坡的外形和各部分名称,如图 5-26 所示。

在土体自重和外力作用下,坡体内将产生切应力,当切应力大于土体的抗剪强度时,即产生剪切破坏,如靠坡面处剪切破坏面积很大,则将产生一部分土体相对另一部分土体滑动的现象,称为滑坡或塌方。土坡在发生滑动之前,一般在坡顶首先开始明显的下沉并出现裂缝,坡脚附近的地面则有较大的侧向位移并微微隆起。随着坡顶裂缝的开展和坡脚侧向位移的增加,部分土体突然沿着某一个滑动面急剧下滑,造成滑坡。

土木建筑工程中经常遇到各类土坡,包括天然土坡和人工土坡。如果处理不当,一旦土坡失稳产生滑坡,不仅影响工程进度,甚至危及人员生命安全和工程存亡,应该引起重视。

(一)基坑开挖

一般黏性土浅基础施工,基础埋深 1 ~2 m,可垂直开挖节省土方量,也可用速度快的机械化施工。但当深度大于 5 m 时,两层以上的箱基或深基,垂直开挖会产生滑坡。如边坡缓,则工程量太大,在密集建筑区进行基坑开挖,可能影响邻近建筑物的安全。

(二)坡顶荷载过大

土坡坡顶修建建筑物或堆放材料,可能使原来稳定的土坡产生滑动。如建筑物离边坡远,则对土坡无影响,应确定安全距离。

(三)确定合适的坡度

人工填筑的土堤、土坝、路基,应采用合适的边坡坡度。由于这些工程长度很大,边坡稍微改陡一点,节省的工程量往往很可观。

由此可见,土坡稳定在工程上具有很重要的意义,特别要注意外界不利因素对土坡稳定的影响。

二、影响土坡稳定的因素

影响土坡稳定有多种因素,包括土坡的边界条件、土质条件和外界条件。具体因素分述如下。

(一)土坡坡度

土坡坡度有两种表示方法:一种以高度和水平长度之比来表示,例如1:2表示高度1 m,水平长度为2 m的缓坡;另一种以坡角θ的大小来表示。坡角θ越小则土坡越稳定,但不经济;坡角θ越大则土坡越经济,但不安全。

(二)土坡高度

土坡高度H是指坡脚到坡顶之间的铅直距离。试验研究表明,对于黏性土坡,其他条件相同时,坡高越小,土坡越稳定。

(三)土的性质

土的性质越好,土坡越稳定。例如,土的抗剪强度指标c、φ值大的土坡比c、φ值小的土坡稳定。有时由于地震等,使φ降低或产生孔隙水压力,可能使原来稳定的边坡失稳滑动,地下水位上升,对土坡不利。

(四)气象条件

若天气晴朗,土坡处于干燥状态,土的强度高,土坡的稳定性就好。若在雨季,尤其是连续大暴雨,大量的雨水入渗,使土的强度降低,可能导致土坡滑动。

(五)地下水的渗透

当土坡中存在与滑动方向一致的渗透力时,对土坡稳定不利。例如,水库土坝下游土坡可能发生这种情况。

(六)震动荷载

震动荷载,如地震、工程爆破、车辆震动等,会产生附加的震动荷载,降低土坡的稳定性。震动荷载还可能使土体中的孔隙水压力升高,降低土体的抗剪强度。震动能量愈大则愈危险。

(七)人类活动和生态环境

人类活动和生态环境,将对土坡的稳定产生影响。例如,经过漫长时间形成的天然土坡原本是稳定的,如在土坡上建造房屋,增加了坡上荷载,有可能引起土坡的滑动;如在坡脚建房,为增加平地面积,往往将坡脚的缓坡削平,则土坡更容易失稳发生滑动。

三、简单土坡稳定分析

土坡稳定分析的目的在于确定土坡是否稳定,或根据土坡已知高度和土的性质等条件,设计出合理的土坡断面。土质均匀、坡度不变、无地下水的简单土坡,它的稳定计算可简化。

（一）无黏性土坡的稳定分析

由于无黏性土颗粒间没有黏聚力，即 $c=0$，只有摩擦力，因此只要坡面上的颗粒能保持自身稳定，土坡就能保持稳定。

如图 5-27 所示，均质无黏性土坡的坡角 θ，土的内摩擦角 φ。从坡面上任取一个侧面竖直、底面与坡面平行的土体单元，假定不考虑该单元土两侧应力对稳定性的影响。设单元体的自重为 W，则它的下滑剪切力就只有 W 在顺坡方向的分力 T。

$$T = W\sin\theta \tag{5-20}$$

阻止土体下滑的力是此单元体与下面土体之间的剪应力，其最大值为

$$T_f = N\tan\varphi = W\cos\theta\tan\varphi \tag{5-21}$$

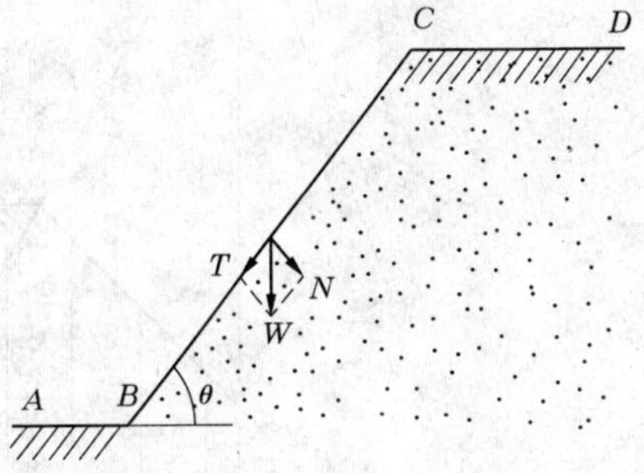

图 5-27　无黏性土简单土坡

式中　N——单元体自重在坡面法线方向上的分力；

φ——土的内摩擦角。

无黏性土坡的稳定安全系数定义为抗剪力与剪切力之比，即

$$K_s = \frac{T_f}{T} = \frac{W\cos\theta\tan\varphi}{W\sin\theta} = \frac{\tan\varphi}{\tan\theta} \tag{5-22}$$

由此可见，对于均质无黏性土坡，理论上只要坡角小于土的内摩擦角，土体就是稳定的。$K_s=1.0$ 时，土体处于极限平衡状态，此时的坡角就等于无黏性土的内摩擦角 φ。根据经验，对基坑开挖边坡一般可取 $K_s=1.1\sim1.2$。

（二）黏性土坡的稳定分析

黏性土坡稳定分析比无黏性土坡复杂，因为它的稳定坡角 θ 是黏性土的多个性质指标的函数，性质指标包括重度 γ、黏聚力 c，内摩擦角 φ 与坡高 H。黏性土坡失去稳定时滑动面呈曲面，接近圆弧，故采用圆弧计算，该法称为圆弧法。圆弧法最早由瑞典的彼德森提出，所以叫瑞典圆弧法，后来由费伦纽斯修改为条分法，并在世界各国广泛应用。

1. 基本原理

如图 5-28 所示，假设土坡沿 AD 圆弧面滑动，可看做土体绕圆心 O 转动，滑动土体的自重在滑动方向上的分力产生滑动力矩 M_T，滑动面上的摩擦力和黏聚力产生抗滑力矩 M_R，则抗滑移稳定安全系数 K 为

$$K = \frac{M_R}{M_T} = 1.1 \sim 1.5 \tag{5-23}$$

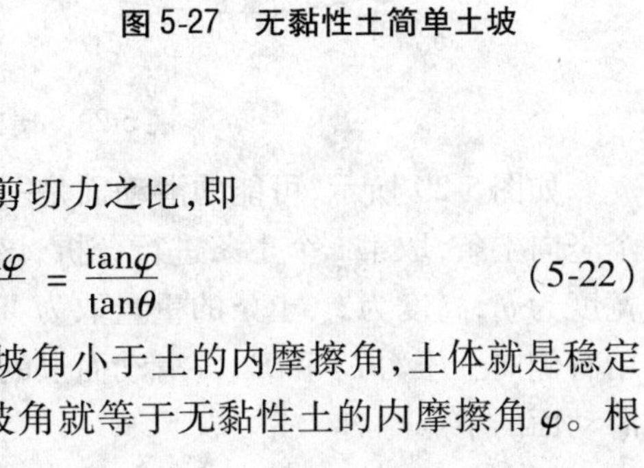

图 5-28　黏性土坡圆弧滑动面

最初的圆弧法将滑动体看成一个整体，但由于滑动体外形复杂，当土坡由多层土构成时，要确定滑动土体的自重及其重心位置比较困难。条分法则将滑动土体分成若干垂直土条，如图 5-29 所示，计算各土条对滑弧中心的滑动力矩和抗滑力矩，分别求滑动力矩和抗滑力矩的总和，然后求该土坡的稳定安全系数。

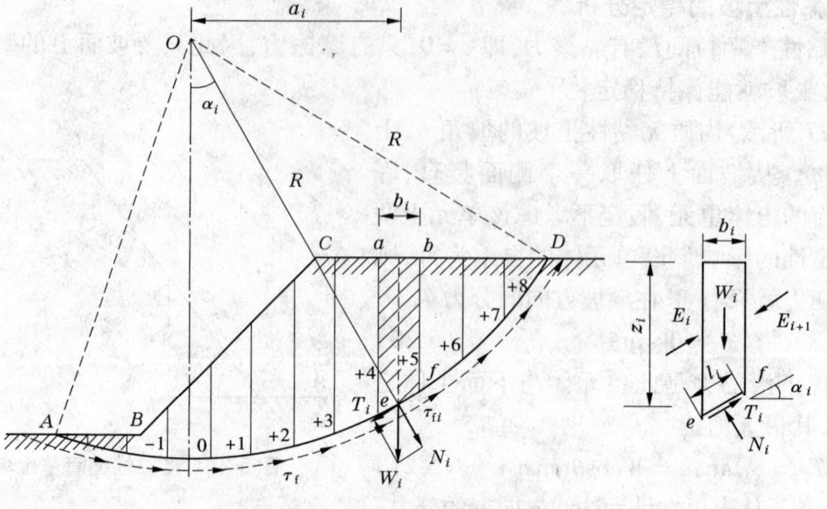

图 5-29 瑞典条分法土坡稳定性分析

如图 5-29 所示,可能的滑动面是一圆弧 AD,圆心为 O,半径为 R。现将该滑块分成几个竖向土条,取第 i 个土条进行分析,该土条底面中点的法线与竖直线的夹角为 α_i,土条宽度为 b_i,高度为 z_i,土条的重量取为 W_i,土条底的抗剪强度参数为 c_i 和 φ_i;土条两侧作用有侧向土压力 E_i 和 E_{i+1},滑动面上的反力有法向反力 N_i、切向反力 T_i,且作用在此土条滑动面的中点。

假定土条两侧的作用力相互抵消,则第 i 个土条上的作用力只有 W_i、N_i 和 T_i,按平衡条件应有:$N_i = W_i\cos\alpha_i$,$T_i = W_i\sin\alpha_i$。

该土条对 O 点的滑动力矩为

$$M_{Ti} = T_iR = W_iR\sin\alpha_i \tag{5-24}$$

该土条对 O 点的抗滑移稳定力矩为

$$M_{Ri} = R(c_il_i + W_i\cos\alpha_i\tan\varphi_i) \tag{5-25}$$

整个滑体对 O 点的抗滑移稳定安全系数

$$K = \frac{M_R}{M_T} = \frac{R\sum_{i=1}^{n}(c_il_i + W_i\cos\alpha_i\tan\varphi_i)}{R\sum_{i=1}^{n}W_i\sin\alpha_i} \tag{5-26}$$

式中,α_i 存在正负问题。当土条自重沿滑动面产生下滑力时,α_i 为正;当产生抗滑力时,α_i 为负。

上面是对于某一个假定滑动面求得的稳定安全系数,实际上它并不一定是真正的滑动面位置,而真正的滑动面对应于最小安全系数的滑动面,即为最危险的滑动面。因此,欲求解其真正滑动面位置,必须按照上述方法反复试算求取。

2. 最危险滑动面的确定

由于土坡稳定计算工作量大,以上分析方法都是在假定一个滑动面的情况下进行的,不一定是最危险的滑动面。一般需进行试算,即假定许多滑动面及其圆心并求出相应的安全系数，找到安全系数最小的就是最危险滑动面。大型水库土坝进行稳定计算时，上、下游坝坡每一种水位需计算 50 ~ 80 个滑动圆弧，才能找到最小的安全系数。

对于坡面单一、土质均匀的均质土坡，可以参考费伦纽斯经验方法近似快速确定。

(1)根据土坡坡度或坡角 θ，由表 5-4 查得相应的 a、b 角度值。

(2)由坡脚 A 点作 AE 线，使 $\angle EAB=\angle a$；由坡顶 B 点作 BE 线，与水平线夹角为 $\angle b$；

(3) AE 与 BE 交于 E 点，即为 $\varphi=0$ 时土坡最危险滑动面的圆心。

(4)由坡脚 A 点竖直向下取 H 值，然后向土坡方向水平线上取 4.5H 处记为 D 点。作 DE 线向外延长线，该线附近即为 $\varphi>0$ 时土坡最危险滑动面的圆心位置。

(5)在 DE 延长线上选 3 ~ 5 个点作为圆心 O_1，O_2，…，计算各自的土坡安全系数 K_1，K_2，…，按一定比例尺，将 K 的数值画在圆心与 DE 线正交的线上，并连成曲线。取曲线下凹处的最低点 O' 即为危险滑动面圆心。

(6)为计算更精确，还可以过 O' 作直线 $O'F$ 与 DE 正交，在 $O'F$ 线上，选 3 ~ 5 个点作为圆心 O_1'，O_2'，…，计算各自的土坡安全系数 K_1'，K_2'，…。按一定比例尺，将 K' 的数值画在圆心 O' 与 $O'F$ 线正交的线上，并连成曲线。取曲线下凹处的最低点 O''，即为所求最危险滑动面的圆心位置，如图 5-30 所示。

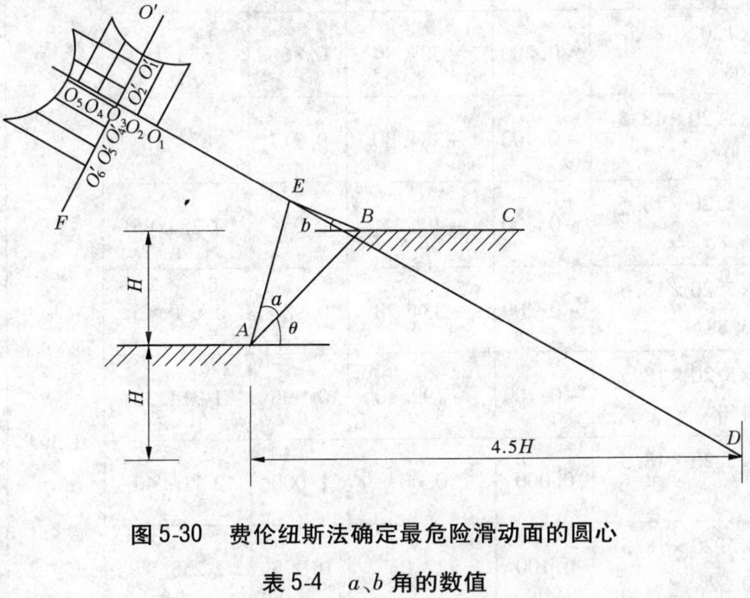

图 5-30　费伦纽斯法确定最危险滑动面的圆心

表 5-4　a、b 角的数值

土坡坡度	坡角 θ	a	b
1∶0.58	60°	29°	40°
1∶1.00	45°	28°	37°
1∶1.50	33°41′	26°	35°
1∶2.00	26°34′	25°	35°
1∶3.00	18°26′	25°	35°
1∶4.00	14°03′	25°	36°

【例 5-6】　如图 5-31 所示为一均质黏性土坡，高 20 m，边坡坡度为 1∶3，土的内摩擦角

φ 为20°，黏聚力 $c=10.0$ kPa，重度 $\gamma=18.5\ \text{kN/m}^3$。试用条分法计算土坡的稳定安全系数。

解：(1)假定滑弧圆心及相应滑弧的位置。

因为是均质土坡，其边坡为1:3，查表5-4 可得 $a=25°$、$b=35°$，作 DE 的延长线，在其上任取一点 O_1，作为第一次试算的滑弧中心，通过坡脚作相应的滑弧 AC，其半径 $R=52$ m。

(2)将滑动土体 ABC 分成若干土条，并对土体进行编号。为计算方便，土条宽度可取滑弧半径的1/10，即取 $b=5.2$ m。土条编号取滑弧圆心的铅垂线下作为第0条，向左依次为 −1，−2，−3，…，反方向为 +1，+2，+3，…。

(3)量出各土条的中心高度 h_i，并列出计算 $\sin\alpha_i$、$\cos\alpha_i$ 以及 $W_i\sin\alpha_i$、$W_i\cos\alpha_i$ 等值(见表5-5)。其中 $\sin\alpha_i=\dfrac{nb}{R}=0.1n$($n$ 为土条号数)。

表5-5　切向力和摩擦力计算

编号	土条重量 $W_i=\gamma b_i h_i$	$\sin\alpha_i$	切向力 $T_i=W_i\sin\alpha_i$	$\cos\alpha_i$	法向力 $N_i=W_i\cos\alpha_i$	$\tan\varphi$	摩阻力 $N_i\tan\varphi$	总黏聚力 cL
−6	3.00×4.68×18.5 =259.74	−0.595	−154.55	0.804	208.83		76.01	
−5	6.40×5.20×18.5 =615.68	−0.500	−307.84	0.866	533.18		194.08	
−4	10.00×5.20×18.5 =962.00	−0.400	−384.80	0.917	882.15		321.10	
−3	14.00×5.20×18.5 =1 346.80	−0.300	−404.04	0.954	1 284.85		467.68	
−2	17.40×5.20×18.5 =1 673.88	−0.200	−334.78	0.980	1 640.40		597.11	
−1	20.00×5.20×18.5 =1 924.00	−0.100	−192.40	0.995	1 914.38		696.83	
0	22.00×5.20×18.5 =2 116.40	0.000	0.00	1.000	2 116.40	0.364	770.37	10.0×94.3×1.0 =943
1	23.60×5.20×18.5 =2 270.32	0.100	227.03	0.995	2 258.97		822.26	
2	24.40×5.20×18.5 =2 347.28	0.200	469.46	0.980	2 300.33		837.32	
3	25.00×5.20×18.5 =2 405.00	0.300	721.50	0.954	2 294.37		835.15	
4	25.00×5.20×18.5 =2 405.00	0.400	962.00	0.917	2 205.39		802.76	
5	24.00×5.20×18.5 =2 308.80	0.500	1 154.40	0.866	1 999.42		727.79	

续表 5-5

编号	土条重量 $W_i=\gamma b_i h_i$	$\sin\alpha_i$	切向力 $T_i=W_i\sin\alpha_i$	$\cos\alpha_i$	法向力 $N_i=W_i\cos\alpha_i$	$\tan\varphi$	摩阻力 $N_i\tan\varphi$	总黏聚力 cL
6	20.80×5.20×18.5 =2 000.96	0.600	1 200.58	0.800	1 600.77	0.364	582.68	10.0×94.3×1.0 =943
7	16.00×5.20×18.5 =1 539.20	0.700	1 077.44	0.714	1 098.99		400.03	
8	10.80×5.20×18.50 =1 038.96	0.800	831.17	0.600	623.38		226.91	
9	2.80×5.20×18.5 =269.36	0.900	242.42	0.436	117.44		42.75	
			5 107.59				8 400.85	

应当注意，当取 $b=0.1R$ 时，滑动体两端的土条的宽度往往不会恰好等于 b，此时，需对 $\sin\alpha_i$ 作相应调整。

现以 −6 土条为例，该土条的实际宽度（图上量得）为 4.68 m，则有

$$\sin\alpha_{-6}=-(5.5b+0.5b_{-6})/R=-(5.5\times5.2+0.5\times4.68)/52=-0.595$$

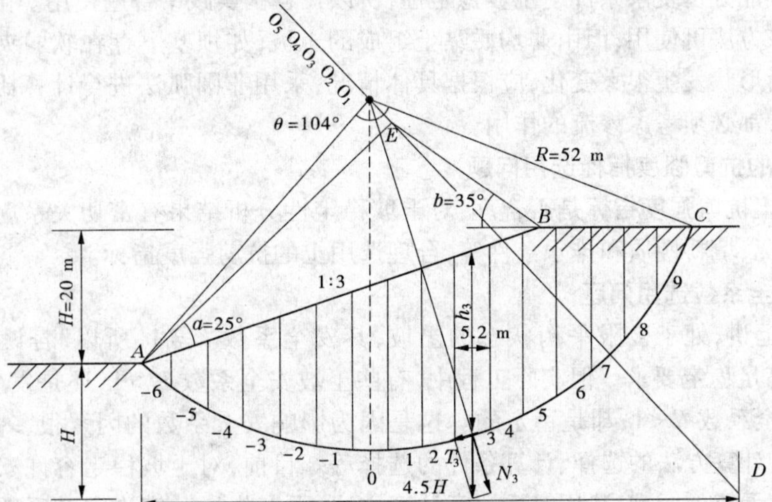

图 5-31　例 5-6 图

(4) 求出滑弧中心角 $\theta=104°$，计算滑弧长度 L。

$$L=\frac{\pi\theta R}{180}=\frac{\pi\times104\times52}{180}=94.3(\text{m})$$

(5) 计算安全系数 K_s。

将以上结果代入式(5-26)，得到第一次试算安全系数

$$K_s = \frac{cL + \tan\varphi \sum_{i=1}^{n} W_i \cos\alpha_i}{\sum_{i=1}^{n} W_i \sin\alpha_i} = \frac{8\,400.85 + 943}{5\,107.59} = 1.83$$

(6)在 DE 的延长线上重新假定滑弧中心 O_2,O_3…重复以上计算,求出安全系数最小值,即为所求边坡的稳定安全系数。

四、土坡稳定分析的几个问题

(一)关于挖方边坡和天然边坡

人工挖出和天然存在的土坡是在天然地层中形成的,但与人工填筑土坡相比有独特之处。对均质挖方土坡和天然土坡进行稳定性分析,与人工填筑土坡相比,求得的安全系数比较符合实测结果,但对于超固结裂隙黏土,算得的安全系数虽远大于1,表面上看来已稳定,实际上都已破坏,这是由超固结黏土的特性决定的。随着剪切变形的增加,抗剪强度增大到峰值强度,随后降至残余值,特别是黏聚力下降较大,甚至接近于零,这些特性对土坡稳定性有很大影响。

(二)关于圆弧滑动法

该法把滑动面简单地当做圆弧,并认为滑动土体是刚性的,没有考虑分条之间的推力,或只考虑分条间水平推力(毕肖普公式),故计算结果不能完全符合实际,但由于计算概念明确,且能分析复杂条件下土坡稳定性,所以在各国实践中普遍使用。由均质黏土组成的土坡,该方法可使用,但由非均质黏土组成的土坡,如坝基下存在软弱夹层或土石坝等,其滑动面形状发生很大变化,应根据具体情况,采用非圆弧法进行计算比较。不论用哪一种方法,都必须考虑渗流的作用。

(三)土的抗剪强度指标选用问题

选用的土抗剪强度指标是否合理,对土坡稳定性分析结果有密切关系。应结合边坡实际加荷情况、填料性质和排水条件等,合理选用土的抗剪强度指标。

(四)安全系数选用问题

从理论上讲,处于极限平衡状态的土坡,其安全系数 $K=1$,所以,若设计土坡时的 $K>1$,就应满足稳定要求。但实际工程中,有些土坡安全系数 $K>1$,还是发生了滑动;而有些土坡安全系数 $K<1$,却是稳定的。这是因为影响安全系数的因素很多,如抗剪强度指标的选用、计算方法的选择、计算条件的选择等。目前,对土坡稳定容许安全系数的数值,各部门尚无统一标准,选用时要注意计算方法、强度指标和容许安全系数必须相互配合,并要根据工程不同情况,结合当地已有经验加以确定。

(五)成层土土坡或地表面有堆载等复杂情况下土坡稳定性分析

当土坡滑动体由两层或更多土层组成时,滑动面往往贯穿多个土层。土坡稳定性分析时,土体自重应该根据滑动体的具体组成,采用相应的重度计算;抗剪强度也应该依据实际情况分段采用相应的抗剪强度指标计算。当地表面有堆载时,按划分后的土条,将堆载分摊到相应的土条顶面。土坡稳定性分析时,将堆载作为竖直向的力,计入相应的平衡方程。

（六）土坡稳定的允许高度

《建筑地基基础设计规范》（GB 50007—2011）规定：边坡的坡度允许值，应根据当地经验，参照同类土层稳定坡度确定，当土质良好且均匀时，可按表5-6确定。

表5-6　土质边坡的坡度允许值

土的类别	密实度或状态	坡度允许值（高宽比）	
		坡高在5 m以内	坡高为5～10 m
碎石土	密实	1∶0.35～1∶0.50	1∶0.50～1∶0.75
	中密	1∶0.50～1∶0.75	1∶0.75～1∶1.00
	稍密	1∶0.75～1∶1.00	1∶1.00～1∶1.25
黏性土	坚硬	1∶0.75～1∶1.00	1∶1.00～1∶1.25
	硬塑	1∶1.00～1∶1.25	1∶1.25～1∶1.50

注：1. 表中碎石土的充填物为坚硬或硬塑状态的黏性土。

2. 对于砂石或充填物为砂土的碎石土，其边坡坡度允许值按自然休止角确定。

（七）不稳定边坡应采取的措施

对不稳定的边坡经常采取减小滑动或者增大抗滑力的措施来进行防治。

从减小滑动上考虑，首先可用卸载减压法，也就是在坡顶或坡面进行卸载，如开挖、降低坡高等，但必须保证卸载区上方及两侧岩土体的稳定条件。其次可以采用排水减压法，根据滑坡体地质条件，可以在滑坡体内设置排水设施，如排水沟、排水孔等，减小地下水渗透压力作用。

从增大抗滑力上考虑，可以采用边坡加固法，主要有修建支挡建筑物、护面、锚固及灌浆处理等，常见的支挡建筑物有重力式抗滑挡土墙、阻滑桩及其他抗滑结构，常用的护面有喷素混凝土或喷锚支护，灌浆处理则通过固结或化学灌浆，改变土的性质，使其强度增加，也可以采用拦截地表水的方法，采取填塞裂缝、消除地表积水洼地，或在滑坡体上设置排水沟，种植蒸腾量大的树木等措施，防止地面水浸入滑坡体而导致强度降低。

思考题

5-1　土压力有哪几种？影响土压力大小的因素有哪些？

5-2　什么是主动土压力？产生主动土压力的条件是什么？适用于什么范围？

5-3　什么是被动土压力？

5-4　库仑土压力的基本假设是什么？适用于什么范围？如何计算主动土压力系数？

5-5　挡土墙有哪些类型？分别有什么特点？适用于什么情况？

5-6　如何确定重力式挡土墙的尺寸？

5-7　采取什么措施可以提高挡土墙稳定安全系数？

5-8　挡土墙排水设施如何设置？

5-9　影响土坡稳定的因素有哪些？无黏性土坡的稳定性与哪些因素有关？

5-10　瑞典条分法的原理是什么？如何确定最危险圆弧滑动面？

5-11　对不稳定边坡应采取什么措施？

习　题

5-1　某挡土墙高5 m,墙背竖直、光滑,填土表面水平,$\gamma = 19\ \mathrm{kN/m^3}$,$\varphi = 30°$,$c = 0$,试确定:

(1)挡土墙的静止土压力分布、合力大小及其作用点位置;

(2)该挡土墙的主动土压力分布、合力大小及其作用点位置。

5-2　已知某挡土墙高度H为4.0 m,墙背竖直、光滑,墙后填土表面水平。填土为干砂,重度γ为18.0 kN/m³,内摩擦角φ为36°。计算作用在此挡土墙上的静止土压力E_0(可取$K_0 = 0.4$);若墙能向前移动,大约需移动多少距离才能产生主动土压力E_a?计算E_a的数值。

5-3　某挡土墙高度H为4.0 m,墙背竖直、光滑,墙后填土表面水平。填土为砂土,天然重度γ为18.0 kN/m³,饱和重度γ_{sat}为21.0 kN/m³,内摩擦角φ为36°。地下水位埋深2.0 m。计算作用在此挡土墙上的静止土压力E_0(可取$K_0 = 0.4$)、主动土压力E_a和水压力E_w的数值。

5-4　已知某挡土墙高度H为4.0 m,墙背竖直,挡土墙与墙后填土之间的摩擦角δ为24°,墙后填土表面水平。填土为干砂,天然重度γ为18.0 kN/m³,内摩擦角φ为36°。计算作用在此挡土墙上的主动土压力E_a的数值。

5-5　某挡土墙高度H为5.0 m,墙顶宽度b为1.5 m,墙底宽度B为2.5 m。墙面竖直,墙背倾斜,墙背与填土间的摩擦角δ为20°,填土表面倾斜β为12°。墙后填土为中砂,重度γ为17.0 kN/m³,内摩擦角φ为30°。计算作用在此挡土墙上的主动土压力E_a和E_a的水平分力与竖直分力。

5-6　某挡土墙高度H为5.0 m,墙顶宽度b为1.5 m,墙底宽度B为2.5 m。墙面竖直,墙背倾斜,墙背与填土间的摩擦角δ为20°,填土表面倾斜,β为12°。墙后填土为中砂,重度γ为17.0 kN/m³,内摩擦角φ为30°。挡土墙地基为砂土,墙底摩擦系数μ为0.4,墙体材料重度γ为22.0 kN/m³。试验算此挡土墙的抗滑移和抗倾覆稳定性是否满足要求。

5-7　某挡土墙高度H为10.0 m,墙背竖直、光滑,墙后填土表面水平。填土上有均布荷载q为20 kPa。墙后填土分两层:上层为中砂,重度γ_1为18.5 kN/m³,内摩擦角φ_1为30°,层厚h_1为3.0 m;下层为粗砂,重度γ_2为19.0 kN/m³,内摩擦角φ_2为35°。地下水位在离墙顶6.0 m位置。水下粗砂的饱和重度γ_{sat2}为20.0 kN/m³。计算作用在此挡土墙上的总主动土压力和水压力。

5-8　已知一均质土坡,坡角θ为30°,土的重度γ为16.0 kN/m³,内摩擦角φ为20°,黏聚力c为5 kPa。计算此黏性土坡的安全高度H。

5-9　已知某路堤填筑高度H为10.0 m,填土的重度γ为18.0 kN/m³,内摩擦角φ为20°,黏聚力c为7 kPa。求此路基的稳定坡角θ。

5-10　某基坑深度H为6.0 m,土坡坡度1∶1。地基土分为两层:第一层为粉质黏土,天然重度γ_1为18.0 kN/m³,内摩擦角φ_1为20°,黏聚力c_1为5.4 kPa,层厚h_1为3.0 m;第二层为黏土,重度γ_2为19.0 kN/m³,内摩擦角φ_2为16°,黏聚力c_2为10.0 kPa,层厚h_2为10.0 m。试用圆弧条分法分析此土坡稳定性。

任务六　天然地基上的浅基础

知识培养要求

1. 熟悉天然地基上浅基础设计的内容与步骤。
2. 了解地基基础设计的基本规定和一般要求，掌握常见浅基础的结构类型。
3. 理解地基基础不均匀沉降的产生原因，熟悉减轻不均匀沉降的常见措施。

技能培养目标

1. 会进行浅基础的底面尺寸设计。
2. 能够提出减少地基基础不均匀沉降的措施。

第一节　概　述

所有建筑物（构筑物）都建造在一定地层上，地基是指在外荷载作用下所产生的附加应力与变形都不能忽视的那部分土层，即主要受力层。上部荷载是工程建筑物主体，如闸坝、厂房等，基础把上部结构的荷载传给位于其下部的地基，有承上启下的作用。

作用于水工建筑物基础上的荷载较为复杂，除竖向荷载外，尚有水平荷载，地基中还有渗流作用。为了使建筑物安全和正常使用，地基基础设计应满足两个方面的基本要求：一方面是地基应有足够的强度，在荷载作用下，地基土不会被挤出，不致使建筑物失稳破坏；另一方面是地基不能产生过大的变形，特别是不均匀变形，而影响工程的正常使用。因此，水工建筑物的地基设计必须根据建筑物的用途、结构形式、荷载性质及大小和地基的地质条件综合考虑，以便正确选择地基基础形式、基础埋深、基础尺寸，进行地基强度稳定、沉降变形和渗透变形验算。

凡是基础直接建造在未经加固的天然地层上时，这种地基称为天然地基。当地基土软弱，强度和变形不能满足上部结构要求时，必须进行人工加固处理后才能进行建筑的地基，称为人工地基。

基础按埋深可分为浅基础和深基础两类。设置在天然地基上，埋深小于 5 m，可用一般方法（常规方法）和设备进行施工的基础，称为天然地基上浅基础。若埋深大于 5 m，需用特殊方法和设备进行施工的基础，称为深基础。

一、地基基础设计的基本规定

（一）地基基础设计等级

根据地基复杂程度、建筑物规模和功能特征以及由于地基问题可能造成建筑物破坏或影响正常使用的程度，《建筑地基基础设计规范》（GB 50007—2011）将地基基础设计分为三个设计等级，设计时应根据具体情况，按表 6-1 选用。

表 6-1　地基基础设计等级

设计等级	建筑和地基类型
甲级	重要的工业与民用建筑物； 30 层以上的高层建筑； 体型复杂，层数相差超过 10 层的高低层连成一体建筑物； 大面积的多层地下建筑物（如地下车库，商场、运动场等）； 对地基变形有特殊要求的建筑物； 复杂地质条件下的坡上建筑物（包括高边坡）； 对原有工程影响较大的新建建筑物； 场地和地基条件复杂的一般建筑物； 位于复杂地质条件及软土地区的二层及二层以上地下室的基坑工程； 开挖深度大于 15 m 的基坑工程； 周边环境复杂，环境保护要求高的基坑工程
乙级	除甲级、丙级外的工业与民用建筑物； 除甲级、丙级以外的基坑工程
丙级	场地和地基条件简单，荷载分布均匀的七层及七层以下民用建筑及一般工业建筑物；次要的轻型建筑物； 非软土地区且场地地质条件复杂、基坑周边环境条件简单、环境保护要求不高且开挖深度小于 5.0 m 的基坑工程

（二）地基基础设计规定

根据建筑物地基基础设计等级及长期荷载作用下地基变形对上部结构的影响程度，地基基础设计应符合下列规定：

（1）所有建筑物的地基计算均应满足承载力计算的有关规定。

（2）设计等级为甲级、乙级的建筑物，均应按地基变形设计。

（3）表 6-2 所列范围内设计等级为丙级的建筑物可不作地基变形验算，如有下列情况之一，仍应作变形验算：

①地基承载力特征值小于 130 kPa，且体型复杂的建筑；

②在基础上及其附近有地面堆载或相邻基础荷载差异较大，可能引起地基产生过大的不均匀沉降时；

③软弱地基上的建筑物存在偏心荷载时；

④相邻建筑距离过近，可能发生倾斜时；

⑤地基内有厚度较大或厚薄不均的填土，其自重固结未完成时。

（4）对经常受水平荷载作用的高层建筑、高耸结构和挡土墙等，以及建造在斜坡上或边坡附近的建筑物和构筑物，尚应验算其稳定性。

（5）基坑工程应进行稳定性验算。

（6）当地下水埋藏较浅，建筑地下室或地下构筑物存在上浮问题时，尚应进行抗浮验算。

表 6-2　可不作地基变形计算设计等级为丙级的建筑物范围

地基主要受力层情况	地基承载力特征值 f_{ak}(kPa)			$60 \leqslant f_{ak} < 80$	$80 \leqslant f_{ak} < 100$	$100 \leqslant f_{ak} < 130$	$130 \leqslant f_{ak} < 160$	$160 \leqslant f_{ak} < 200$	$200 \leqslant f_{ak} < 300$
	各土层坡度(%)			≤5	≤5	≤10	≤10	≤10	≤10
建筑类型	砌体承重结构、框架结构(层数)			≤5	≤5	≤5	≤6	≤6	≤7
	单层排架结构(6 m柱距)	单跨	吊车额定起重量(t)	5~10	10~15	15~20	20~30	30~50	50~100
			厂房跨度(m)	≤12	≤18	≤24	≤30	≤30	≤30
		多跨	吊车额定起重量(t)	3~5	5~10	10~15	15~20	20~30	30~75
			厂房跨度(m)	≤12	≤18	≤24	≤30	≤30	≤30
	烟囱		高度(m)	≤30	≤40	≤50	≤75		≤100
	水塔		高度(m)	≤15	≤20	≤30	≤30		≤30
			容积(m^3)	≤50	50~100	100~200	200~300	300~500	500~1 000

注:1. 地基主要受力层系指条形基础底面下深度为 $3b$(b 为基础底面宽度),独立基础下深度为 $1.5b$,且厚度均不小于 5 m 的范围(二层以下一般的民用建筑除外)。

2. 地基主要受力层中如有承载力标准值小于 130 kPa 的土层,表中砌体承重结构的设计,应符合《建筑地基基础设计规范》(GB 50007—2011)第七章的有关要求。

3. 表中砌体承重结构和框架结构均指民用建筑,对于工业建筑可按厂房高度、荷载情况折合成与其相当的民用建筑层数。

4. 表中吊车额定起重量、烟囱高度和水塔容积的数值系指最大值。

(三)荷载效应组合规定

地基基础设计时,所采用的荷载效应最不利组合与相应的抗力限值应按下列规定:

(1)按地基承载力确定基础底面面积及埋深或按单桩承载力确定桩数时,传至基础或承台底面上的荷载应按正常使用极限状态下荷载效应的标准组合。相应的抗力应采用地基承载力特征值或单桩承载力特征值。

(2)计算地基变形时,传至基础底面上的荷载效应应按正常使用极限状态下荷载效应的准永久组合,不应计入风荷载和地震作用。相应的限值应为地基变形允许值。

(3)计算挡土墙土压力、地基或斜坡稳定及滑坡推力时,荷载效应应按承载能力极限状态下荷载效应的基本组合,但其分项系数均为 1.0。

(4)在确定基础或桩台高度、支挡结构截面、计算基础或支挡结构内力、确定配筋和验算材料强度时,上部结构传来的荷载效应组合和相应的基底反力,应按承载能力极限状态下荷载效应的基本组合,采用相应的分项系数。

当需要验算基础裂缝宽度时,应按正常使用极限状态荷载效应标准组合。

(5)基础设计安全等级、结构设计使用年限、结构重要性系数应按有关规范的规定采用，但结构重要性系数 γ_0 不应小于1.0。

（四）荷载效应组合计算

（1）正常使用极限状态下，荷载效应的标准组合值 S_k 应用下式表示

$$S_k = S_{Gk} + S_{Q1k} + \sum_{i=2}^{n} \psi_{ci} S_{Qik} \tag{6-1}$$

式中 S_{Gk}——按永久荷载标准值 G_k 计算的荷载效应值；

S_{Qik}——按可变荷载标准值 Q_{ik} 计算的荷载效应值；

ψ_{ci}——可变荷载 Q_i 的组合值系数，按现行《建筑结构荷载规范》（GB 50009—2001）的规定取值。

荷载效应的准永久组合值 S_k 应用下式表示

$$S_k = S_{Gk} + \sum_{i=1}^{n} \psi_{qi} S_{Qik} \tag{6-2}$$

式中 ψ_{qi}——准永久值系数，按现行《建筑结构荷载规范》（GB 50009—2001）的规定取值。

（2）承载能力极限状态下，由可变荷载效应控制的基本组合设计值 S，应用下式表示

$$S = \gamma_G S_{Gk} + \gamma_{Q1} S_{Q1k} + \sum_{i=2}^{n} \gamma_{Qi} \psi_{ci} S_{Qik} \tag{6-3}$$

式中 γ_G——永久荷载的分项系数，按现行《建筑结构荷载规范》（GB 50009—2001）的规定取值；

γ_{Qi}——第 i 个可变荷载的分项系数，按现行《建筑结构荷载规范》（GB 50009—2001）的规定取值。

对由永久荷载效应控制的基本组合，也可采用简化规则，荷载效应基本组合的设计值 S 按下式确定

$$S = 1.35 S_k \leqslant R \tag{6-4}$$

式中 R——结构构件抗力的设计值，按有关建筑结构设计规范的规定确定；

S_k——荷载效应的标准组合值。

二、地基计算

（一）承载力计算

（1）当轴心荷载作用时，基础底面的压力应符合下式要求

$$p_k \leqslant f_a \tag{6-5}$$

式中 p_k——相应于荷载效应标准组合时，基础底面处的平均压力值；

f_a——修正后的地基承载力特征值。

（2）当偏心荷载作用时，除符合式（6-5）要求外，尚应符合下式要求

$$p_{kmax} \leqslant 1.2 f_a \tag{6-6}$$

式中 p_{kmax}——相应于荷载效应标准组合时，基础底面边缘的最大压力值。

（3）当地基受力层范围内有软弱下卧层时，应按下式验算

$$p_z + p_{cz} \leqslant f_{az} \tag{6-7}$$

式中 p_z——相应于荷载效应标准组合时,软弱下卧层顶面处的附加压力值;

p_{cz}——软弱下卧层顶面处土的自重压力值;

f_{az}——软弱下卧层顶面处经深度修正后地基承载力特征值。

(二)地基变形计算

(1)建筑物的地基变形计算值,不应大于地基变形允许值。

(2)地基变形特征可分为沉降量、沉降差、倾斜、局部倾斜。

(三)稳定性计算

(1)地基稳定性可采用圆弧滑动面法进行验算。最危险的滑动面上诸力对滑动中心所产生的抗滑力矩与滑动力矩应符合下式要求

$$M_R/M_S \geqslant 1.2 \tag{6-8}$$

式中 M_S——滑动力矩;

M_R——抗滑力矩。

(2)位于稳定土坡坡顶上的建筑,当垂直于坡顶边缘线的基础底面边长小于或等于 3 m 时,其基础底面外边缘线至坡顶的水平距离(见图 6-1)应符合下式要求,但不得小于 2.5 m:

条形基础

$$a \geqslant 3.5b - \frac{d}{\tan\beta} \tag{6-9}$$

矩形基础

$$a \geqslant 2.5b - \frac{d}{\tan\beta} \tag{6-10}$$

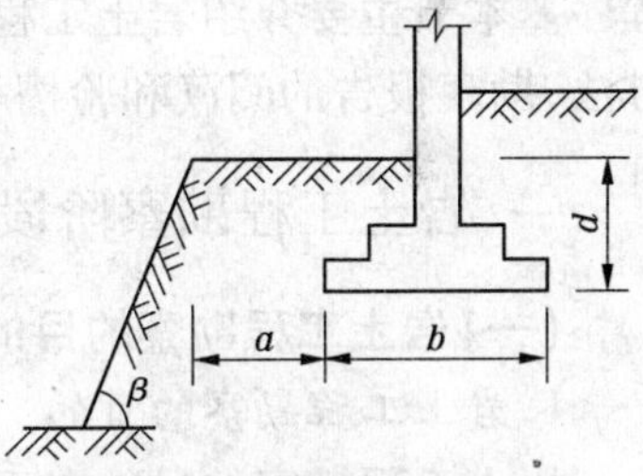

图 6-1 基础底面外边缘线至坡顶的水平距离示意

式中 a——基础底面外边缘线至坡顶的水平距离;

b——垂直于坡顶边缘线的基础底面边长;

d——基础埋深;

β——边坡坡角。

当基础底面外边缘线至坡顶的水平距离不满足式(6-9)、式(6-10)的要求时,可根据基底平均压力按公式(6-8)确定基础距坡顶边缘的距离和基础埋深。当边坡坡角大于 45°,坡高大于 8 m 时,尚应按式(6-8)验算坡体稳定性。

三、地基基础设计内容与步骤

(一)设计资料

在一般情况下,地基基础设计需具备以下资料:

(1)建筑场地的地形图。

(2)建筑场地的工程地质勘察资料。

(3)建筑物的平面、立面、剖面图及其使用要求。

(4)建筑材料的供应情况。

(二)地基基础的设计步骤

(1)选择基础的材料和类型。

(2)选择基础的埋深。

(3)确定地基承载力。

(4)根据地基承载力,确定基础的构造尺寸,必要时进行下卧层强度验算。

(5)进行必要的地基验算(包括变形与稳定性验算)。

(6)进行基础的结构和构造设计。

(7)绘制基础施工图。

第二节 岩土工程地质勘察

地基岩土的工程特性将直接影响建筑物的安全。在工程设计之前,必须先了解建设场地的自然环境及工程地质条件,通过各种勘察手段和测试方法,对拟建场地进行岩土工程勘察,为设计提供翔实、可靠的工程地质资料,严格贯彻先勘察、后设计、再施工的建设程序。本节主要介绍岩土工程勘察的目的,勘察阶段的划分及技术要点,勘察及现场测试方法,勘察报告的阅读和验槽等内容。

一、岩土工程勘察阶段划分及技术要点

(一)岩土工程勘察的目的及内容

1. 岩土工程勘察的目的

岩土工程勘察的目的在于以各种勘察手段和方法,调查研究和分析评价建筑场地和地基的工程地质条件,为设计和施工提供所需的工程地质资料。

2. 工程勘察的主要内容

(1)查明建设场地与地基的稳定性问题。主要查明场地与断裂构造的位置关系,断裂地质构造的活动性以及规模,地震的基本烈度,砂土液化的可能性,场地有无滑坡、泥石流等不良地质现象及其危害程度。

(2)查明场地的地层类别、成分、厚度和坡度变化。

(3)查明场地的水文地质条件。重点查明地下水的类型、补给来源、排泄条件、埋藏深度及污染程度等。

(4)查明地基土的物理力学性质指标。

(5)确定地基承载力,预估基础沉降量。

(6)提出地基基础设计方案的建议。

(二)岩土工程勘察阶段及技术要点

1. 选址勘察(可行性研究勘察)

选址勘察的目的在于通过踏勘了解现场地形地貌、地质构造、岩土工程特性、地下水情况以及不良地质现象,是否存在影响建筑物基础的地下设施及采空区等,同时了解场地位置,当地建筑经验及人文、交通等状况。选址勘察时应尽量避开对工程建设不利的地段及区域。

2. 初步勘察(初勘)

初步勘察的目的在于通过勘察,判定场地的工程地质和水文地质条件。根据初步设计

或扩初设计提供的方案,对场地进行全面的普查。通过普查,查明拟建场地的以下情况:

(1)地层及地质构造。

(2)岩石和土的物理力学性质。

(3)地下水的埋藏条件。

(4)不良地质现象及地震效应。

3. 详细勘察(详勘)

详勘是在初勘的基础上,配合施工图设计的要求,对建筑地基所做的岩土工程勘察。详勘阶段的主要任务是:

(1)查明建筑物基础范围内的地层结构,岩土的物理力学性质。

(2)对地基的稳定性和承载力作出评价。

(3)选择地基基础设计方案。

(4)提供不良地质现象防治措施及地基处理方案。

(5)查明有关地下水的埋藏条件和侵蚀性。

4. 施工勘察

施工勘察是配合施工过程中出现的技术问题进行勘察工作。

二、地基勘察方法及原位测试

(一)勘探点的布置

1. 勘探点的间距

详勘阶段勘探点的间距应满足表6-3的要求。

表6-3 详勘阶段勘探点的间距

地基复杂程度等级	勘探点间距(m)
复杂	10~15
中等复杂	15~30
简单	30~50

2. 详勘阶段勘探点的布置规定

(1)勘探点宜按建筑场地周边线和角点布置。

(2)同一建筑范围内的主要受力层或受影响的下卧层起伏较大时,应加密勘探点,查明其变化。

(3)重大设备基础应单独布置勘探点,重大的动力机械基础和高耸构筑物,勘探点不宜少于3个。

(4)单幢高层建筑勘探点的布置,应满足对地基均匀性的要求,且不应少于4个。

(5)在复杂地质条件及特殊性土建筑场地,宜布置适量探井。

3. 勘探点的深度

详细勘察的勘探孔深度自基础底面算起,应符合下列规定:

(1)勘探孔深度应能控制地基主要受力层,当基础底面宽度不大于5 m时,勘探孔的深度对条形基础不应小于基础底面宽度的 3 倍，对单独柱基不应小于 1.5 倍，且不应小于 5 m。

(2) 对高层建筑和需作变形计算的地基，控制性勘探孔深度应超过地基变形计算深度；高层建筑的一般性勘探孔应达到基底下 0.5 ~ 1.0 倍的基础宽度，并深入稳定分布的地层。

(3) 对仅有地下室的建筑或高层建筑的裙房，当不能满足抗浮设计的要求，需设置抗浮锚杆时，勘探孔深度应满足抗拔承载力评价的要求。

(4) 当有大面积地面堆载或软弱下卧层时，应适当加深控制性勘探孔的深度。

(5) 大型设备基础勘探孔深度不宜小于基础底面宽度的 2 倍。

(6) 当需进行地基处理和采用桩基时，勘探孔的深度应满足相应规范的要求。

(7) 在上述规定深度内，当遇基岩或厚层碎石土等稳定地层时，勘探孔深度应根据情况进行调整。

(二) 地基勘察方法

1. 钻探

钻探具体又分为回转式、冲击式、振动式以及冲击—回转式等。每种钻进方法各有特点，分别适用于不同的地层。根据《岩土工程勘察规范》(GB 50021—2001) 的规定，钻进方法可根据地层类别及勘察要求进行选择。

2. 井探、槽探、洞探和地球物理勘探

当用钻探方法难以查明地下情况时，可采用探井、探坑（见图 6-2）进行勘探，直接观察地基土层情况，并从探井（坑）中取原状土样进行试验分析。

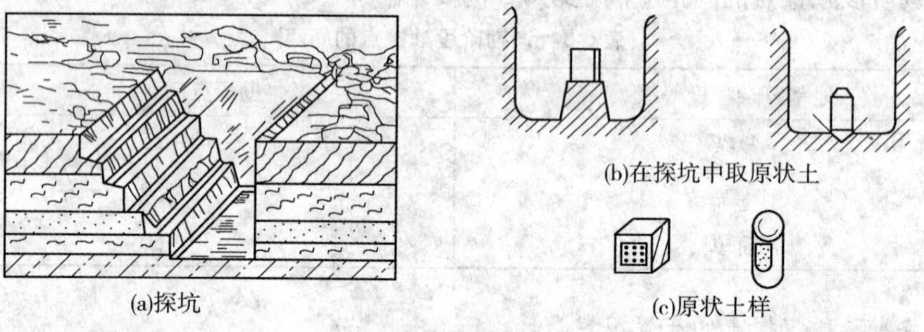

图 6-2 探坑示意

(三) 地基原位测试

地基原位测试是在岩土原来所处的位置上，基本保持其天然结构、含水量及天然应力状态下进行的测试技术。

常用的原位测试方法如下。

1. 静载荷试验

试验装置如图 6-3 所示（详见任务 4）。

2. 动力触探试验

动力触探是利用一定的锤击能量，将一定形式的探头贯入土中，并记录贯入一定深度所需的锤击数，以此判断土的性质。动力触探试验设备简单、效率高，故在岩土工程勘察

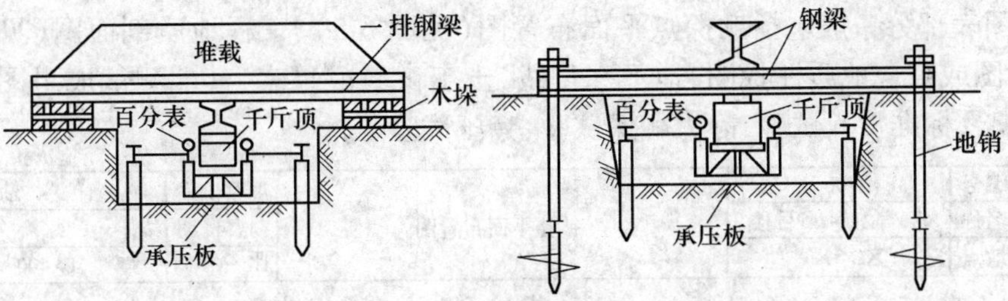

图 6-3　静载荷试验

中应用较广。

动力触探依照探头形式分为标准贯入试验和圆锥动力触探。

3. 静力触探试验

静力触探试验是通过静压力将一个内部装有传感器的触探头(见图 6-4)匀速压入土中,通过量测土对探头的阻力,推测被测土层的工程性质。

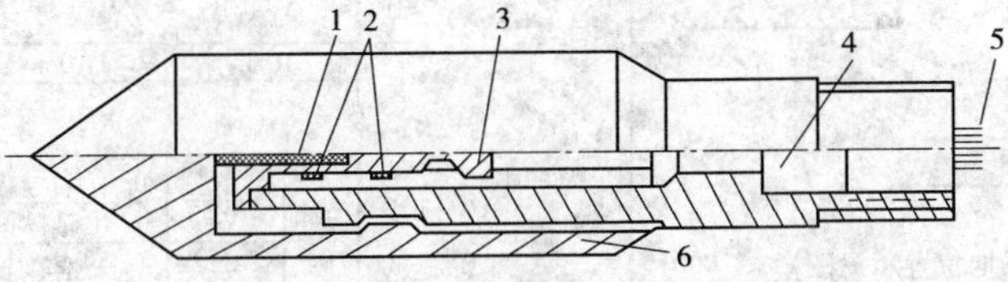

1—顶柱;2—电阻应变片;3—传感器;

4—密封垫圈套;5—四芯电缆;6—外套筒

图 6-4　静力触探试验

地基土的承载力取决于土本身的力学性质,而静力触探所得的比贯入阻力等指标在一定程度上反映了土的某些力学性质。根据静力触探试验资料和其他的测试结果(如取原状土在室内进行测试)相互对比,建立相关关系,或者可间接地按地区性的经验关系估算土的承载力、压缩性指标、单桩承载力、沉桩可能性和液化趋势等。

静力触探试验适用于黏性土、粉土、砂土及含少量碎石的土层。尤其适合对地层变化较大的复杂场地以及不易取得原状土样的饱和砂土和高灵敏度的软黏土地层。但静力触探不能直接识别地层,而且对碎石类地层和较密实的砂土层难以贯入,因此经常须与钻探配合使用。

三、工程地质勘察报告

(一)工程地质勘察报告的编制

工程地质勘察报告一般分为文字和图表两部分。

(1)文字部分一般包括任务要求及勘察工作概况、场地位置、地形地貌、地质构造、不良地质现象及地震设计烈度、场地的地层分布、岩石和土的均匀性、物理力学性质、地基承载力和其他设计计算指标、地下水的埋藏条件和腐蚀性以及土层的冻结深度、对建筑场地及地基进行综合的工程地质评价、对场地的稳定性和适宜性作出结论,并指出存在的问题和提出有关地基基础方案的建议。

(2)图表部分一般包括勘探点平面布置图(见图6-5)、工程地质剖面图(见图6-6)、地质柱状图或综合地质柱状图、地下水位线、土工试验成果表、其他测试成果图表(如现场载荷试验、标准贯入试验、静力触探试验、旁压试验等)。

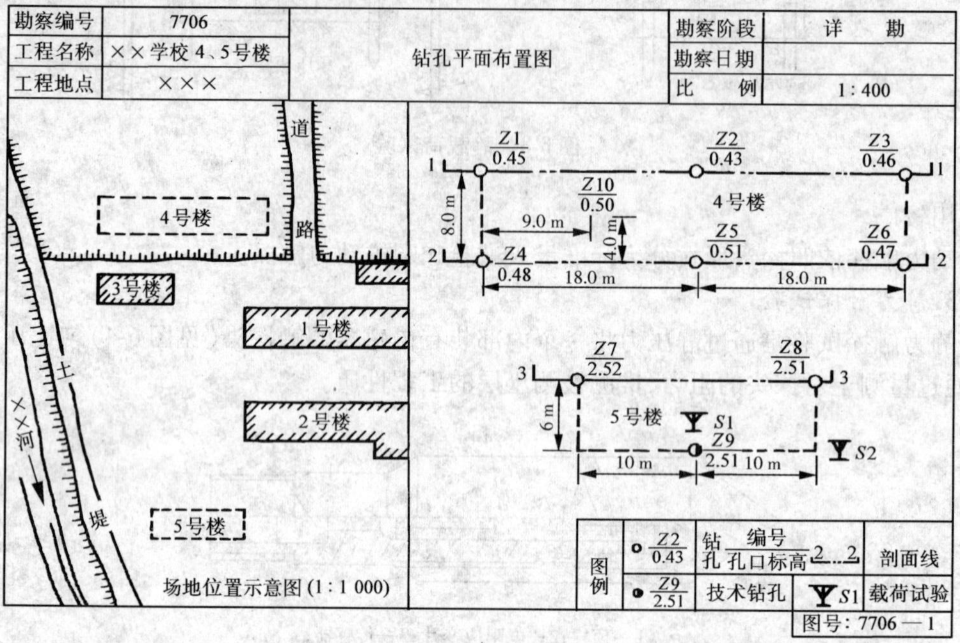

图6-5 钻孔平面布置

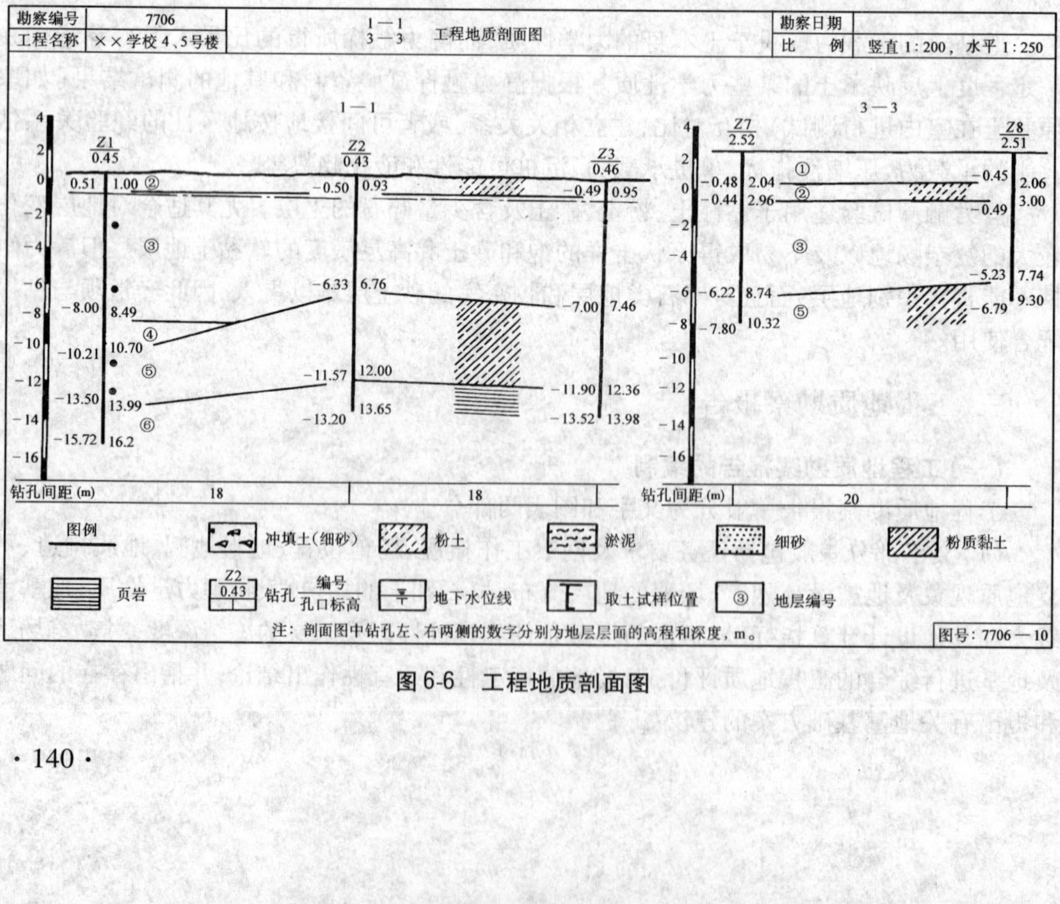

图6-6 工程地质剖面图

(二)工程地质勘察报告的阅读使用

1. 持力层的选择

根据勘察资料,合理地确定地基承载力是选择持力层的关键。而地基承载力的确定取决于很多因素,单纯依靠某种方法确定的承载力值不一定完全合理,只有通过认真阅读勘察报告,分析所得到的有关野外和室内的各种资料,并结合当地实践经验,才能确定地基承载力。然后在熟悉场地各土层的分布和物理力学性质(层状分布情况、状态、压缩性和抗剪强度、厚度、埋深及均匀程度等)的基础上,结合拟建工程的具体情况初步确定持力层,并经过试算或方案比较,最后作出决定。

2. 场地稳定性的评价

场地的地质构造(褶皱、断层等)、不良地质现象(滑坡、泥石流、塌陷等)、地层成层条件和地震等都会影响场地的稳定性,在勘察中必须查明其分布规律、具体条件、危害程度。

在不良地质现象发育且对场地稳定性有直接危害或潜在威胁的地区修建建筑物,必须慎重对待。如不得不在其中较为稳定的地段进行建筑,要事先采取有力措施、防范于未然,以免造成损失。

四、验槽

当基坑(槽)开挖至设计标高时,施工单位应组织勘察、设计、质量监督和建设单位等有关人员共同检查坑底土层是否与设计、勘察资料相符,是否存在填井、填塘、暗沟、墓穴等不良地质情况,这个过程称为验槽。

验槽的方法:观察验槽、夯、拍或钎探、手摇螺纹钻探(见图6-7)等。

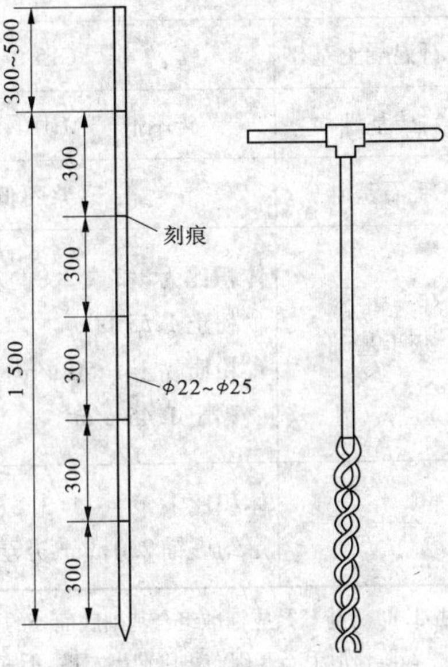

(a)钢钎　(b)手摇小螺纹钻

图6-7　两种轻便勘探工具　(单位:mm)

第三节　浅基础的类型

一、无筋扩展基础

无筋扩展基础是指由砖、毛石、混凝土或毛石混凝土、灰土和三合土等材料组成的墙下条形基础或柱下独立基础。基础材料及其质量要求见表6-4。无筋扩展基础适用于多层民用建筑和轻型厂房。

基础高度应符合下式要求(见图6-8)

$$H_0 \geqslant \frac{b - b_0}{2\tan\alpha} \tag{6-11}$$

式中　b——基础底面宽度；

b_0——基础顶面的墙体宽度或柱脚宽度；

H_0——基础高度；

$\tan\alpha$——基础台阶宽高比 $b_2 : H_0$，其允许值可按表 6-4 选用；

b_2——基础台阶宽度。

表 6-4　无筋扩展基础台阶宽高比的允许值

基础材料	质量要求	台阶宽高比的允许值		
		$p_k \leqslant 100$	$100 < p_k \leqslant 200$	$200 < p_k \leqslant 300$
混凝土基础	C15 混凝土	1∶1.00	1∶1.00	1∶1.25
毛石混凝土基础	C15 混凝土	1∶1.00	1∶1.25	1∶1.50
砖基础	砖不低于 MU10、砂浆不低于 M5	1∶1.50	1∶1.50	1∶1.50
毛石基础	砂浆不低于 M5	1∶1.25	1∶1.50	—
灰土基础	体积比为 3∶7 或 2∶8 的灰土，其最小干密度： 粉土 1.55 t/m^3 粉质黏土 1.50 t/m^3 黏土 1.45 t/m^3	1∶1.25	1∶1.50	—
三合土基础	体积比 1∶2∶4～1∶3∶6（石灰∶砂∶骨料），每层约虚铺 220 mm，夯至 150 mm	1∶1.50	1∶2.00	—

注：1. p_k 为荷载效应标准组合基础底面处的平均压力值，kPa。

2. 阶梯形毛石基础的每阶伸出宽度，不宜大于 200 mm。

3. 当基础由不同材料叠合组成时，应对接触部分作抗压验算。

4. 基础底面处的平均压力值超过 300 kPa 的混凝土基础，尚应进行抗剪验算。

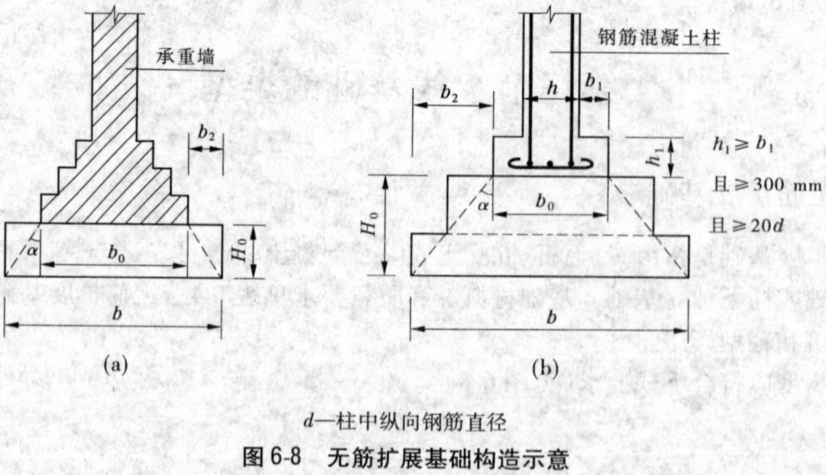

d—柱中纵向钢筋直径

图 6-8　无筋扩展基础构造示意

采用无筋扩展基础的钢筋混凝土柱，其柱脚高度 h_1 不得小于 b_1（见图 6-8），并不应小于 300 mm 且不小于 $20d$（d 为柱中的纵向受力钢筋的最大直径）。当柱中的纵向钢筋在柱脚内的竖向锚固长度不满足锚固要求时，可沿水平方向弯折，弯折后的水平锚固长度不应小于 $10d$ 也不应大于 $20d$。

二、扩展基础

扩展基础是指柱下钢筋混凝土独立基础（见图 6-9）和墙下钢筋混凝土条形基础（见图 6-10）。这类基础抗弯、抗剪强度都很高，具有较强的耐久性和抗冻性，特别适用于荷载较大、土质较软弱且基底面积较大又必须浅埋的情况。

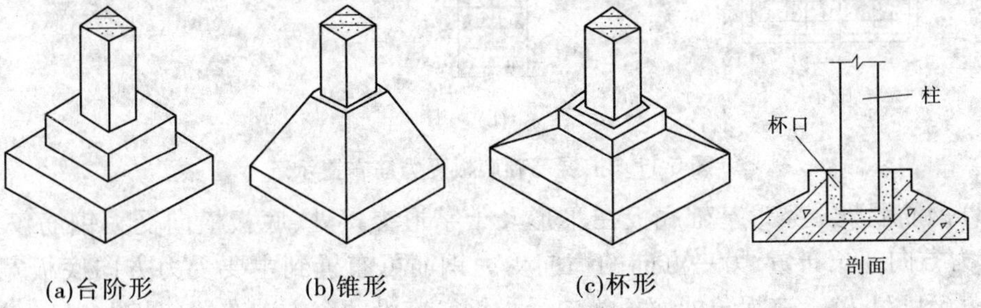

图 6-9　柱下钢筋混凝土独立基础

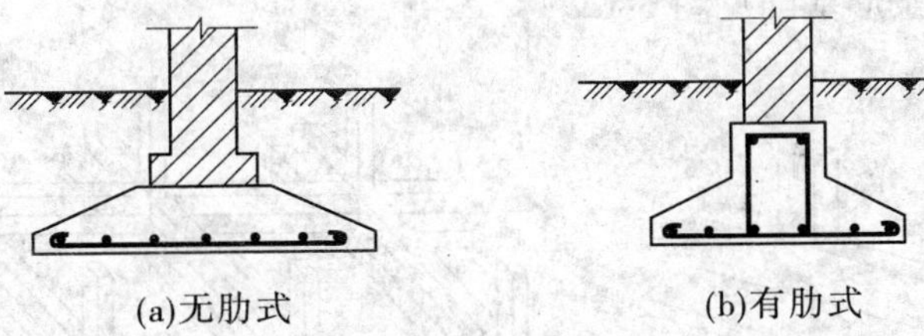

图 6-10　墙下钢筋混凝土条形基础

扩展基础的构造，应符合下列要求：

（1）锥形基础的边缘高度，不宜小于 200 mm；阶梯形基础的每阶高度，宜为 300 ~ 500 mm。

（2）垫层的厚度不宜小于 70 mm，垫层混凝土强度等级应为 C10。

（3）扩展基础底板受力钢筋的最小直径不宜小于 10 mm；间距不宜大于 200 mm，也不宜小于 100 mm。墙下钢筋混凝土条形基础纵向分布钢筋的直径不小于 8 mm，间距不大于 300 mm，每延米分布钢筋的面积应不小于受力钢筋面积的 1/10。当有垫层时钢筋保护层的厚度不小于 40 mm，无垫层时不小于 70 mm。

（4）混凝土强度等级不应低于 C20。

（5）当柱下钢筋混凝土独立基础的边长和墙下钢筋混凝土条形基础的宽度大于或等于 2.5 m 时，底板受力钢筋的长度可取边长或宽度的 0.9 倍，并宜交错布置（见图 6-11(a)）。

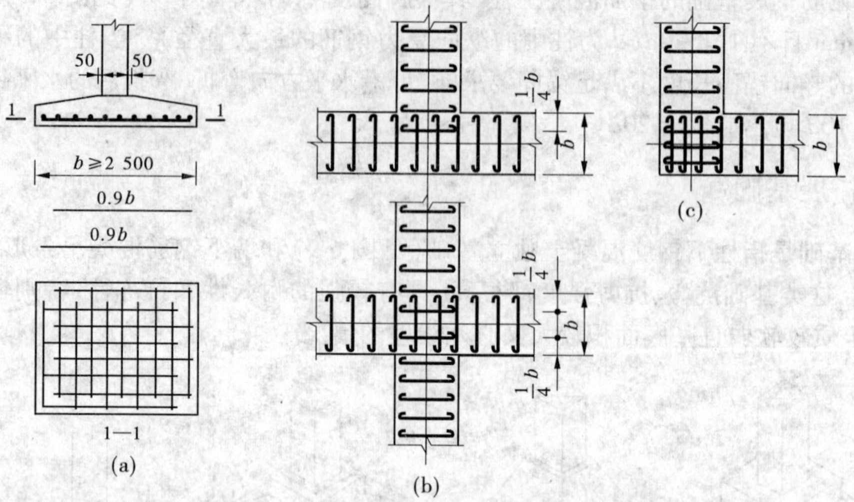

图 6-11　扩展基础底板受力筋布置示意

(6)钢筋混凝土条形基础底板在 T 形及十字形交接处,底板横向受力钢筋仅沿一个主要受力方向通长布置,另一方向的横向受力钢筋可布置到主要受力方向底板宽度 1/4 处(见图 6-11(b))。在拐角处底板横向受力钢筋应沿两个方向布置(见图 6-11(c))。

三、柱下钢筋混凝土条形基础

柱下钢筋混凝土条形基础见图 6-12。

(a)单向布置　　(b)双向布置(十字交叉)

图 6-12　柱下钢筋混凝土条形基础

当柱受的荷载较大而地基又较软弱,采用独立基础基底面积很大而几乎要相互连接,为增加基础的整体性和整体刚度,而将同一排柱下基础连通做成钢筋混凝土条形基础,或在柱网下纵、横两个方向设置钢筋混凝土条形基础。

柱下条形基础的构造,除满足扩展基础的构造要求外,尚应符合下列规定:

(1)柱下条形基础梁的高度宜为柱距的 1/4 ~ 1/8。翼板厚度不应小于 200 mm。当翼板厚度大于 250 mm 时,宜采用变厚度翼板,其坡度宜小于或等于 1∶3。

(2)条形基础的端部宜向外伸出,其长度宜为第一跨距的 0.25 倍。

(3)现浇柱与条形基础梁的交接处,其平面尺寸不应小于图 6-13 的规定。

(4)条形基础梁顶部和底部的纵向受力钢筋除满足计算要求外,顶部钢筋按计算配筋全部贯通，底部通长钢筋不应小于底部受力钢筋截面总面积的1/3。

(5)柱下条形基础的混凝土强度等级，不应低于C20。

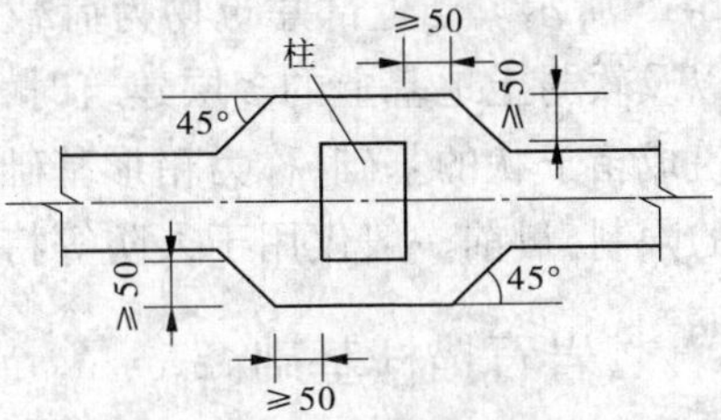

图6-13　现浇柱与条形基础梁的交接处平面尺寸

四、高层建筑筏形基础

对于高层建筑荷载很大，基础总面积接近或大于等于其平面面积时，可用钢筋混凝土做成整块的筏形基础。筏形基础分为梁板式和平板式两种类型(见图6-14)，其选型应根据工程地质、上部结构体系、柱距、荷载大小以及施工条件等因素确定。

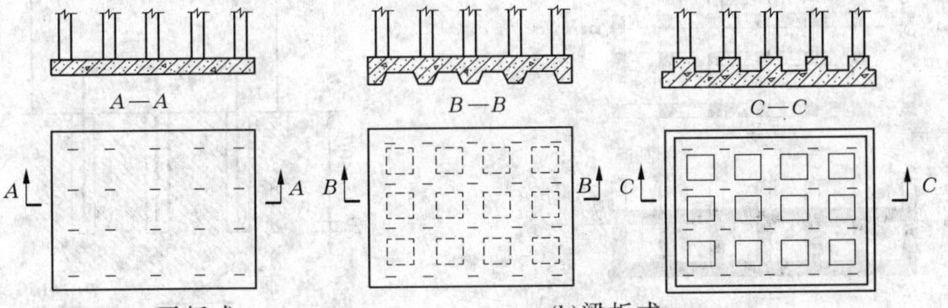

图6-14　钢筋混凝土筏形基础

筏形基础的平面尺寸，应根据地基土的承载力、上部结构的布置及荷载分布等因素按《建筑地基基础设计规范》(GB 50007—2011)有关规定确定。对单幢建筑物，在地基土比较均匀的条件下，基底平面形心宜与结构竖向永久荷载重心重合。当不能重合时，在荷载效应准永久组合下，偏心距e宜符合下式要求

$$e \leqslant 0.1W/A \tag{6-12}$$

式中　W——与偏心距方向一致的基础底面边缘抵抗矩；

A——基础底面面积。

筏形基础的混凝土强度等级不应低于C30。当有地下室时应采用防水混凝土，防水混凝土的抗渗等级应根据地下水的最大水头与防渗混凝土厚度的比值，按现行《地下工程防水技术规范》(GB 50108—2008)选用，但不应小于0.6 MPa，必要时宜设架空排水层。

采用筏形基础的地下室，地下室钢筋混凝土外墙厚度不应小于250 mm，内墙厚度不应小于200 mm。墙的截面设计除满足承载力要求外，尚应考虑变形、抗裂及防渗等要求。墙体内应设置双面钢筋，竖向钢筋和水平钢筋的直径不应小于12 mm，间距不应大于300 mm。

五、箱形基础

箱形基础主要是由钢筋混凝土底板、顶板、侧墙及一定数量纵墙构成的封闭箱体，如

图 6-15 所示。当上部建筑物为荷载大、对地基不均匀沉降要求严格的高层建筑、重型建筑以及软弱土地基上的多层建筑时，为增加基础刚度，将地下室的底板、顶板和墙体整体浇筑成箱子状的基础，称为箱形基础。箱形基础由于设计要求高、施工难度大及受使用功能的限制，目前一般仅用于人防等特殊用途的建筑中。

六、岩石锚杆基础

岩石锚杆基础适用于直接建在基岩上的柱基，以及承受拉力或水平力较大的建筑物基础。锚杆基础应与基岩连成整体，并应符合下列要求：

（1）锚杆孔直径，宜取锚杆直径的 3 倍，但不应小于一倍锚杆直径加 50 mm。锚杆基础的构造要求，可按图 6-16 采用。

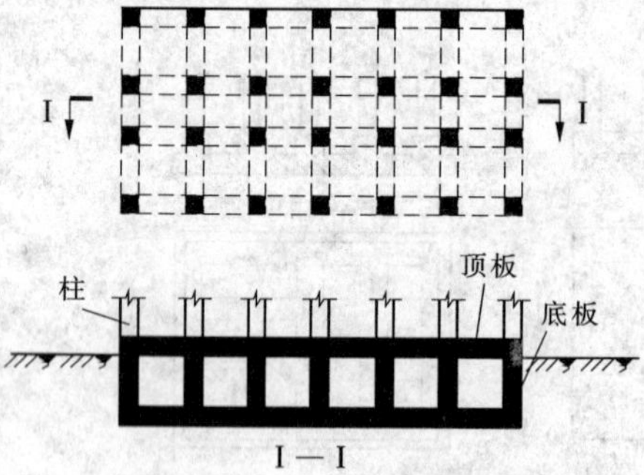

图 6-15　箱形基础

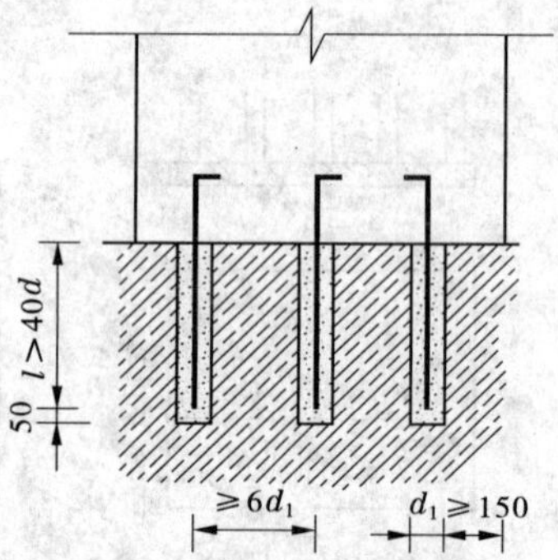

d_1—锚杆孔直径；d—锚杆直径；l—锚杆的有效锚固长度

图 6-16　锚杆基础

（2）锚杆插入上部结构的长度，应符合钢筋的锚固长度要求。

（3）锚杆宜采用热轧带肋钢筋，水泥砂浆强度不宜低于 30 MPa，细石混凝土强度不宜低于 C30。灌浆前，应将锚杆孔清理干净。

第四节　基础的埋深

基础埋深指基础底面至设计地面的距离。基础埋深的大小，对建筑物的安全和正常使用、基础施工技术措施、施工工期和造价等影响很大，因此应详细分析建筑物荷载大小、性质、地质勘探资料、使用要求以及基础所用材料等因素，确定一个施工可行、经济合理的方案。

基本原则是：在满足地基稳定和变形要求的前提下，基础宜浅埋，当上层地基的承载力大于下层土的承载力时，宜利用上层土做持力层。除岩石地基外，基础埋深不宜小于 0. 5 m。

基础的埋深，应按下列条件确定。

一、建筑物的用途，有无地下室、设备基础和地下设施，基础的形式和构造

确定基础埋深时，应清楚地了解建筑物的用途，有无地下室、设备基础和地下设施等。

当有地下室、设备基础和地下设施时,往往要求加大基础的埋深。有时基础的形式和构造要求也是决定基础埋深的因素:如无筋扩展基础底面面积确定后,按构造要求其最小高度也就确定了,也确定了基础的最小埋深。

二、作用在地基上的荷载大小和性质

基础埋深的选择必须考虑荷载的大小和性质。对于同一土层而言,荷载小的基础可能是良好的持力层;而对荷载大的基础可能不适宜做持力层。尤其承受较大上拔力的基础或承受较大水平荷载的基础(如输电塔)往往需要较大的埋深,保证基础的稳定。此外,对于饱和的细粉砂土层,不宜作为承受振动荷载用的基础持力层,以免产生"液化"现象造成地基失稳。

三、工程地质和水文地质条件

为了保证建筑物的安全与正常使用,一是必须根据荷载大小和性质给基础选择可靠的持力层,二是注意地下水的埋藏条件和动态。

一般当上层土的承载力能满足要求时,应尽量选择浅埋,以减少造价;若其下有软弱土层,则应验算软弱下卧层的承载力是否满足要求,并尽可能地增大基底至软弱层的距离。当上层土软弱不宜做持力层时,这时基础的埋深应根据建筑物荷载大小、性质和软弱土层的厚度以及施工难易、材料用量来综合考虑确定。在一般情况下,软弱土层较薄时,可考虑全部挖去,将基础置于强度较高的土层上;若软弱土层较厚,可采用深基础、桩基础或人工加固处理。考虑到地基在水平方向上的不均匀性,有时在同一建筑物的不同部位可选择不同埋深来调整沉降差。

对于天然地基上的浅基础设计,首先应尽量考虑将基础埋置在地下水位以上,以免施工排水的麻烦。如按设计必须置于地下水位以下,除考虑基坑排水、坑壁围护以及保护地基土不受扰动等措施外,还应考虑地下水对基础是否有侵蚀性,出现涌土、流砂的可能性等施工问题。对于河流中的渡槽和桥的墩台基础,其埋深必须超过河流的最大冲刷深度,以防止基础周围及基底下的土被淘空,使基础倾斜。

四、相邻建筑物的基础埋深

一般新建建筑物基础埋深不宜大于相邻原基础的基础。当必须深于原基础时,两基础之间应保持一定净距,数值根据原有建筑荷载大小和土质情况确定。一般取两相邻地面高差的1~2倍。当墙下条形基础有不同埋深时,应沿基础纵向做成台阶形,并由深到浅过渡。

五、地基土冻胀和融陷的影响

季节性冻土是冬季冻结,天暖融化的土层。季节性冻土在冻融过程中反复产生冻胀和融陷使土的强度降低,压缩性增大。为了使建筑免遭冻害,应考虑地基的冻胀性,对于埋置在冻胀土中的基础,应保证基础有相应的最小埋深 d_{min} 以消除基底冻胀力。地基的冻胀性以及基础的最小埋深 d_{min} 参见《建筑地基基础设计规范》(GB 50007—2011)。

长期在水下的基础，如水闸底板，可不考虑冻胀影响。

第五节　基础底面尺寸的确定

基础类型及其埋深确定后，根据作用在基础上的荷载与地基的承载力初步确定基础的底面尺寸。

一、中心荷载作用下的基础

当轴心荷载作用时，基础底面的压力应符合式(6-5)的要求，即

$$p_k = \frac{F_k + G_k}{A} = \frac{F_k + \gamma_G A d}{A} \leqslant f_a \tag{6-13}$$

由此可以得到基底面积为

$$A \geqslant \frac{F_k}{f_a - \gamma_G d} \tag{6-14}$$

式中　F_k——相应于荷载效应标准组合时，上部结构传至基础顶面的竖向力值；

G_k——基础自重和基础上的土重，$G_k = \gamma_G A d$；

γ_G——基础和基础上土的平均重度，一般取 $\gamma_G = 20\ \mathrm{kN/m^3}$；

d——基础的埋深；

A——基础底面面积；

f_a——修正后的地基承载力特征值。

(1)对于柱下独立基础，如果取基础长边 l 与短边 b 的比例为 $l/b = n$(一般取 $n = 1.0 \sim 2.0$)，则 $A = lb = nb^2$，那么基础短边尺寸为

$$b \geqslant \sqrt{\frac{A}{n}} = \sqrt{\frac{F_k}{n(f_a - \gamma_G d)}} \tag{6-15}$$

基底长边尺寸　$l = nb$

(2)对于墙下条形基础，通常取 1 延米进行计算，则其宽度为

$$b \geqslant \frac{F_k}{f_a - \gamma_G d} \tag{6-16}$$

二、偏心荷载作用下的基础

当偏心荷载作用时，除符合式(6-5)要求外，尚应符合式(6-6)的要求。因此，可先满足式(6-5)的要求，按式(6-14)估算基底面积，然后将其计算结果增加 10% ~40% 作为基底面积，使其满足式(6-6)的要求，即取基础底面面积为

$$A = (1.1 \sim 1.4)\frac{F_k}{f_a - \gamma_G d} \tag{6-17}$$

对于条形基础可取 1 延米进行计算，将式(6-17)的 A 用 b 代替求得基础宽度；对于柱下矩形独立基础，取基础长边与短边之比 $l/b = 1.5 \sim 2.0$，初步确定基础底面尺寸。不论是条形基础还是矩形基础均可按式(6-18)验算基础边缘最大压力，满足式(6-18)要求

即可。

$$p_{\mathrm{kmax}} = \frac{F_{\mathrm{k}} + G_{\mathrm{k}}}{A} + \frac{M_{\mathrm{k}}}{W} \leqslant 1.2f_{\mathrm{a}} \tag{6-18}$$

式中 p_{kmax}——相应于荷载效应标准组合时,基础底面边缘的最大压力值;

M_{k}——相应于荷载效应标准组合时,作用于基础底面的力矩值;

W——基础底面的抵抗矩。

式(6-18)的适用条件是 $M_{\mathrm{k}}/(F_{\mathrm{k}}+G_{\mathrm{k}}) \leqslant \dfrac{l}{6}$。

三、地基软弱下卧层验算

当地基受力层范围内有软弱下卧层时,应按下式验算软弱下卧层顶面的地基强度。

$$p_{\mathrm{z}} + p_{\mathrm{cz}} \leqslant f_{\mathrm{a}}$$

式中 f_{a}——软弱下卧层顶面处深度修正后的地基承载力特征值,kPa;

p_{cz}——软弱下卧层顶面处土的自重压力值,kPa;

p_{z}——相应于荷载效应标准组合时,软弱下卧层顶面处的附加压力值,可采用简化方法计算,kPa。

矩形基础

$$p_{\mathrm{z}} = \frac{lb(p - \gamma d)}{(b + 2z\tan\theta)(l + 2z\tan\theta)} \tag{6-19}$$

条形基础

$$p_{\mathrm{z}} = \frac{b(p - \gamma d)}{b + 2z\tan\theta} \tag{6-20}$$

式中 b——矩形基础或条形基础底边的宽度,m;

l——矩形基础底边的长度,m;

z——基础底面至软弱下卧层顶面的距离,m;

θ——地基压力扩散角,(°),可按表6-5采用;

p——基底压力,kPa。

表6-5 地基压力扩散角 θ

$E_{\mathrm{s1}}/E_{\mathrm{s2}}$	z/b	
	0.25	0.50
3	6°	23°
5	10°	25°
10	20°	30°

注:1. E_{s1}为上层土压缩模量,E_{s2}为下层土压缩模量。

2. $z/b<0.25$时取$\theta=0°$,必要时,宜由试验确定;$z/b>0.50$时θ值不变。

【例6-1】 某厂房墙下条形基础,上部轴心荷载 $F_{\mathrm{k}}=180$ kN/m,埋深1.1 m;持力层及基底以上地基土为粉质黏土，$\gamma_m = 19.0\ kN/m^3$；$e = 0.80$，$I_L = 0.75$，$f_{ak} = 200\ kPa$，地下水位位于基底处。试确定所需基础宽度。

解：(1)先用未经深宽修正的地基承载力特征值初步计算基础底面尺寸

$$b \geqslant \frac{F_k}{f_a - \gamma_G d} = \frac{180}{200 - 20 \times 1.1} = 1.01(m)，取\ b = 1.0\ m$$

(2)地基承载力特征值的深宽修正

由于 $I_L = 0.75 < 0.85$，$e = 0.80 < 0.85$，查表 4-3 可得：$\eta_b = 0.3$，$\eta_d = 1.6$；$b < 3\ m$，按 $b = 3\ m$计算，故

$$f_a = f_{ak} + \eta_d \gamma_m (d - 0.5) = 200 + 1.6 \times 19.0 \times (1.1 - 0.5) = 218.2(kPa)$$

(3)地基承载力验算

$$p_k = F_k/A + \gamma_G d = 180/1 \times 1 + 20 \times 1.1 = 202(kPa) < f_a = 218.2\ kPa$$

满足要求，故基础宽度 $b = 1.0\ m$ 合适。

【例 6-2】 某一砖承重墙下条形无筋扩展基础，上部结构传来竖向力值 $F_k = 180\ kN/m$，地质资料如图 6-17 所示，基础埋深 1.0 m，基础底面宽度 1.25 m。试验算基础宽度及软弱下卧层强度。

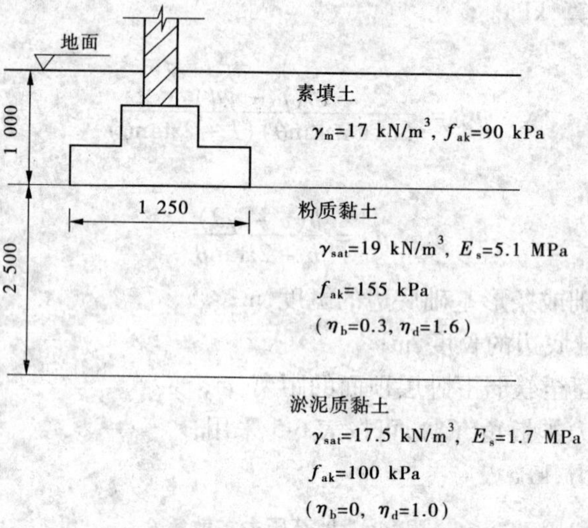

图 6-17 例 6-2 图 (单位：mm)

解：(1)修正后的地基承载力特征值

$$f_a = f_{ak} + \eta_d \gamma_m (d - 0.5) = 155 + 1.6 \times 17 \times (1.0 - 0.5) = 169(kPa)$$

(2)验算基底宽度

$$p_k = \frac{F_k + G_k}{A} = \frac{F_k + \gamma_G A d}{A} = \frac{180 + 20 \times 1.25 \times 1.0}{1.25} = 164(kPa) \leqslant f_a = 169\ kPa$$

满足要求。

(3)基底附加压力

$$p_0 = p_k - \gamma d = 164 - 17 \times 1.0 = 147(kPa)$$

(4)下卧层顶面处附加压力设计值

$$\frac{z}{b}=\frac{2.5}{1.25}=2.0>0.5,\frac{E_{s1}}{E_{s2}}=\frac{5.1}{1.7}=3$$

查表 6-5 得 $\theta=23°$。

下卧层顶面处的附加压力值

$$p_z=\frac{bp_0}{b+2z\tan\theta}=\frac{1.25\times147}{1.25+2\times2.5\times0.4245}=54.48(\text{kPa})$$

(5)下卧层顶面处土的自重压力值

$$p_{cz}=17\times1+(19-9.8)\times2.5=40(\text{kPa})$$

(6)下卧层顶面以上土的加权平均重度

$$\gamma_m=\frac{17\times1+(19-9.8)\times2.5}{1+2.5}=11.43(\text{kPa})$$

(7)下卧层顶面处修正后的地基承载力特征值

$$f_z=f_{ak}+\eta_d\gamma_m(d+z-0.5)=100+1\times11.43\times(3.5-0.5)=134.29(\text{kPa})$$

$$p_z+p_{cz}=54.48+40=94.48\text{ kPa}<f_z=134.29\text{ kPa}$$

故,下卧层强度满足要求。

第六节　无筋扩展基础设计

无筋扩展基础材料抗拉、抗剪强度低,而抗压强度相对较高。在地基反力作用下,基础挑出部分如同悬臂梁一样向上弯曲,基础外伸悬臂长度越大,基础越容易因弯曲而拉裂。所以,必须减小外伸梁的长度或增加基础高度,使基础宽高比减小而刚度增大。

材料及底面面积确定后,只要限制宽高比 b_2/H_0 小于允许值(见表 6-4)要求,就可以保证基础不会因受弯、受剪而破坏。因此,《建筑地基基础设计规范》(GB 50007—2011)规定基础高度应符合式(6-11)的要求(见图 6-8)。

由此得出:

(1)基础底面的宽度应符合 $b\leqslant b_0+2H_0\tan\alpha$ 的要求。

(2)基础高度应满足$\frac{b_2}{H_0}\leqslant\tan\alpha$ 的要求。

【例 6-3】 某承重砖墙厚 240 mm,基础的埋深为 1.5 m,上部结构传来的轴向压力 $F_k=200$ kN/m。持力层为粉质黏土,其天然重度 $\gamma_0=17.5$ kN/m^3,孔隙比 $e=0.843$,液性指数 $I_L=0.76$,地基承载力特征值 $f_{ak}=150$ kPa,地下水设计水位埋深 1.6 m。试设计此无筋扩展基础。

解:(1)地基承载力特征值的深宽修正。

先按基础宽度 b 小于 3 m 考虑,不作宽度修正。由于持力层土的孔隙比及液性指数均小于 0.85,查表 4-3 得 $\eta_d=1.6$,而 $\gamma_0=\gamma=17.5$ kN/m^3,$d=1.5$ m,则

$$f_a=f_{ak}+\eta_d\gamma_0(d-0.5)=150+1.6\times17.5\times(1.5-0.5)=178(\text{kPa})$$

(2)按承载力要求确定基础宽度。

$b\geqslant\frac{F_k}{f_a-\gamma_G d}=\frac{200}{178-20\times1.5}=1.35(\text{m})$,取基础宽度为 $b=1.40$ m。

(3)基础剖面布置。

由于地基潮湿，基础下部采用混凝土，初步选定混凝土基础台阶高度 $h_0 = 0.3$ m。上部大放脚采用标准砖砌筑。

(4)混凝土基础台阶的宽度确定。

基础采用 C10 素混凝土砌筑，而基底的平均压力为

$$p_k = \frac{F_k + G_k}{A} = \frac{200 + 20 \times 1.4 \times 1.5}{1.4 \times 1.0} = 172.9(\text{kPa}) \in (100, 200]\text{kPa}$$

查表 6-4，得基础台阶的允许宽高比 $\tan\alpha = b_2/h_0 = 1.0$，于是

$$b_2 \leqslant h_0 \tan\alpha = 0.3 \times 1.0 = 0.3(\text{m})$$

(5)大放脚台阶数 n 的确定。

按构造要求大放脚每台阶宽度 $b_1 = 60$ mm。则台阶数

$$n \geqslant \frac{b - 2b_2 - 240}{2b_1} = \frac{1\,400 - 2 \times 300 - 240}{2 \times 60} = 4.7，取 n = 5$$

查表 6-4，得基础台阶的允许宽高比 $\tan\alpha = b_1/h_1 = 1/1.5$，于是：

台阶高 $h_1 \geqslant b_1/\tan\alpha = 60 \times 1.5 = 90$(mm)，取 120 mm。

则大放脚的底面宽度 $b_0 = 240 + 2 \times 5 \times 60 = 840$(mm)，如图 6-18 所示。

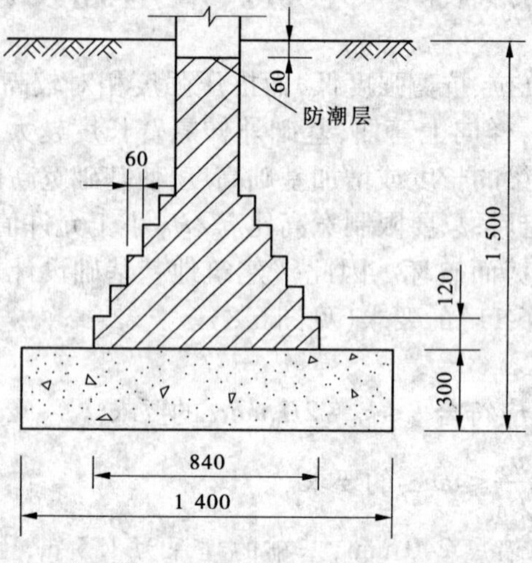

图 6-18 例 6-3 图 (单位：mm)

第七节 基础设计工程实例

一、设计资料

(1)工程名称：日照市×××中学教学楼，其首层平面见图 6-19。

(2)工程概况：建筑物结构形式为砖混结构，采用纵横墙承重方案。建筑物层数为 6 层，层高 3.6 m，窗高 2.4 m，室内外高差为 0.6 m。教室内设进深梁，梁截面尺寸 $b \times h = 250$ mm×500 mm，其上铺钢筋混凝土空心板，墙体采用机制普通砖 MU10，砂浆采用 M5 砌筑。

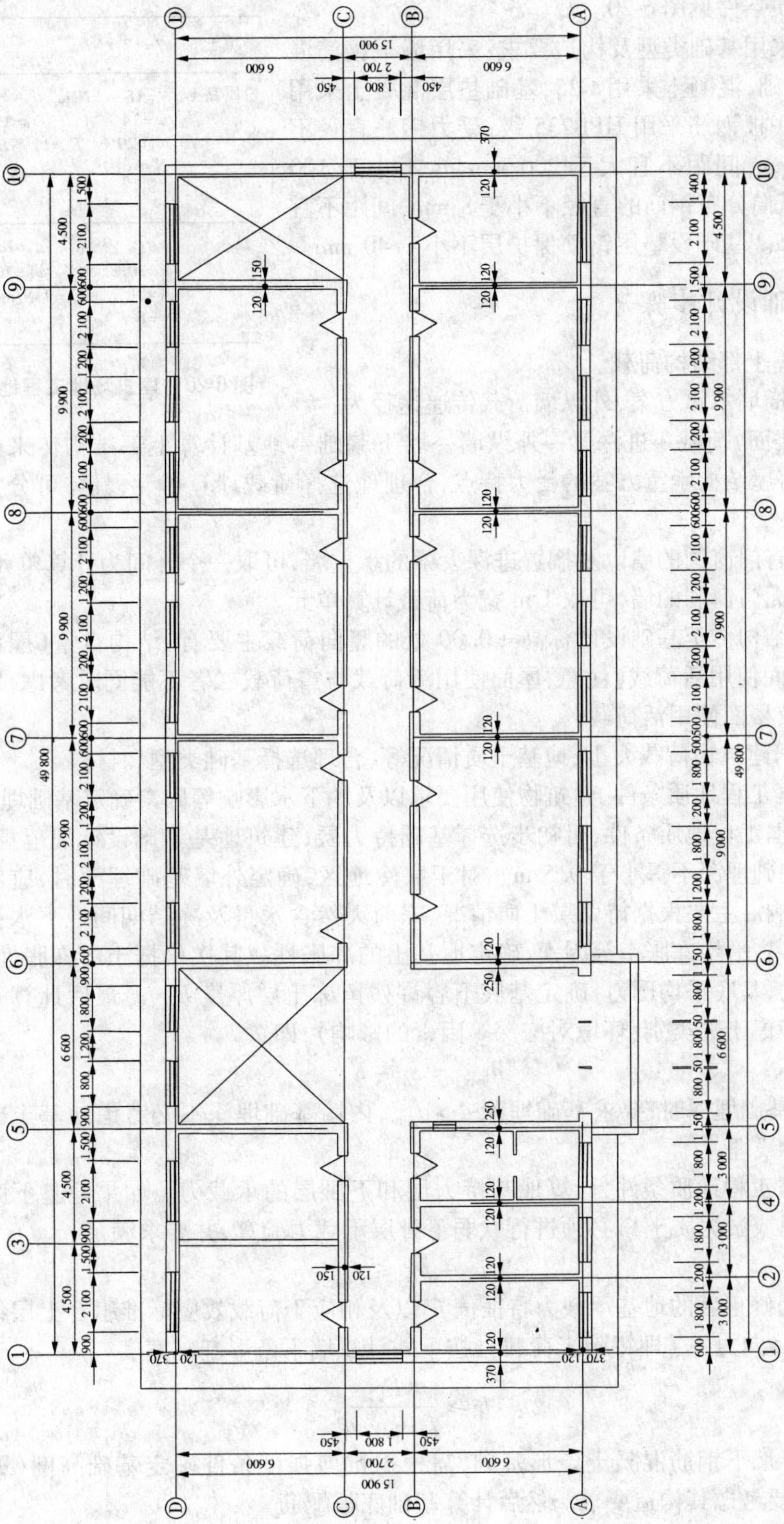

图 6-19 教学楼首层平面图

(3)地质条件见图 6-20。

(4)拟采用基础类型及构造要求:采用墙下钢筋混凝土条形基础,混凝土采用 C25,基础垫层混凝土采用 C10。基础底板钢筋采用 HPB235 级;受力钢筋直径不宜小于 10 mm;间距不宜大于 200 mm,也不小于 100 mm。基础纵向分布钢筋的直径不小于 8 mm,间距不宜大于 300 mm。基础设垫层钢筋保护层不小于 40 mm。

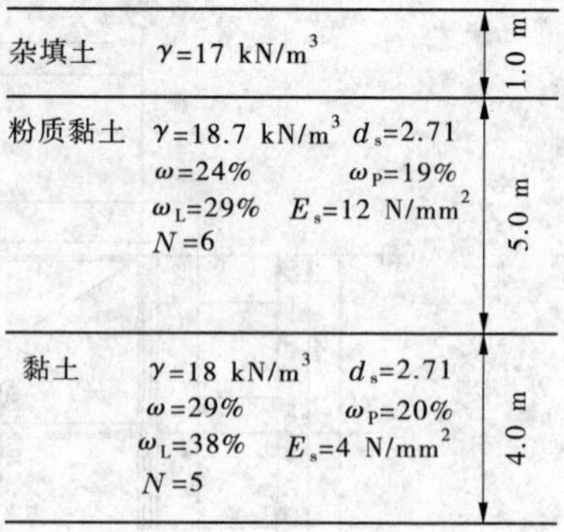

图 6-20 建筑场地工程地质条件

二、基础设计步骤

(1)计算上部结构荷载。

对于纵横墙承重方案,外纵墙荷载传递途径为:

屋面(楼面)荷载→进深梁→外纵墙→墙下基础→地基计算上部结构传来的竖向荷载时,根据房屋结构承重方案的受力特点,合理地选择荷载计算单元,具体可分为以下两种情况:

①对于有门窗洞的墙以及搁置进深大梁的承重墙,可取一个开间为计算单元。

②对于无门窗洞的墙,可取 1 m 宽为荷载计算单元。

由上部结构传至基础设计标高 ±0.00 处的竖向荷载主要有:结构自重(屋面、楼面、墙体等);屋面使用活荷载(注意:屋面使用活荷载与雪荷载二者不能同时考虑,取其较大者计算)以及楼面使用活荷载。

(2)根据建筑物荷载大小、地基土质情况等,合理选择基础类型和材料。

(3)根据工程地质条件、建筑物使用要求以及地下水影响等因素确定基础埋深。

首先根据工程地质条件,可初步选择基础持力层,建筑地基基础设计规范规定,除岩石地基外,基础埋深不得小于 0.5 m。对于寒冷地区,确定外墙基础埋深时,应考虑地基土冻胀的影响。主要根据持力层土质情况、冻前天然含水量及冻结期间地下水位距冻结面的最小距离、平均冻胀率等因素,确定地基土的冻胀性。其次根据土的冻胀性、基础形式、采暖情况、基底平均压力,确定基底下容许残留冻土层厚度 h_{max}。最后计算基础最小埋深(还需考虑土的类别、环境对冻深等因素的影响),即

$$d_{max} = z_d - h_{max}$$

选择外基础埋深时,要求基础埋深 $d > d_{min}$,内墙基础埋深不必考虑地基土冻胀的影响,可以适当浅埋。

(4)根据工程地质条件,计算地基持力层和下卧层的承载力。如果地基下卧层是软弱土层(淤泥或淤泥质土),必须进行软弱下卧层承载力验算,并要求满足

$$p_z + p_{cz} \leqslant f_a$$

(5)根据修正后的地基承载力特征值 f_a 以及相应于荷载效应标准组合上层结构传至基础顶面的竖向力 F_k(即每延米荷载),按下式计算墙下条形基础宽度

$$b \geqslant \frac{F_k}{f_a - \gamma_G d}$$

(6)对于墙下钢筋混凝土条形基础,需根据抗剪强度条件确定基础高度(即底板厚度),同时还要考虑其构造要求。然后计算基础底板配筋。

三、外纵墙基础设计

(一)确定基础埋深

已知日照地区标准冻深 $Z_0=0.5\ m$,工程地质条件如图6-20所示。

根据建筑场地工程地质条件,初步选择第二层粉质黏土作为持力层。由于冻深较浅,无须考虑地基土冻胀的影响。选择基础埋深 $d=1.6\ m$。

(二)确定地基承载力

(1)第二层粉质黏土地基承载力。

$$I_L=\frac{\omega-\omega_P}{\omega_L-\omega_P}=\frac{24-19}{29-19}=0.5$$

$$e=\frac{d_s\gamma_w(1+\omega)}{\gamma}-1=\frac{2.71\times9.8\times(1+0.24)}{18.7}-1=0.76$$

根据该土层的勘察资料,结合当地工程实践经验,取地基承载力特征值 $f_{ak}=160\ kPa$。

(2)第三层黏土地基承载力。

$$e=\frac{d_s\gamma_w(1+\omega)}{\gamma}-1=\frac{2.71\times9.8\times(1+0.29)}{18}-1=0.9$$

$$I_L=\frac{\omega-\omega_P}{\omega_L-\omega_P}=\frac{29-20}{38-20}=0.5$$

根据该土层的勘察资料,结合当地工程实践经验,取 $f_{ak}=135\ kPa$,小于持力层的特征值,因此为软弱下卧层。

(3)持力层修正后地基承载力特征值。

根据持力层物理性质指标 $e=0.76$,$I_L=0.5$,二者均小于0.85。

查表4-3,$\eta_b=0.3$,$\eta_d=1.6$

$$\gamma_m=\frac{17\times1+18.7\times0.6}{1.6}=17.64(kN/m^3)$$

$$f_a=f_{ak}+\eta_d\gamma_m(d-0.5)=160+1.6\times17.64\times(1.6-0.5)=191(kPa)$$

(4)下卧层修正后地基承载力特征值。

根据持力层物理性质指标 $e=0.9$,$I_L=0.5$,二者之一大于0.85。

查表4-3,$\eta_b=0$,$\eta_d=1.0$

$$\gamma_m=\frac{17\times1.0+18.7\times5.0}{1.0+5.0}=18.4(kN/m^3)$$

$$f_{az}=f_{ak}+\eta_d\gamma_m(d-0.5)=135+1.0\times18.4\times(6-0.5)=236.2(kPa)$$

(三)计算上部结构传来的竖向荷载

对于纵横墙承重方案,外纵墙荷载传递途径为:

屋面(楼面)荷载→进深梁→外纵墙→墙下基础→地基。

外纵墙(墙厚0.49 m)基础顶面的荷载,取一个开间3.3 m为计算单元(见图6-21)。

(1)墙传至室内地面处的竖向荷载标准值 F_k。

$$F_k=[\text{屋面荷载}+\text{楼面荷载}\times(\text{层数}-1)]\times\text{进深}/2+(\text{进深梁重}\times\text{进深}/2+\text{墙体自重})\div\text{开间}\times\text{层数}$$

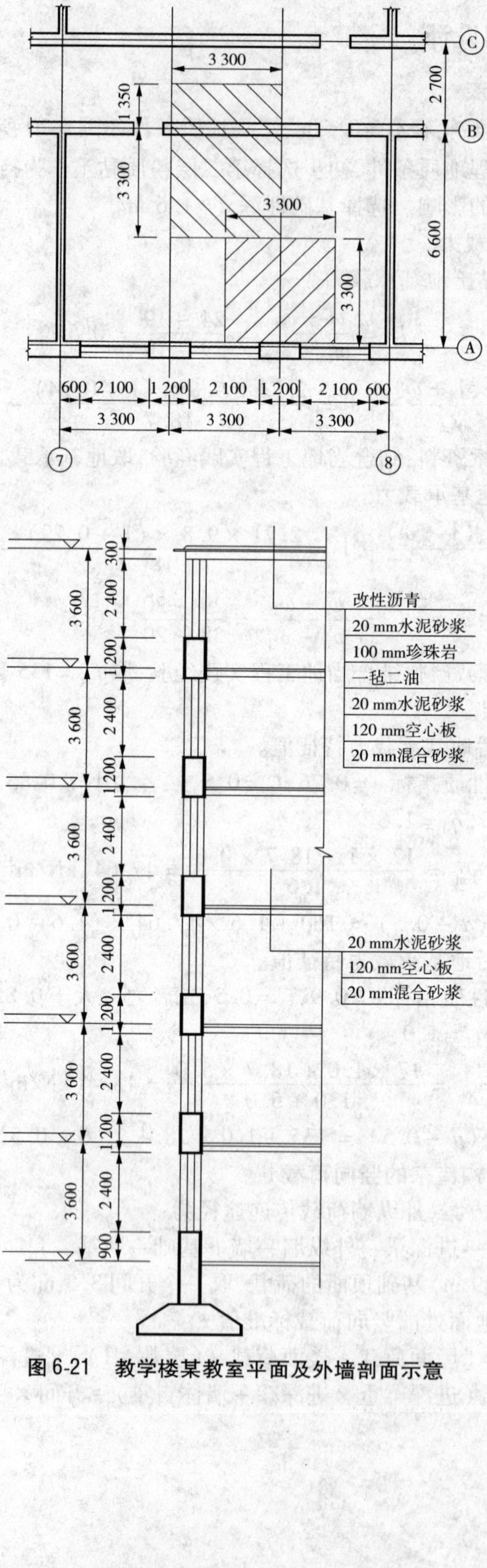

图 6-21　教学楼某教室平面及外墙剖面示意

将具体数值代入得

$$F_k=(4.85+3.92\times5)\times6.6/2+(3.47\times6.6/2+71.19)\div3.3\times6=230.9(\text{kN/m})$$

(2)墙传至室内地面处的竖向荷载设计值 F。

$$F=1.35F_k=1.35\times230.9=311.7(\text{kN/m})$$

(四)外纵墙基础宽度确定

$$b\geqslant\frac{F_k}{f_a-\gamma_G d}=\frac{230.9}{191-20\times(1.6+\frac{0.6}{2})}=1.51(\text{m})\text{，取 }b=1.6\text{ m}$$

(五)软弱下卧层验算

(1)基底压力

$$p_k=\frac{F_k+G_k}{b}=\frac{F_k+\gamma_G d}{b}=\frac{230.9+20\times(1.6+\frac{0.6}{2})}{1.6}=168.1(\text{kPa})$$

(2)基底附加压力

$$p_0=p_k-p_c=168.1-17\times1.0-18.7\times0.6=139.9(\text{kPa})$$

(3)下卧层顶面处附加压力设计值。

$$\frac{z}{b}=\frac{4.4}{1.6}=2.75>0.5,\frac{E_{s1}}{E_{s2}}=\frac{12}{4}=3$$

查表6-5得 $\theta=23°$。

下卧层顶面处的附加压力值为

$$p_z=\frac{bp_0}{b+2z\tan\theta}=\frac{1.6\times139.9}{1.6+2\times4.4\times0.4245}=42(\text{kPa})$$

(4)下卧层顶面处土的自重压力值

$$p_{cz}=17\times1+18.7\times5=110.5(\text{kPa})$$

(5)下卧层承载力验算

$$p_z+p_{cz}=42+110.5=152.5\text{ kPa}<f_{az}=236.2\text{ kPa}$$

故，下卧层强度满足要求。

(六)计算外纵墙基础底板厚度及配筋

(1)地基净反力

$$p_j=\frac{F}{b}=\frac{311.7}{1.6}=194.8(\text{kPa})$$

(2)计算基础悬臂部分最大内力

$$a_1=\frac{1.6-0.49}{2}=0.555(\text{m})$$

$$M=\frac{1}{2}p_j a_1^2=\frac{1}{2}\times194.8\times0.555^2=30(\text{kN}\cdot\text{m})$$

$$V=p_j a_1=194.8\times0.555=108.11(\text{kN})$$

初步确定基础底板厚度，先按 $h=\frac{b}{8}$ 的经验值初步确定，然后进行受剪承载力验算。

$$h = \frac{b}{8} = \frac{1.6}{8} = 0.2(\mathrm{m})$$

取 $h = 0.3\ \mathrm{m} = 300\ \mathrm{mm}, h_0 = 300 - 40 = 260(\mathrm{mm})$

(3)受剪承载力验算。

$$0.7\beta_{hs} f_t b h_0 = 0.7 \times 1.0 \times 1.27 \times 1\,000 \times 260 = 231\,140(\mathrm{N})$$
$$= 231.14\ \mathrm{kN} > V = 108.11\ \mathrm{kN}$$

(4)基础底板配筋

$$A_s = \frac{M}{0.9 h_0 f_y} = \frac{41.79 \times 10^6}{0.9 \times 260 \times 210} = 850(\mathrm{mm}^2)$$

选用Φ 12@130 mm($A_s = 870\ \mathrm{mm}^2$),分布钢筋选用Φ 8@300 mm。

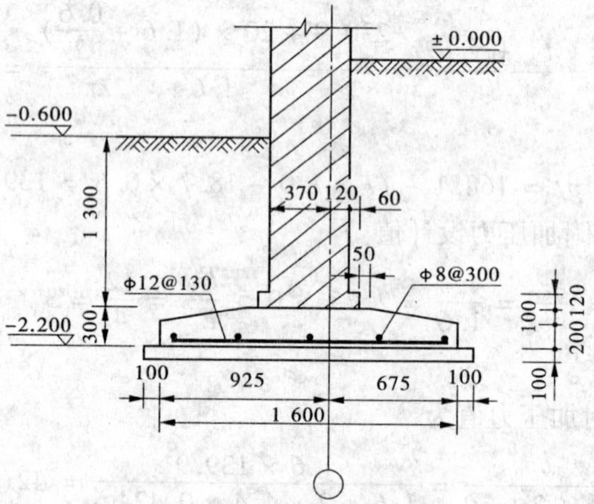

图 6-22 外纵墙基础剖面图

第八节 减少基础不均匀沉降及其危害的一般措施

建筑物建成后地基土中产生了附加应力,发生压缩变形、基础沉降,若沉降或不均匀沉降过大,上部结构就会开裂或破坏,特别是多层砖砌体结构,因砖砌体的抗拉强度、抗剪强度较低,在地基沉降时,易在墙体上产生斜裂缝或踏步式裂缝(见图 6-23)。为保证建筑物的安全与正常使用,应采取合理的建筑措施、结构措施与施工措施,减少基础的不均匀沉降及其危害。

一、建筑措施

在满足使用和其他要求的前提下,建筑体型应力求简单。尽量不采用平面形状复杂、不规则的建筑形式,如 L 形、T 形、工字形等。当建筑体型比较复杂时,宜根据平面形状和高度差异情况,在适当部位用沉降缝将其划分成若干个刚度较好的单元;当高度差异或荷载差异较大时,可将两者隔开一定距离,当拉开距离后的两单元必须连接时,应采用能自由沉降的连接构造。

下列部位宜设置沉降缝,沉降缝应有足够的宽度,缝宽可按表 6-6 选用:

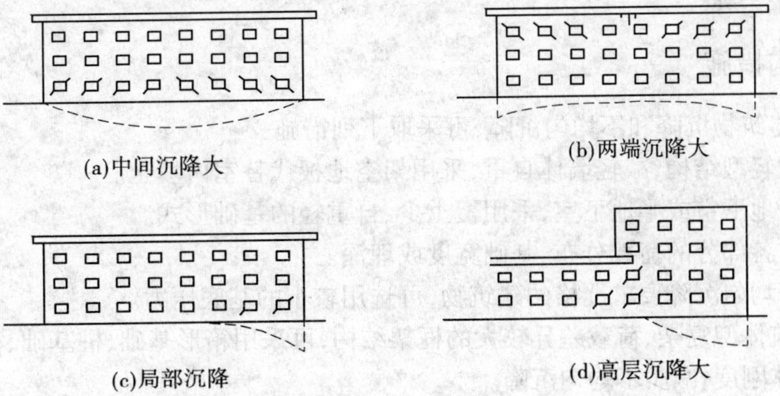

图 6-23　地基沉降与墙身开裂

(1)平面转折部位。

(2)高度或荷载差异较大处。

(3)地基土的压缩性有显著差异处。

(4)结构或基础类型不同处。

(5)分期建造房屋的交界处。

(6)房屋长高比过大时在房屋的适当部位。

表 6-6　房屋沉降缝的宽度

房屋层数	沉降缝宽度(mm)
2~3	50~80
4~5	80~120
5 层以上	不小于 120

相邻建筑物基础间的净距,可按表 6-7 选用。

表 6-7　相邻建筑物基础间的净距　(单位:m)

被影响建筑的长高比 影响建筑的预估平均沉降量 s(mm)	$2.0 \leq L/H_f < 3.0$	$3.0 \leq L/H_f < 5.0$
70~150	2~3	3~6
160~250	3~6	6~9
260~400	6~9	9~12
>400	9~12	≥12

注:1. 表中 L 为建筑物长度或沉降缝分隔的单元长度,m,H_f 为自基础底面标高算起的建筑物高度,m。

2. 当被影响建筑的长高比为 $1.5 < L/H_f < 2.0$ 时,其间净距可适当缩小。

建筑物各组成部分的标高,应根据可能产生的不均匀沉降采取下列相应措施:

(1)室内地坪和地下设施的标高,应根据预估沉降量予以提高。建筑物各部分(或设备之间)有联系时,可将沉降较大者标高提高。

(2)建筑物与设备之间,应留有净空。当建筑物有管道穿过时,应预留孔洞,或采用柔性的管道接头等。

二、结构措施

为减少建筑物沉降和不均匀沉降,可采取下列措施:

(1)选用轻型结构,减轻墙体自重,采用架空地板代替室内填土。

(2)设置地下室或半地下室,采用覆土少、自重轻的基础形式。

(3)调整各部分的荷载分布、基础宽度或埋深。

(4)对不均匀沉降要求严格的建筑物,可选用较小的基底压力。

对于建筑体型复杂、荷载差异较大的框架结构,可采用箱形基础、桩基础、筏板基础等加强基础整体刚度,减少不均匀沉降。

对于砌体承重结构的房屋,宜采取下列措施增强整体刚度和强度:

(1)对于3层和3层以上的房屋,其长高比 L/H_f 宜小于或等于2.5;当房屋的长高比为 $2.5<L/H_f\leqslant3.0$ 时,宜做到纵墙不转折或少转折,并应控制其内横墙间距或增强基础刚度和强度。当房屋的预估最大沉降量小于或等于120 mm时,其长高比可不受限制。

(2)墙体内宜设置钢筋混凝土圈梁或钢筋砖圈梁。

(3)在墙体上开洞过大时,宜在开洞部位配筋或采用构造柱及圈梁加强。

圈梁应按下列要求设置:

(1)在多层房屋的基础和顶层处宜各设置一道,其他各层可隔层设置,必要时也可层层设置。单层工业厂房、仓库,可结合基础梁、连系梁、过梁等酌情设置。

(2)圈梁应设置在外墙、内纵墙和主要内横墙上,并宜在平面内连成封闭系统。

三、施工措施

(1)注意施工顺序:先高后低,先重后轻,先主体后附属。

(2)注意对淤泥和淤泥质土基槽底面的保护,减少扰动。

(3)在已建的房屋周围不应堆大量的地面荷载,以免引起附加沉降。

思考题

6-1 天然地基上浅基础设计包含哪些内容?设计步骤如何?

6-2 岩土工程勘察的目的及内容是什么?

6-3 工程地质勘察报告一般包括哪两部分的内容?如何阅读使用?

6-4 常见浅基础形式有哪些?

6-5 浅基础基础埋深应考虑哪些影响因素?

6-6 在哪些情况下应进行软弱下卧层的验算?如何进行验算?

6-7 中心荷载作用下的基础尺寸如何确定?偏心荷载作用下如何确定?

6-8 无筋扩展基础高度需满足什么条件?

6-9 为保证建筑物的安全与正常使用,如何采取合理的措施,来减少基础的不均匀沉降及其危害?

习　题

6-1　某渡槽基础,作用在基础顶面处的荷载 $N=3\ 997$ kN,由风荷载引起的力矩 $M=274.5$ kN·m,如图 6-24 所示,基础埋深 $d=1.5$ m,地基设计承载力 $f=176$ kPa。试设计基础底面尺寸(取基础长 l、宽 b 之比值为 3)。

6-2　已知某厂房柱基础所受到的荷载如图 6-25 所示,地基土为较均匀的黏性土,埋深 $d=1.8$ m。试设计基底面积。($\eta_b=0.3$,$\eta_d=1.6$,$\gamma_m=19$ kN/m^3,$f_{ak}=180$ kN/m^3)

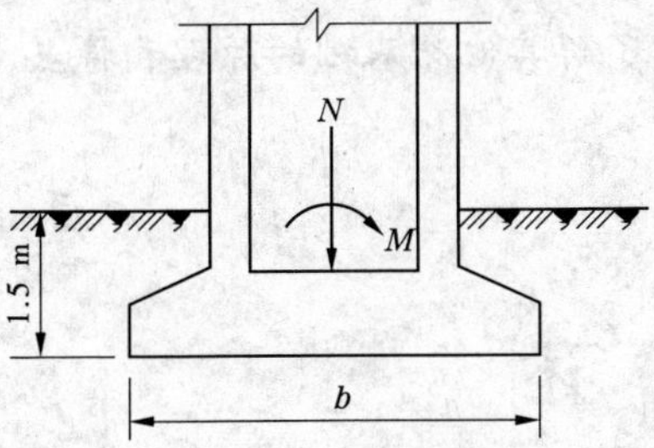

图 6-24　习题 6-1 图

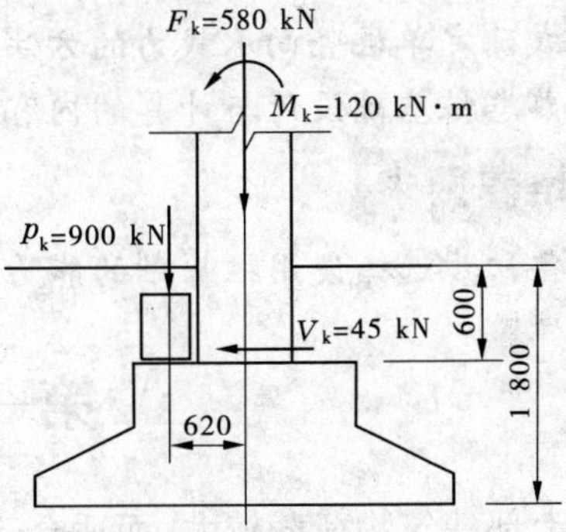

图 6-25　习题 6-2 图

任务七　桩基础

知识培养要求

1. 掌握桩基础的类型，了解我国现有的桩型体系。

2. 掌握桩基础承载力基本概念和桩的工作原理，掌握按照静载荷试验和现行规范的经验公式确定单桩竖向承载力的方法。

3. 熟悉桩基础设计与计算的内容和方法，初步了解其他深基础的原理和特点。

技能培养要求

具备初步选择使用桩基础的能力。

第一节　概　述

当上部建筑物荷载较大，而适合于持力层的土层又埋藏较深，用天然浅基础或仅做简单的人工地基加固仍不能满足要求时，则需要考虑采用深基础，将建筑物荷载传递到下部坚实土层或岩层中，从而保证建筑物满足地基稳定或变形的要求。深基础主要有桩基础、沉井和地下连续墙等几种类型，其中以桩基础应用最为广泛，本任务主要对桩基础进行介绍。

如图7-1所示，桩基础一般由设置于土中的桩和承接上部结构的承台组成。承台把数根桩联结在一起，并承受上部传来的荷载，再通过桩身和桩尖传给深层较坚硬的土层。根据承台与地面的相对位置，可分为低承台桩（见图7-1（b））和高承台桩（见图7-1（c））。低承台桩基的承台位于地面以下，其受力性能好，具有较强的抵抗水平荷载的能力，在工业与民用建筑中，几乎都使用低承台桩基；高承台桩基的承台位于地面以上，且常处于水下，水平受力性能差，但可避免水下施工及节省基础材料，多用于桥梁及港口工程。基桩是指群桩基础中的单桩，群桩基础是由两根以上基桩组成的桩基础；单桩基础是采用一根桩承受和传递上部结构（通常为柱）荷载的独立基础。

一、桩基础的功能及适用条件

桩基础的功能主要有：

（1）将上部结构荷载传至地基深部。

（2）具有很大的侧向刚度和抗拔承载力，可以承受上拔荷载、水平荷载和力矩荷载。

（3）改变基础和地基的动力特性，提高基础与地基的自振频率，减小振幅。

（4）提供很大的竖向刚度，在自身荷载及相邻荷载影响下，不会产生过大的沉降和差异沉降，通常能满足建筑物对沉降变形的各种严格要求。

（5）抗振、抗液化。

由于桩基础承载力高、沉降量小，可以用来承受上拔力、水平力以及机器产生的振动

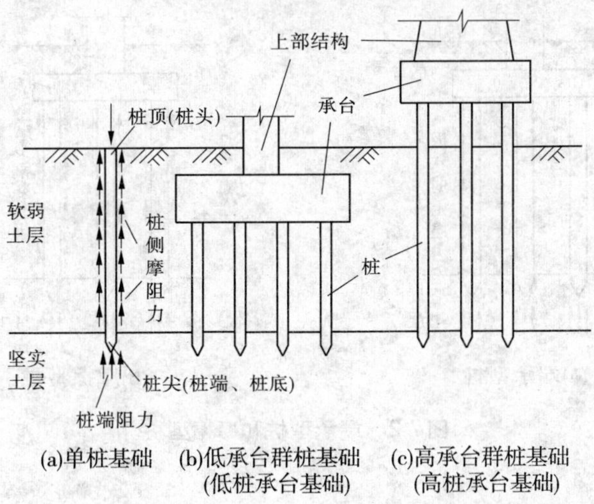

图 7-1　桩基础

和动力作用等优点,同时,随着近代科学技术的发展,桩的种类和桩基形式、施工工艺和设备以及桩基设计理论和方法,都有了很大的发展。桩基础已经成为在土质不良地区修建各种建筑物,特别是高层建筑、重型工业厂房、桥梁和具有特殊要求的构筑物所采用的最广泛的基础形式。

对于下列情况,可以优先考虑使用桩基础方案:

(1)高层建筑物或其他较为重要的建筑物,不允许有过大沉降时。

(2)地基软弱,建筑物荷载过大时。

(3)重型工业厂房或荷重很大的建筑物或构筑物,例如设有大吨位的重级工作制吊车的重型单层工业厂房。

(4)高耸建筑物或构筑物对限制倾斜有特殊要求时,例如水塔、大型架线塔等。

(5)需要减弱动荷载振动影响的动力机器基础,或以桩基础作为消除或减轻液化影响的抗震措施的地震区建筑物。

二、桩的类型

根据桩的不同分类标准,桩基础有不同的分类。

(一)按荷载传递方式分类

桩在竖向荷载作用下,桩顶荷载 Q 由桩侧摩阻力 Q_s 和桩端阻力 Q_p 共同承受,如图 7-1(a)所示。根据桩侧摩阻力和桩端阻力的发挥程度和荷载分担比例,将桩分为端承型桩(Q_p/Q 在 0.6 以上)和摩擦型桩(Q_s/Q 在 0.6 以上)。

1. 端承型桩

端承型桩是指在极限承载力作用下,桩顶荷载全部或主要由桩端阻力承受,桩侧摩阻力相对桩端阻力而言很小,可忽略不计,如图 7-2(a)所示。根据桩端阻力分担荷载的比例,端承型桩又可分为端承桩和摩擦端承桩。

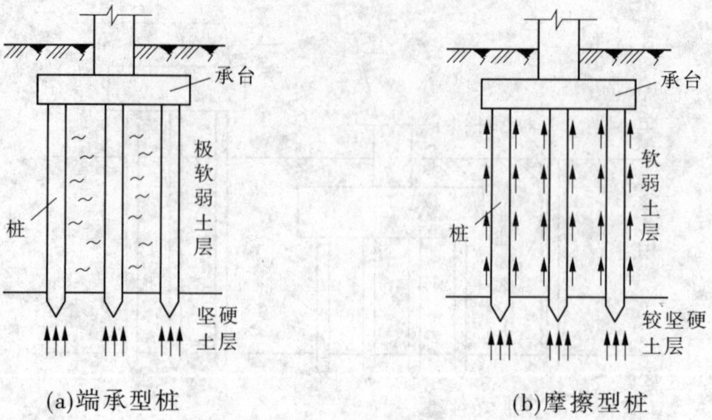

图 7-2　端承型桩和摩擦型桩

2. 摩擦型桩

摩擦型桩是指在竖向极限荷载作用下,桩顶荷载全部或部分由桩侧摩阻力承受,如图 7-2(b)所示。例如当桩长径比很大,桩顶荷载只通过桩身压缩产生的桩侧摩阻力传递给桩周土,桩端土层分担荷载很小时;当桩端下无较坚实的持力层时;当桩底残留虚土或沉渣的灌注桩以及桩端出现脱空的打入桩等情况时均为摩擦型桩。

根据桩侧摩阻力分担荷载的比例,又可分为摩擦桩和端承摩擦桩。当桩端没有良好持力层,或者桩端持力层虽然较坚硬但桩的长径比很大,桩顶荷载全部由桩侧承担的,可视为纯摩擦桩;当桩端进入较坚硬的土层,桩的长径比不大,桩顶荷载由桩侧摩阻力和桩端阻力共同承担,但主要由桩侧摩阻力承担的,称为端承摩擦桩。主要由桩端阻力承担的,称为摩擦端承桩;当桩端有坚硬的土层作为持力层,桩的长径比较小,桩顶荷载全部由桩端承担的,可视为端承桩。

(二)按桩的使用功能分类

1. 竖向抗压桩

竖向抗压桩主要承受上部荷载传来的竖向荷载,一般建筑物桩基在正常工作条件下都属于这类桩。设计时需要进行竖向承载力验算,必要时还要验算沉降量和软弱下卧层的承载力。

2. 竖向抗拔桩

竖向抗拔桩主要承受竖直向上的拉拔荷载,例如建筑物基础抗浮可能不能满足要求时设置的桩,以及自重不大的高耸结构物在水平荷载作用下,基础可能出现拉力而设置的桩,都属于这类桩。设计时一般应进行桩身强度和抗裂、抗拔承载力验算。

3. 水平受荷桩

水平受荷桩主要承受水平荷载,例如港口工程的板桩,防止土体或岩体滑动的抗滑桩都属于这类桩。水平受荷桩的承载力和桩基设计原则都不同于竖向抗压桩,桩和桩侧土体共同承受水平荷载,桩的水平承载力与桩的水平刚度及土体的水平抗力有关。

4. 复合受荷桩

桩基础承受竖向荷载和水平荷载均较大,设计时应同时验算竖向和水平向两个方向的承载力,同时应考虑竖向荷载和水平荷载之间的相互影响。

(三)按桩身材料分类

1. 木桩

木桩由松木、杉木、橡木等制成,桩长一般为 4 ~ 6 m,桩径为 160 ~ 260 mm,桩顶锯平并加铁箍,桩尖削成棱锥形。木桩具有制作和运输方便,打桩设备简单等优点。但木桩在干湿交替环境中极易腐烂,使用时宜将桩打入最低水位以下不少于 0.5 m。木桩承载力较低,且来源紧缺,目前只用于木材产区和小型工程或临时工程中。历史上,隋代的郑州超化寺塔基和五代的杭州湾海塘工程就是采用了木桩。

2. 混凝土桩

在现场钻井孔至所需深度,随即在孔内浇筑混凝土,捣实后即成混凝土桩。其直径一般为 300 ~ 500 mm,长度不超过 25 m。这种桩的优点是设备简单,操作方便、经济、省钢材。缺点是可能产生"缩颈"(即在浇筑时出现桩身断面缩小的现象)、断桩、局部夹土和混凝土离析等现象,故在施工中应采取措施予以防止。

3. 钢筋混凝土桩

钢筋混凝土桩一般采用预制桩,常做成实心的方形、圆形截面或空心管桩。方形桩截面边长为 300 ~ 500 mm,长度视桩架高度,一般在 25 ~ 30 m 以内,工厂预制桩分节长度一般不超过 12 m。当桩长要求超过一般长度时,可以在沉桩过程中接长。

钢筋混凝土桩的优点是承载力大,不受地下水位的限制,长度和截面可在一定范围内选择;缺点是自重大,需笨重的打桩设备,长短不合适时,接长或者截短工艺较麻烦。

4. 钢桩

钢桩是指用各种型钢做的桩,常用的有钢管桩和 I 型桩,一般钢管桩的直径为 250 ~ 1 200 mm。钢桩具有很高的强度,穿透能力强,自重轻,制造、起吊、运输、打入都较方便,且可打入较硬土层。其缺点是耗钢量大,价格高,易腐蚀,水利工程很少采用,尤其在海域中使用需采取一定防护措施。目前,钢产量大的国家已广泛采用钢桩,我国海上钻井和采油平台多采用钢桩。

(四)按施工方法分类

1. 预制桩

预制桩是指预先制成的(包括现场预制和工厂预制),利用打桩设备打入地基内的各种桩。如各种钢筋混凝土预制桩、木桩和钢桩等。常用的沉桩方法有:

(1)锤击法。锤击法利用桩锤(落锤、汽锤和柴油锤)将桩打入土中,应用最广。

(2)振动法。振动法利用振动器产生的垂直振动力,使桩沉入土中。此法适用于砂土地基。

(3)静力压桩法。静力压桩法用静力压桩机将桩压入土中,适用于均质软黏土地基。

2. 灌注桩

灌注桩是直接在所设计桩位处成孔,在孔内放置钢筋笼,再灌注混凝土而成的钢筋混凝土桩。

灌注桩根据造孔方法和所用机具不同,可分为以下几种:

(1)沉管灌注桩。它是利用锤击或振动方法,将带有预制桩尖或活瓣桩尖的钢锭沉入土中成孔,然后浇灌混凝土,拨出钢管成桩,如图 7-3 所示。

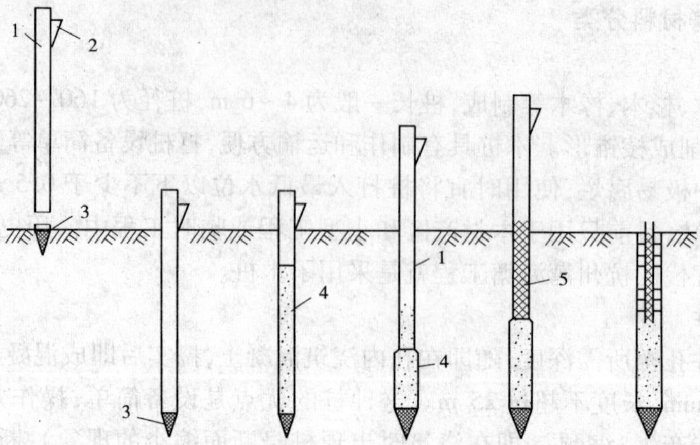

(a)打桩机就位　(b)沉管　(c)浇灌混凝土　(d)边拔管边振动　(e)安放钢筋笼继续浇灌混凝土　(f)成型

1—桩管;2—混凝土注入口;3—预制桩尖;4—混凝土;5—钢筋笼

图7-3　沉管灌注桩的施工顺序示意

(2)钻孔灌注桩。它指用钻机(如螺旋钻、振动钻、水冲钻等)钻土成孔,然后清除孔底的残渣,安放钢筋笼,再灌注混凝土成桩,如图7-4所示。有的钻机在开孔后,利用可撑开钻头的扩孔刀刃旋转切土扩大桩孔,灌注混凝土后,在底端可形成扩大端(俗称大头桩)。

(3)挖孔桩。挖孔桩可采用人工或机械挖掘成孔,逐段边开挖边支护,达到所需深度后再进行扩孔、安装钢筋笼及浇筑混凝土。

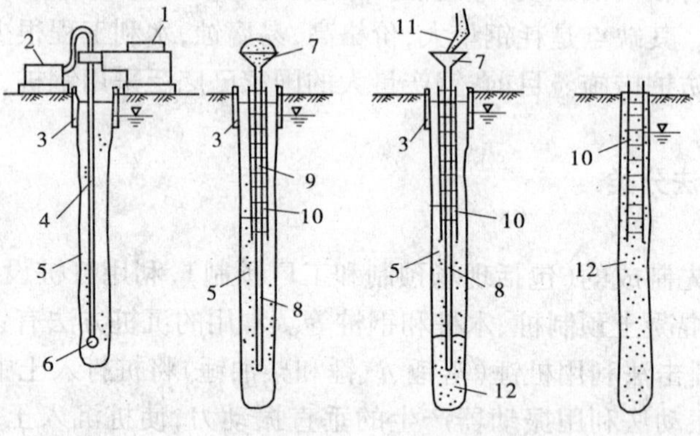

(a)成孔　(b)下导管和钢筋笼　(c)浇灌水下混凝土　(d)成桩

1—钻机;2—泥浆泵;3—护筒;4—钻杆;5—护壁泥浆;6—钻头;7—漏斗;
8—混凝土导管;9—导管塞;10—钢筋笼;11—进料斗;12—混凝土

图7-4　钻孔灌注桩施工顺序

(五)按桩对环境的影响分类

1. 挤土桩

桩在打入土中时,完全是挤入土中的,例如实体预制桩、闭口管桩和沉管灌注桩。这类桩使得周围土体受到桩体的挤压作用,对周围环境造成严重影响,例如使相邻建筑物变形开裂、市政管线断裂等。目前,在大中城市的建成区已严格限制挤土桩的施工。

2. 部分挤土桩

部分挤土桩是指对桩周土有部分挤土作用的桩,例如在打入敞口桩管时,土可以进入桩管减少挤土作用,或者即使打入实体桩,预钻孔取走部分土以减小挤土作用。

3. 非挤土桩

在成孔和成桩过程中,将土体取出,对周围的桩间土没有挤压作用,例如泥浆护壁法和套管护壁法的钻孔、挖孔桩。

(六)按桩径大小分类

1. 小桩

小桩是指桩径 $d \leqslant 250$ mm 的桩,一般用于基础加固和复合地基。

2. 中等直径桩

中等直径桩是指桩径 250 mm < d < 800 mm 的桩,建筑桩基使用较多。

3. 大直径桩

大直径桩是指桩径 $d \geqslant 800$ mm 的桩,适用于上部结构荷载特别大的基础。

第二节　单桩的荷载传递和竖向承载力确定

孤立的一根桩称为单桩,群桩中性能不受其他相邻桩影响的一根桩也可看做是单桩。在确定单桩的竖向承载力时,有必要了解施加于桩顶的竖向荷载是如何通过桩与土的相互作用传递给地基的,也就是荷载传递的机制。

一、桩土体系的荷载传递

在桩顶竖向荷载的作用下,桩身横截面上产生了轴向力和竖向位移,由于桩身和桩周土的相互作用,随着桩身变形而下移的桩土在桩侧表面产生了竖向的摩阻力。随着桩顶荷载的增加,桩身轴力和桩侧摩阻力都不断发生变化。

当竖向荷载逐步施加于单桩顶部时,桩身上部首先受到压缩而产生相对于土的向下位移,桩侧因而受到土的向上的摩阻力。桩顶荷载 Q_0 通过所发挥出来的桩侧摩阻力传递到桩周土层中,使得桩身压缩变形和桩身轴力 Q 随深度增加而递减,如图 7-5(b)、(d)所示。桩底的轴力 Q_b 即为桩端阻力 Q_1,则桩侧总阻力 $Q_s = Q_0 - Q_b$。

桩顶在竖向荷载作用下,其桩顶位移 s_0 一般由两部分组成:一部分是桩端下沉量,一部分是桩身材料本身在荷载作用下产生的压缩变形。桩身轴线位移在桩顶最大,自上而下逐步减小。

影响桩土体系荷载传递的因素主要有:

(1)桩端土与桩周土的刚度比。荷载全部由桩侧摩阻力所承担的纯摩擦桩,桩身荷载上段随深度减小,下段近乎沿深度不变。即桩侧摩阻力上段可得到发挥,下段由于桩土相对位移很小(桩端无位移)而无法发挥出来。端承桩桩端由于土的刚度大,可分担60%以上的荷载。

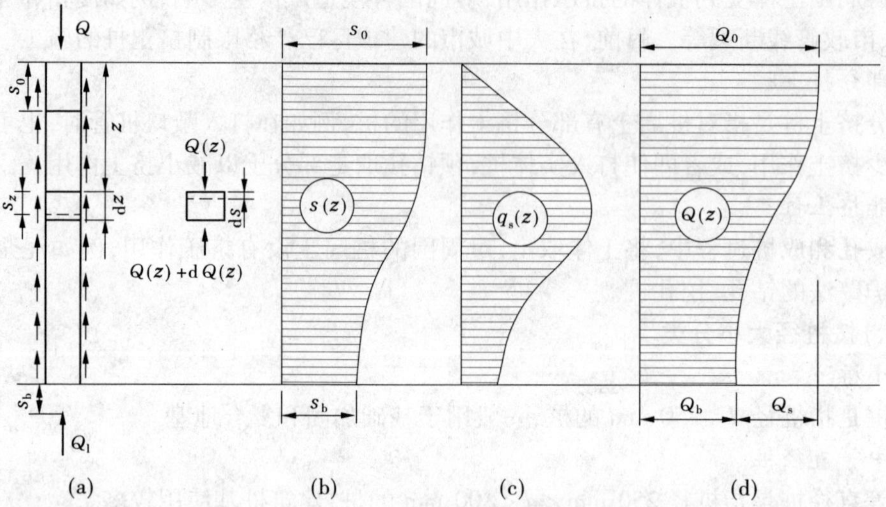

图 7-5　单桩荷载传递分析

(2)桩底扩大头与桩身直径之比。比值愈大,桩端阻力分担的荷载比例愈大。

(3)桩长径比。该比值对荷载传递有着重要影响。当长径比很大时,上述各种影响都大大减弱,甚至失去意义。这一特性意味着,当桩很长时,则大部分荷载由桩侧摩阻力承担,即使桩和桩底土再硬,亦或扩大桩底,都不能改变这个基本特性。

二、桩侧摩阻力和桩端阻力

当桩与土的相对位移量为零时,其桩侧摩阻力还没有开始发挥作用,值为零。随着桩顶竖向荷载的逐步增加,桩身压缩量和位移量增大,桩身下部的摩阻力随之逐步调动起来,桩底土层因为受到压缩而产生桩端阻力。桩端土层的压缩增加了桩与土之间的相对位移,使得桩侧摩阻力进一步发挥直至全部发挥,如果继续增加荷载,增加的荷载将由桩端阻力承担。当桩端阻力达到极限,位移迅速增大而破坏,此时,桩受到的荷载即为桩的极限承载力。

从图 7-5 中可以看出,桩身位移 $s(z)$ 和桩身荷载(桩身轴力)$Q(z)$ 在桩顶处最大,自上而下随深度逐步减小。但是,桩侧摩阻力并不是桩顶处最大,而是随深度的增加而逐渐增加的过程,到一定深度时达到最大值,这是因为桩侧摩阻力的大小不仅与截面位移大小有关,而且与桩侧土的侧向压力有关,桩顶处虽然位移最大但桩侧土压力为零,故摩阻力也为零。

单桩受荷过程中,桩端阻力的发挥不仅滞后于桩侧摩阻力,而且它充分发挥所需的桩底位移比桩侧摩阻力所需桩身截面位移大得多。根据小型桩试验所得的桩底极限位移值,对砂类土为 $d/12 \sim d/10$,对黏性土约为 d(d 为桩径)。由于发挥桩端阻力所需的极限位移明显大于桩侧摩阻力发挥所需的极限位移,一般桩侧摩阻力总是先于桩端阻力的发挥。

桩侧摩阻力实质上就是土沿着桩身的极限抗剪强度或土与桩的黏着力问题。桩在极限荷载作用下,桩侧摩阻力的发挥主要取决于桩土之间的相对位移,并且基本上只与土的类别有关,与桩径大小无关。大量试验和分析表明,一般当桩顶沉降在 4 ~ 10 mm 时,桩侧摩阻力可以达到极限值。

三、桩侧负摩阻力

桩土之间相对位移方向,对于荷载传递的影响很大。当桩周土层相对于桩侧向下位移时,桩侧摩阻力方向向下,称为桩侧负摩阻力。通常,在下列情况下应考虑桩侧负摩阻力的作用:

(1)桩穿越较厚松散填土、自重湿陷性黄土、欠固结土层进入相对较硬土层时。

(2)桩周存在软弱土层,邻近桩侧地面承受局部较大的长期荷载,或地面大面积堆载时。

(3)由于降低地下水位,使桩周土中有效应力增大,并产生显著压缩沉降时。

桩侧负摩阻力的产生,使桩的竖向承载力减小,而桩身轴力加大,因此负摩阻力的存在对桩基础是极为不利的。工程中因为负摩阻力引起的不均匀沉降造成的建筑物开裂、倾斜或因沉降过大而影响使用的现象发生时,不得不花费大量资金进行加固,有的甚至无法继续使用而拆除。所以,在可能发生负摩阻力的情况下,设计时应该考虑它对桩基础的影响。工程中可以采取适当措施来消除或减小负摩阻力。

四、单桩竖向承载力

单桩竖向承载力是指单桩在竖直荷载作用下,不丧失稳定,不产生过大变形时的最大荷载。一般而言,桩的破坏主要是由土的支承力不足而引起的。单桩竖向承载力,主要取决于地基土对桩的支承能力和桩身材料的强度。

一般情况下,桩的承载力由地基土的支承能力所控制,材料强度往往不能充分发挥,只有对端承桩、超长桩以及桩身质量有缺陷的桩,桩身材料强度才起控制作用。

单桩竖向承载力特征值是指单桩竖向静载荷试验中荷载——桩顶沉降曲线线性变形段内不超过比例界限点的荷载值,实际上就是单桩竖向承载力的允许值。《建筑地基基础设计规范》(GB 50007—2011)规定:

(1)单桩竖向承载力特征值应通过单桩竖向静载荷试验确定。在同一条件下的试桩数量,不宜少于总桩数的1%,且不应少于3根。

(2)地基基础设计等级为丙级时,可采用静力触探试验及标贯试验参数确定单桩竖向承载力特征值。

五、根据桩周土的支承能力确定单桩竖向承载力特征值

根据桩周土对桩的支承能力确定单桩竖向承载力的方法很多,如静载荷试验、按土的抗剪强度指标计算、规范经验公式以及目前正在发展和完善的各种动测技术等。

(一)经验公式法

初步设计时单桩竖向承载力特征值 R_a 可按下式估算

$$R_a = q_{pa}A_P + u_P \sum q_{sia}l_i \tag{7-1}$$

式中 q_{pa}、q_{sia}——桩端阻力、桩侧摩阻力特征值,由当地静载荷试验结果统计分析算得,kPa;

A_P——桩底端横截面面积，m^2；

u_P——桩身周边长度，m；

l_i——第 i 层岩土的厚度，m。

当桩端嵌入完整及较完整的硬质岩中时，可按下式估算单桩竖向承载力特征值

$$R_a = q_{pa}A_P \tag{7-2}$$

式中 q_{pa}——桩端岩石承载力特征值，kPa，可按岩石饱和单轴抗压强度标准值折减而得。

（二）单桩竖向静载荷试验法

静载荷试验是评价单桩承载力最为直观和可靠的方法，它除考虑地基的支承能力外，也计入了桩身材料对承载力的影响。

1. 试验装置

静载荷试验的加载可采用锚桩法和堆载法。试验装置主要由加载系统和量测系统组成，如图 6-3 所示的为锚桩法试验装置布置图。其加载系统由千斤顶及其反力系统组成，包括主、次梁及锚桩等；量测系统主要由千斤顶上的应力环、应变式压力传感器及百分表或电子位移计等组成。为准确测量桩的沉降，消除相互干扰，要求有基准系统（由基准桩、基准梁组成），试桩、锚桩和基准桩之间要有适当的距离。

2. 测试方法

静载荷试验时，试桩加载应分级进行。

分级进行，加载分级不应小于 8 级，每级加载量宜为预估极限荷载的 1/8 ~ 1/10。测读桩沉降量的间隔时间为：每级加载后，第 5 min、10 min、15 min 时各测读一次，以后每隔 15 min 测读一次，累计 1 h 后每隔 30 min 测读一次。在每级荷载作用下，桩的沉降量连续两次在每小时内小于 0. 1 mm 时可视为稳定，稳定后即可加下一级荷载。

符合下列条件之一时可终止加载：

（1）当荷载—沉降（$Q \sim s$）曲线上有可判断极限承载力的陡降段，且桩顶总沉降量超过 40 mm。

（2）后一级荷载产生的沉降量超过前一级荷载沉降增量的 2 倍，且经 24 h 尚未达到稳定。

（3）桩长 25 m 以上的非嵌岩桩，荷载—沉降（$Q \sim s$）曲线呈缓变型时，桩顶总沉降量大于 60 ~ 80 mm。

（4）在特殊条件下，可根据具体要求加载至桩顶总沉降量大于 100 mm。

卸载时，每级卸载值为加载值的两倍，卸载后隔 15 min 测读一次桩顶百分表读数，读两次后，隔半小时再读一次，即可卸下一级荷载。全部卸载后，隔 3 ~ 4 h 再测读一次桩顶百分表读数。

单桩竖向极限承载力可以根据荷载—沉降（$Q \sim s$）曲线，按下列方法确定：

（1）当陡降段明显时，如图 7-6 中曲线 A 所示，取相应于陡降段起点的荷载值为极限承载力。

（2）当 $Q \sim s$ 曲线呈明显缓变型时，如图 7-6 中曲线 B 所示，取桩顶总沉降量 s 为 40 mm 所对应的荷载作为极限承载力。

(3)当试验过程中，后一级荷载产生的沉降增量超过前一级荷载沉降增量的 2 倍，且经 24 h 尚未达到稳定，取终止加载的前一级荷载为极限承载力。

(4)按上述方法判断极限承载力有困难时，可取沉降—时间($s \sim \lg t$)曲线尾部出现明显向下弯曲的前一级荷载作为极限承载力。

(5)对桩基沉降有特殊要求时，应根据具体情况选取极限承载力。

将单桩竖向极限承载力除以安全系数 2，即得到单桩竖向承载力特征值 R_a。

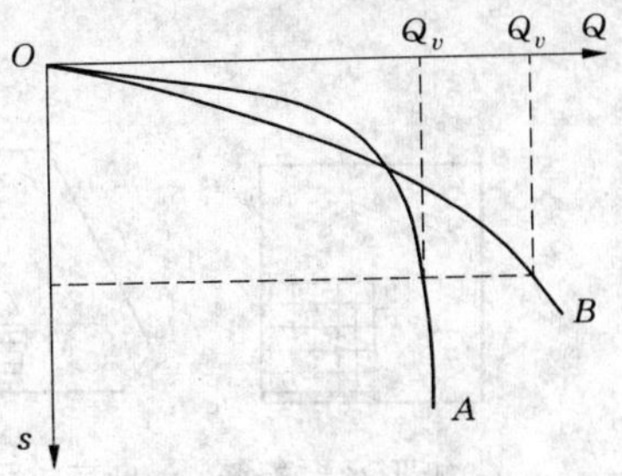

A—陡降型；B—缓变型

图 7-6　单桩 $Q \sim s$ 曲线

六、按照材料强度验算单桩竖向承载力特征值

桩身材料强度应满足桩的承载力设计要求。桩轴向受压时，桩身强度应符合下式要求

$$Q \leqslant A_P f_c \Psi_c \tag{7-3}$$

式中　Q——相应于荷载效应基本组合时的单桩竖向力设计值，kN；

f_c——混凝土轴心抗压强度设计值，按照现行《混凝土结构设计规范》(GB 50010—2010)取值，kPa；

A_P——桩身横截面面积，m^2；

Ψ_c——工作条件系数，预制桩取 0.75，灌注桩取 0.6 ~ 0.8(水下灌注桩或长桩时用低值)。

第三节　承台设计

当基桩数量、桩距和平面布置形式确定后，即可确定承台尺寸。承台应有足够的强度和刚度，以便将各基桩连接成整体，从而将上部结构荷载安全可靠地传递到各个基桩。同时承台本身也具有类似浅基础的承载能力。承台形式较多，如柱下独立承台、柱下或墙下条形基础(梁式承台)、筏板承台、箱形承台等。本节仅介绍最常用的柱下独立承台的设计。承台设计包括确定形状、高度、底面标高和平面尺寸，承台除满足构造要求外，还应满足抗弯曲承载力、抗冲切承载力、抗剪切承载力和上部结构的要求。

一、承台的构造要求

(1)承台的宽度不小于 500 mm。边桩中心至承台边缘的距离不宜小于桩的直径或边长，且桩的外边缘至承台边缘距离不小于 150 mm。

(2)承台的最小厚度不应小于 300 mm。

(3)承台的配筋，对于矩形承台其钢筋应按双向均匀通长布置，如图 7-7 所示，钢筋直径不宜小于 10 mm，间距大于 200 mm；对于三桩承台，钢筋应该按照三向板带均匀布置，且最里面的三根钢筋围成的三角形应在柱截面范围内。承台梁的主筋除满足计算要求外，尚应符合现行《混凝土结构设计规范》(GB 50010—2010)关于最小配筋率的规定。

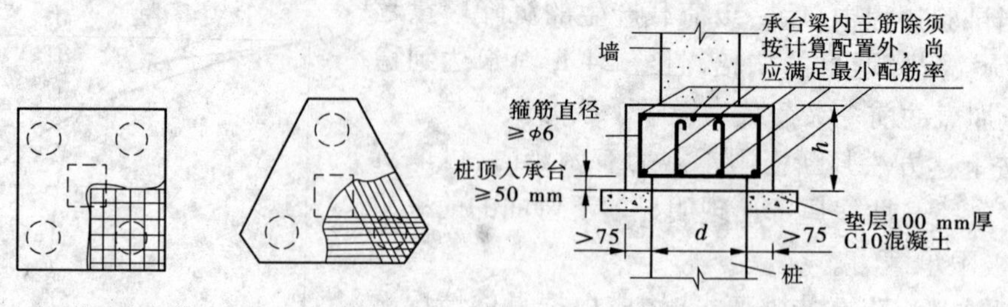

(a)矩形承台配筋 (b)三桩承台配筋 (c)承台剖面配筋

图7-7 承台配筋示意

(4)承台混凝土强度等级不应低于C20,纵向钢筋的混凝土保护层厚度不小于70 mm,当有混凝土垫层时,不应小于50 mm,且不应小于10倍钢筋直径。

二、承台的抗弯承载力设计

多数承台的钢筋含量较低,常为受弯破坏,抗弯承载力设计的本质是配筋设计,按承台截面最大弯矩进行配筋。柱下桩基承台的弯矩可按以下算法确定。

(一)多桩矩形承台

多桩矩形承台计算截面取在柱边和承台高度变化处(杯口外侧或台阶边缘,见图7-8(a)),弯矩设计值分别为

$$M_x = \sum N_i y_i \tag{7-4}$$

$$M_y = \sum N_i x_i \tag{7-5}$$

式中 M_x、M_y——垂直y轴和x轴方向计算截面处的弯矩设计值,kN·m;

x_i、y_i——垂直y轴和x轴方向自桩轴线到相应计算截面的距离,m;

N_i——扣除承台和其上填土自重后相应于荷载效应基本组合的第i桩竖向力设计值,kN。

(二)三桩承台

(1)等边三桩承台(见图7-8(b)),弯矩设计值为

$$M = \frac{N_{\max}}{3}\left(s - \frac{\sqrt{3}}{4}c\right) \tag{7-6}$$

式中 M——由承台形心至承台边缘距离范围内板带的弯矩设计值,kN·m;

$N_{\max}$——扣除承台和其上填土自重后的三桩中相对于荷载效应基本组合时的最大单桩竖向力设计值,kN;

s——桩距,m;

c——方柱边长,m,圆柱时$c = 0.866d$(d为圆柱直径)。

(2)等腰三桩承台(见图7-8(c)),弯矩设计值为

$$M_1 = \frac{N_{\max}}{3}\left(s - \frac{0.75}{\sqrt{4-\alpha^2}}c_1\right) \tag{7-7}$$

$$M_2 = \frac{N_{\max}}{3}\left(\alpha s - \frac{0.75}{\sqrt{4-\alpha^2}}c_2\right) \tag{7-8}$$

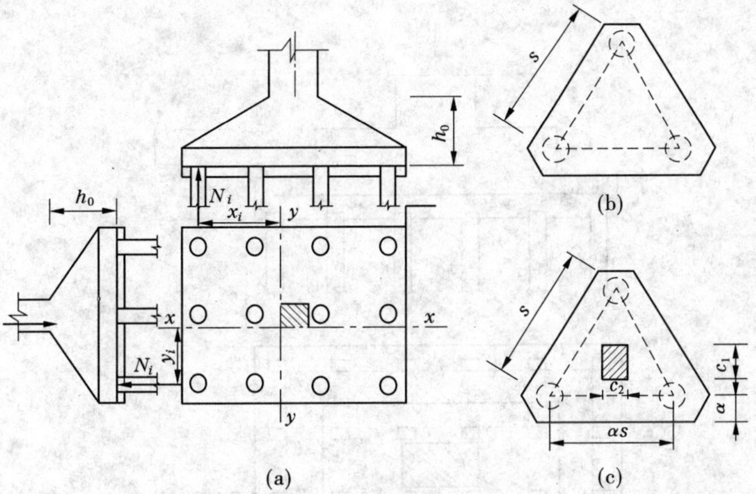

图 7-8　承台弯矩计算示意

式中　M_1、M_2——由承台形心到承台两腰和底边的距离范围内板带的弯矩设计值，kN·m；

s——长向桩距，m；

α——短向桩距与长向桩距之比，当小于 0.5 时，应按变截面的二桩承台设计；

c_1、c_2——垂直于、平行于承台底边的柱截面边长，m。

三、承台抗冲切承载力设计

柱下桩基础独立承台承受的冲切作用包括柱对承台的冲切和角桩对承台的冲切。如果承台厚度不够，就会产生冲切破坏锥体。

(1)柱对承台的冲切，可按下列公式计算

$$F_l \leqslant 2[\beta_{0x}(b_c + a_{0y}) + \beta_{0y}(h_c + a_{0x})]\beta_{hp} f_t h_0 \tag{7-9}$$

$$F_l = F - \sum N_i$$

$$\beta_{0x} = 0.84/(\lambda_{0x} + 0.2)$$

$$\beta_{0y} = 0.84/(\lambda_{0y} + 0.2)$$

$$\lambda_{0x} = a_{0x}/h_0$$

$$\lambda_{0y} = a_{0y}/h_0$$

式中　F_l——扣除承台及其上填土自重，作用在冲切破坏锥体上相应于荷载效应基本组合的冲切力设计值，kN，冲切破坏锥体应采用自柱边或承台变阶处至相应桩顶边缘边线构成的锥体，锥体与承台底面的夹角不小于 45°，如图 7-9 所示；

h_0——冲切破坏锥体的有效高度，m；

β_{hp}——受冲切承载力截面高度影响系数，当承台高度 $h \leqslant 800$ mm 时，$\beta_{hp} = 1.0$，当 $h \geqslant 2\ 000$ mm 时，$\beta_{hp} = 0.9$，其他按线性内插法取值；

β_{0x}、β_{0y}——冲切系数；

λ_{0x}、λ_{0y}——冲跨比；

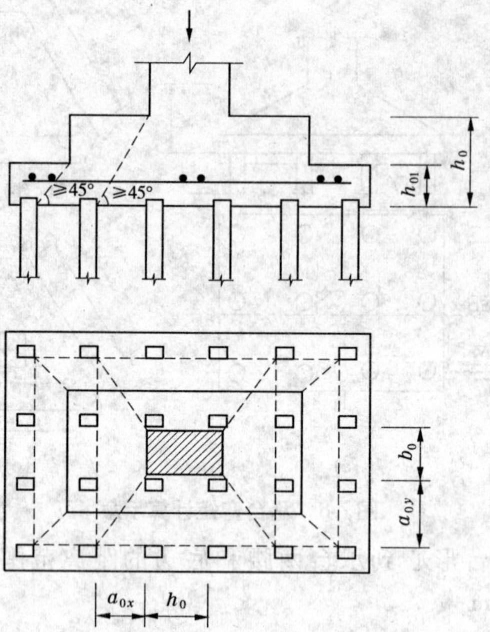

图 7-9　柱对承台冲切计算示意

a_{0x}、a_{0y}——柱边或变阶处至桩边的水平距离，当 $a_{0x}(a_{0y})<0.2h_0$ 时，$a_{0x}(a_{0y})=0.2h_0$，当 $a_{0x}(a_{0y})>h_0$ 时，$a_{0x}(a_{0y})=h_0$，m；

F——柱根部轴力设计值，kN；

$\sum N_i$——冲切破坏锥体范围内各桩的静反力设计值之和，kN。

对中低压缩性土上的承台，当承台与地基土之间没有脱空现象时，可根据地区经验适当减少柱下基础独立承台受冲切计算的承台厚度。

(2)角桩对承台的冲切，可按下列公式计算：

①多桩矩形承台受角桩冲切的承载力应按下式计算(见图 7-10)

$$N_l \leqslant \left[\beta_{1x}\left(c_2+\frac{a_{1y}}{2}\right)+\beta_{1y}\left(c_1+\frac{a_{1x}}{2}\right)\right]\beta_{hp}f_t h_0 \tag{7-10}$$

$$\beta_{1x}=\frac{0.56}{\lambda_{1x}+0.2}$$

$$\beta_{1y}=\frac{0.56}{\lambda_{1y}+0.2}$$

$$\lambda_{1x}=a_{1x}/h_0$$

$$\lambda_{1y}=a_{1y}/h_0$$

式中　N_l——扣除承台和其上填土自重后的角桩桩顶相应于荷载效应基本组合时的竖向力设计值，kN；

β_{1x}、β_{1y}——角桩冲切系数；

λ_{1x}、λ_{1y}——角桩冲跨比，其值满足 0.2～1.0；

c_1、c_2——从角桩内边缘至承台外边缘的距离，m；

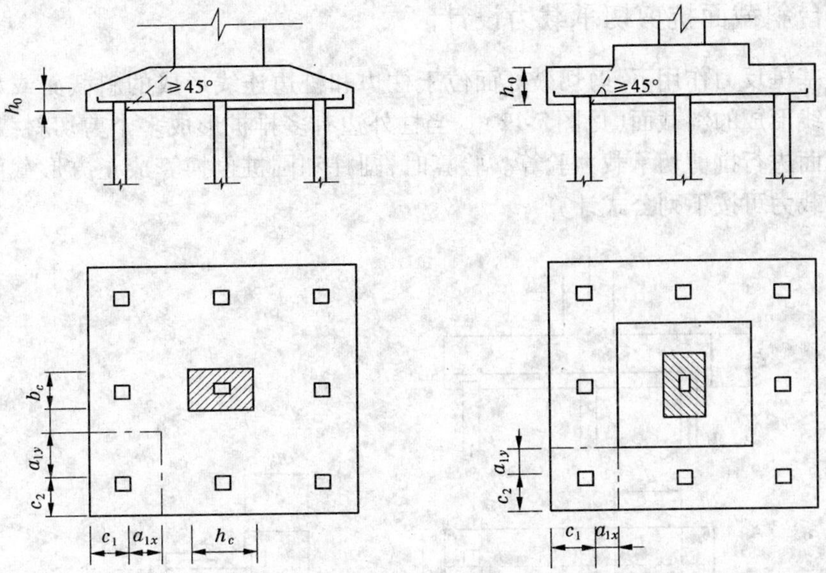

图 7-10　矩形承台角桩冲切计算示意

a_{1x}、a_{1y}——从承台底角桩内边缘引 45°冲切线与承台变阶处相交点至角桩内边缘的水平距离，m；

h_0——承台外边缘的有效高度，m。

②三桩三角形承台受角桩冲切的承载力可按下列公式计算（见图 7-11）

底部角桩

$$N_l \leqslant \beta_{11}(2c_1 + a_{11})\tan\frac{\theta_1}{2}\beta_{hp}f_t h_0 \quad (7\text{-}11)$$

$$\beta_{11} = \frac{0.56}{\lambda_{11} + 0.2}$$

顶部角桩

$$N_l \leqslant \beta_{12}(2c_2 + a_{12})\tan\frac{\theta_2}{2}\beta_{hp}f_t h_0 \quad (7\text{-}12)$$

$$\beta_{12} = \frac{0.56}{\lambda_{12} + 0.2}$$

$$\lambda_{11} = a_{11}/h_0$$

$$\lambda_{12} = a_{12}/h_0$$

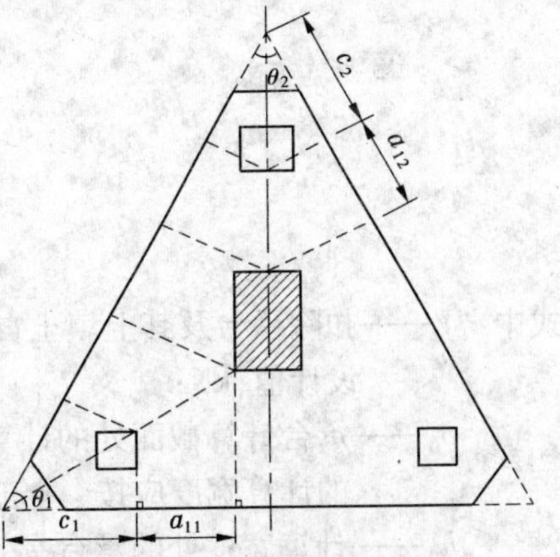

图 7-11　三角形承台角桩冲切计算示意

式中　λ_{11}、λ_{12}——角桩冲跨比；

a_{11}、a_{12}——从承台底角桩内边缘向相邻承台边引 45°冲切线与承台顶面相交点至角桩内边缘的水平距离，m，当柱位于该 45°线以内时，则取柱边与桩内边缘边线为冲切锥体的锥线。

对圆柱及圆桩，计算时可将圆形截面换算为正方形截面，换算后正方形边长为圆直径的 0.8 倍。

四、承台斜截面抗剪切承载力设计

承台在基桩反力作用下，剪切破坏面位于柱边和桩边连线形成的斜截面或承台变阶处和桩边连线形成的斜截面（见图7-12）。当柱外边有多排桩形成多个剪切斜截面时，应对每个斜截面进行抗剪切承载力验算。验算时，圆柱和圆桩也换算成正方形截面。斜截面抗剪切承载力可按下列公式计算

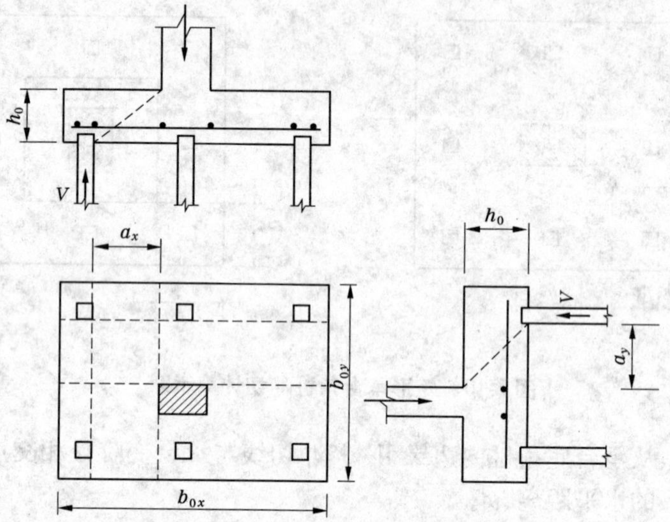

图7-12　承台斜截面受剪计算示意

$$V \leqslant \beta_{hs}\beta f_t b_0 h_0 \tag{7-13}$$

$$\beta = \frac{1.75}{\lambda + 1.0}$$

$$\lambda_x = a_x/h_0$$

$$\lambda_y = a_y/h_0$$

$$\beta_{hs} = (0.8/h_0)^{1/4}$$

式中　V——扣除承台及其上填土自重后相应于荷载效应基本组合时斜截面的最大剪力设计值，kN；

b_0——承台计算截面处的计算宽度，m，阶梯形承台变阶处的计算宽度、锥形承台的计算宽度应按《建筑地基基础设计规范》(GB 50007—2011)附录U确定；

h_0——计算宽度处的承台有效高度，m；

β——剪切系数；

λ——计算截面的剪跨比，当 $\lambda < 0.25$ 时，取 $\lambda = 0.25$，当 $\lambda > 3$ 时，取 $\lambda = 3$；

a_x、a_y——柱边或承台变阶处到 x、y 方向计算一排桩的桩边的水平距离，m；

β_{hs}——受剪切承载力截面高度影响系数，当 $h_0 < 0.8$ m 时，h_0 取 0.8 m，当 $h_0 > 2$ m 时，h_0 取 2 m。

五、局部受压承载力设计

对柱下桩基础承台,当承台的混凝土强度等级低于柱或桩的混凝土强度等级时,应按现行《混凝土结构设计规范》(GB 50010—2010)验算柱下或桩上承台的局部受压承载力。

第四节　桩基础设计

在设计桩基础时,应力求做到安全、合理和经济。从保证安全的角度出发,桩基础应有足够的强度、刚度和耐久性。桩基础设计主要包括承载力设计和沉降验算两个方面。桩基础承载力设计通过设置合理的桩长、桩径、桩数和桩位来保证桩基础足够的强度和稳定性,沉降计算则为了防止过大变形引起建筑物的结构损害或影响建筑物的正常使用。此外,还要进行桩基承台设计,以保证桩基具有足够的结构强度。

一、桩基础的设计内容和步骤

(1)收集设计资料,综合地质勘察报告、荷载情况、使用要求、上部结构条件等确定持力层。

(2)确定桩的类型、外型尺寸和构造。

(3)确定单桩竖向承载力特征值。

(4)初拟桩的数量及其在平面上的布置。

(5)桩身结构设计。

(6)承台设计。

(7)绘制桩和承台的结构及施工图。

二、收集设计资料

桩基础设计资料包括:建筑物上部结构的情况、结构形式、平面布置、荷载大小、结构构造、使用要求等;工程地质勘察资料、建筑场地与环境的有关资料、施工条件的有关资料如沉桩设备、动力设备等;当地使用桩基础的经验。

三、选择桩型、桩长和截面尺寸

(一)桩型的选择

桩型选择时,要根据建筑物的结构类型、地质条件、结构荷载情况、桩的使用功能、施工条件等综合考虑,合理选择安全经济的桩型和成桩工艺。根据地质条件选定桩为摩擦型桩或端承型桩;根据当地条件,选择桩的材料,确定是打入桩或灌注桩。

在居民生活、工作区周围应当尽量避免使用锤击、振动法沉桩的桩型。城市中存在市政管线较多的环境里,不宜选用挤土桩,在深厚软土中也不宜采用大片密集有挤土效应的桩基。从荷载条件上看,预制小方桩、沉管灌注桩受桩身穿越硬土层能力和机具施工能力影响,单桩承载力相对较小,仅适用于多层、小高层建筑;对于大直径钻孔灌注桩、钢管桩等,竖向、侧向单桩承载力较大,可满足超高层建筑的要求。

地质条件是桩型选择时考虑的重要条件，对于坚硬岩层埋深不大时，应该首先考虑使用端承型桩。当坚硬岩层埋深很深时，只能考虑摩擦桩或摩擦端承桩，但桩端也应尽量达到压缩性较低、强度中等的土层。基于不同的工艺特点，一般预制桩的质量稳定性要好于灌注桩的质量稳定性，而且施工速度也相对快。

（二）桩长

桩长主要取决于桩端持力层的选择。强度较高、压缩性较低的黏性土、粉土、中密或密实砂土、砾石土以及中风化或微风化的岩层，是常用的桩端持力层。桩端进入持力层的深度宜为桩身直径的1～3倍，嵌桩嵌入完整或较完整的未风化、微风化、中风化硬质岩体的最小深度为0.5 m，对于黏土、粉土不宜小于2倍桩径，砂土不宜小于1.5倍桩径，碎石类土不宜小于1倍桩径，从而确保桩端与持力层的接触。若持力层下有软弱下卧层，桩端以下硬持力层厚度不宜小于4倍桩径，否则端承力将降低甚至丧失。

（三）桩的横截面尺寸

一般情况下，同一建筑物应该尽量采用相同桩径的桩基。但是，建筑物上部荷载分配很不均匀时，可以根据荷载和地基的地质条件采用不同直径的基桩。桩的横截面尺寸应与桩长相适应，桩的长径比主要根据桩身不产生压屈失稳及考虑施工现场条件来确定。对预制桩而言，摩擦型桩长径比不宜大于100；端承型桩或摩擦型桩需穿越一定厚度的硬土层，桩长径比不宜大于80。对灌注桩而言，端承型桩的长径比不宜大于60，当穿越淤泥、自重湿陷性黄土时不宜大于40，摩擦型桩的长径比不受限制。当有保证桩身质量的可靠措施和成熟经验时，长径比可适当增大。

四、确定桩数和桩的平面布置

（一）确定桩数

桩数的确定可以根据单桩承载力特征值和上部结构荷载情况确定。

1. 桩数的初步确定

初步确定时，可以按照以下方法进行计算。

轴心竖向力作用下

$$n \geqslant \frac{F+G}{R} \tag{7-14}$$

偏心竖向力作用下

$$n \geqslant \mu \frac{F+G}{R} \tag{7-15}$$

式中 μ——系数，一般取1.1～1.2。

可以根据初步确定后的桩数进行桩的平面布置，然后经过单桩受力验算后作必要的修改。

2. 群桩中单桩桩顶竖向力的计算

轴心竖向力作用下

$$Q_{\mathrm{k}} = \frac{F_{\mathrm{k}} + G_{\mathrm{k}}}{n} \tag{7-16}$$

偏心竖向力作用下

$$Q_{ik}=\frac{F_k+G_k}{n}\pm\frac{M_{xk}y_i}{\sum y_i^2}\pm\frac{M_{yk}x_i}{\sum x_i^2} \tag{7-17}$$

水平力作用下

$$H_{ik}=\frac{H_k}{n} \tag{7-18}$$

3. 单桩承载力的验算

轴心竖向力作用下

$$Q_k\leqslant R_a \tag{7-19}$$

偏心竖向力作用下，除满足式(7-19)要求外，还应满足下式要求

$$Q_{ik\max}\leqslant 1.2R_a \tag{7-20}$$

水平荷载作用下

$$H_{ik}\leqslant R_{Ha} \tag{7-21}$$

式中 F_k——相应于荷载效应标准组合时，作用于桩基承台顶面的竖向力，kN；

G_k——桩基承台自重及承台上土重标准值，kN；

n——桩基中的桩数；

H_k——相应于荷载效应标准组合时，作用于承台底面的水平力，kN；

x_i、y_i——桩的中心至桩群形心坐标的 y 轴、x 轴的距离，m；

M_{xk}、M_{yk}——效应标准组合作用于承台底面通过桩群形心的 x 轴、y 轴的力矩，kN·m；

R_a——单桩竖向承载力特征值，kN；

R_{Ha}——单桩水平承载力特征值，kN。

(二)桩的平面布置

根据《建筑地基基础设计规范》(GB 50007—2011)，摩擦型桩的中心距不宜小于桩径的3倍，以减少摩擦型桩侧摩阻力的叠加效应，但也不宜大于桩径的6倍，以避免承台过大。扩底灌注桩的中心距不宜小于扩底直径的1.5倍，当扩底直径大于2 m时，桩端净距不宜小于1 m。在确定桩距时还应该考虑施工工艺中挤土等效应对邻近桩的影响。

布桩时要使桩基承载力合力点与竖向永久荷载合力作用点重合，减少偏心荷载；要尽量对结构受力有利，如对墙体落地的结构宜沿墙下布桩；尽量使桩基在承受水平力和力矩较大的方向有较大的断面抵抗矩，如承台的长边与力矩较大的平面取得一致。

五、桩身截面强度设计

桩身混凝土强度应满足桩的承载力设计要求。桩轴心受压时，桩身强度应满足式(7-22)要求

$$Q\leqslant A_P f_c \psi_c \tag{7-22}$$

式中 Q——相应于荷载效应基本组合时单桩竖向力设计值，kN；

A_P——桩身横截面面积，m^2；

f_c——混凝土轴心抗压强度设计值，kPa；

ψ_c——工作条件系数,预制桩取 0.75,灌注桩取 0.6 ~0.7(水下灌注桩或长桩时取低值)。

对抗拔桩按《混凝土结构设计规范》(GB 50010—2010)要求进行桩身混凝土抗裂验算。

六、桩基础的沉降验算

根据《建筑地基基础设计规范》(GB 50007—2011)规定,桩基础的沉降不得超过建筑物的沉降允许值,并不得超过规定的地基变形允许值。规范还规定下列建筑物的桩基础必须进行沉降验算:

(1)地基基础设计等级为甲级的建筑物桩基。

(2)体型复杂、荷载不均匀或桩端以下存在软弱土层的设计等级为乙级的建筑物桩基。

(3)摩擦型桩基。

计算桩基础沉降时,最终沉降量可按单向压缩分层总和法计算桩端以下压缩土层的总变形量。考虑到桩端处的应力集中,土体的计算分层厚度在桩端以下规定范围内应适当加密。实际工程计算时,一般区域计算层厚度取 1 m,加密区域计算层厚度取 0.1 m,已能保证足够的精度。

七、桩的构造要求

桩的构造应根据《建筑地基基础设计规范》(GB 50007—2011)相关规定确定。

(一)桩的主筋应该经计算确定

打入式预制桩的最小配筋率不宜小于 0.8%,静压预制桩的最小配筋率不宜小于 0.6%,灌注桩最小配筋率不宜小于 0.2% ~0.65%。

(二)桩身纵向钢筋配筋长度

(1)受水平荷载和弯矩较大的桩,配筋长度应通过计算确定。

(2)桩基承台下存在淤泥、淤泥质土或液化土层时,配筋长度应该穿过淤泥、淤泥质土或液化土层。

(3)坡地岸边的桩、8 度及 8 度以上地震区的桩、抗拔桩、嵌岩端承桩应通长配筋。

(4)钻孔灌注桩构造钢筋的长度不宜小于桩长的 2/3,桩施工在基坑开挖前完成时,其钢筋长度不宜小于基坑深度的 1.5 倍。

(三)桩身混凝土及保护层厚度

预制桩的混凝土强度等级不应低于 C30,灌注桩不应低于 C20,预应力桩不应低于 C40。

主筋的混凝土保护层厚度不应小于 35 mm,灌注桩主筋混凝土保护层厚度不得小于 50 mm;预制桩不应小于 45 mm,预应力管桩不应小于 35 mm,腐蚀环境中的灌桩桩不应小于 55 mm。

(四)桩与承台的连接

桩顶嵌入承台内的长度不宜小于 50 mm。主筋伸入承台内的锚固长度不宜小于钢筋直径（Ⅰ级钢筋）的30倍和钢筋直径（Ⅱ级钢筋和Ⅲ级钢筋）的35倍。对于大直径灌注桩，当采用一柱一桩时，可设置承台或将桩和柱直接连接。

第五节　其他深基础简介

除桩基础外，沉井基础、地下连续墙、墩基础、沉箱等都属于深基础。下面仅介绍沉井基础和地下连续墙。

一、沉井基础

沉井多用于工业建筑和地下构筑物，与大开挖相比，它具有挖土量少，施工方便，占地少和对邻近建筑物影响较小等特点。沉井是一种竖向的筒形结构物，通常用砖、素混凝土或钢筋混凝土制成，见图7-13。施工时，在筒内挖土，使沉井失去支撑而下沉，随着下沉再逐节接长井筒，井筒下沉到设计高程后，浇筑混凝土封底。

整个井筒在施工期间作为支撑四周土体的护壁，竣工时即为永久性的深基础。

（一）沉井的作用

沉井常用于平面上比较紧凑的重型结构物（如烟囱、单独重型设备）的基础，起到承重的作用。沉井可以作为地下结构物使用，例如取水建筑物、地下厂房、地下油库等；沉井井筒不仅可以挡土，也可以挡水，因此在江河上修建的结构物如桥墩、挡水坝等可以采用沉井，如南京长江大桥、武汉长江大桥、江阴长江大桥（见图7-14）等均采用了沉井基础设计方案。当新建建筑物深基础工程邻近原有建筑物浅基础，基槽开挖将危及原有建筑物稳定时，可以采用沉井防止原有基础滑动。可以说，沉井在工程中应用较广。该基础适合在黏性土和较粗的砂土中施工，土中有障碍物时会给下沉带来一定的困难。

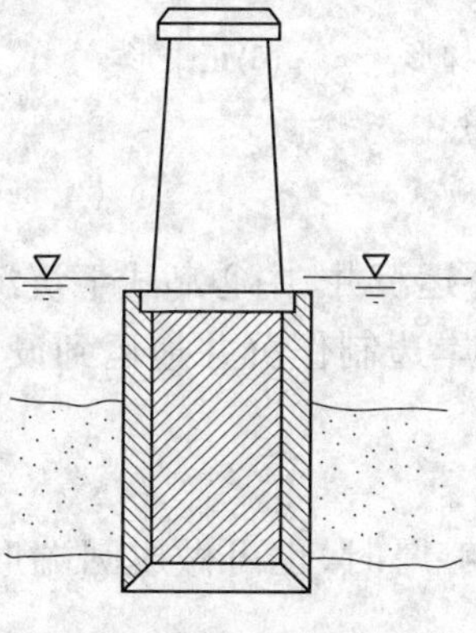

图7-13　沉井基础示意

图7-14　江阴长江大桥沉井基础

（二）沉井的类型

1. 按沉井的平面形式分类

按平面形式不同，沉井分单孔沉井、单排孔沉井、多排孔沉井。单孔沉井，呈圆形、正方形、矩形等，如图7-15（a）、（b）、（c）所示；单排孔沉井，呈矩形、长圆形、组合形等，如图7-15（d）、（e）所示；多排孔沉井，由内隔墙分成若干个井孔，如图7-15（f）所示。

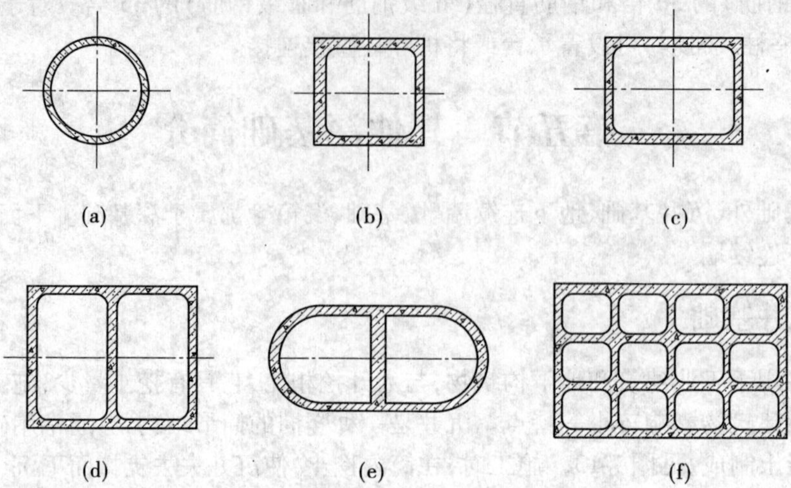

图 7-15　沉井平面形式

2. 按沉井的竖向剖面形状分类

按竖向剖面形状不同，沉井分为柱形竖直式、台阶式（阶梯形）、锥形，如图 7-16 所示。

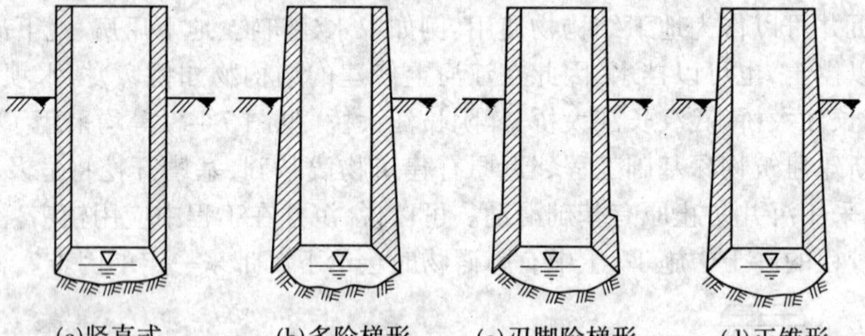

图 7-16　沉井竖向剖面形状

3. 按沉井施工方法分类

按施工方法不同，沉井分为就地制造下沉的沉井、浮运沉井、中心岛式下沉沉井、气压沉箱。浮运沉井在深水地区，筑捣困难，或有碍通航，在岸边制作沉井拖运到设计位置后整体下沉。

4. 按沉井的建筑材料分类

（1）混凝土沉井。这种沉井多做成圆形，当井壁足够厚时，也可做成圆端形和矩形，适用于下沉深度不大（4 ~7 m）的松软土层中。

（2）钢筋混凝土沉井。这种沉井抗压强度高，抗拉能力也较强，下沉深度可以很大（达数十米以上）。当下沉深度不很大时，井壁上部可用混凝土、下部（刃脚）用钢筋混凝土制造。

（3）竹筋混凝土沉井。这种沉井采用耐久性差但抗拉力好的竹筋代替部分钢筋，但在沉井分节接头处及刃脚内仍用钢筋。

（4）钢丝网水泥沉井。这种沉井可做成 30 mm 厚的双壁空心浮运沉井，具有施工方便、节省钢材等优点,适用于深水基础。

(5)钢沉井。用钢材制造沉井井壁外壳,井壁内挖土,填充混凝土。此种沉井强度高,刚度大,重量较轻,易于拼装,常用于做浮运沉井。

(三)沉井的结构

沉井的结构由刃脚、井壁、隔墙、井孔、凹槽、封底及顶板等组成,如图 7-17 所示。

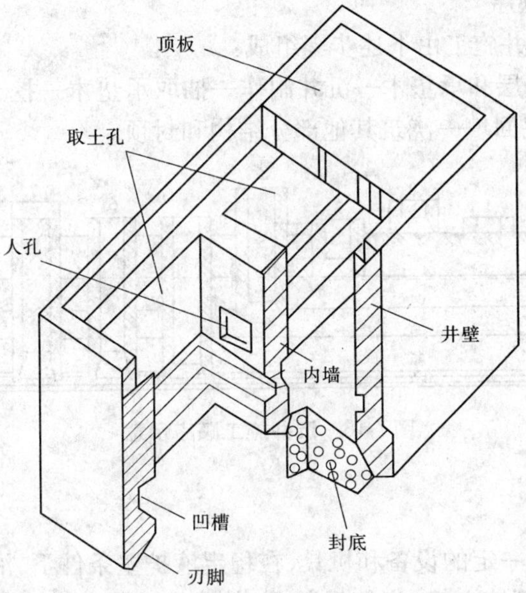

图 7-17　钢筋混凝土沉井结构示意

(1)刃脚。刃脚位于沉井的最下端,形如刀刃,在沉井下沉的过程中,具有减小沉井下沉阻力,切土下沉,封闭与阻止壁外流砂或泥浆涌入井筒内的作用。刃脚底面并不是尖刀状,通常为一水平面,称为踏面。踏面宽度不小于 150 mm,当土质坚硬时,踏面用钢板或角钢保护。刃脚斜面倾角为 45°以上(双斜面),其高度为 1 m 左右。

(2)井壁。井壁起到下沉挡土、挡水,以及克服摩擦阻力的作用。井壁一般壁厚 0.4 ~1.5 m,每节高度 6 ~8 m,具体应根据施工和使用要求计算确定。井壁内预埋各种管路井壁合围形成为井筒,井筒内径最小不小于 0.9 m。

(3)隔墙。内隔墙是为了沉井在下沉过程中增强整体刚度而设置的,可以减小井壁受力跨度,减小挠曲应力,分成多个井孔分别挖土,还有利于控制沉井下沉方向和纠偏作业。内隔墙一般间距 5 ~6 m,厚度 0.5 ~1.2 m,底面高出刃脚踏面 0.5 m 以上,以使井筒内部的空间容纳挖土工人或者机械在井内作业,以及方便潜水员排除障碍。为防止发生突沉,可将内隔墙设计成与刃脚踏面平齐,但应留过人工作孔。

在沉井内设置过多隔墙时,往往会对沉井的使用和下沉带来较大的影响,故此可用上、下横梁与井壁所组成的框架来代替隔墙,起到与内隔墙相同的作用。对于一些大型沉井,因使用要求不能设置内隔墙时,可在沉井底部增设底梁,以利于控制沉井的突沉发生,并加强刃脚底部的刚度。

(4)井孔。井孔是挖土排土的工作场所和通道。井孔的尺寸应满足沉井的施工要求，其宽度（或直径）不宜小于3 m。井孔布置应对称于沉井中心轴。采用水力喷射和空气吸泥机等挖土作业时，可适当加大井孔尺寸。

（5）凹槽。设在井孔下端近刃脚处，其作用是使封底混凝土与井壁有较好的接合，封底混凝土底面的反力更好地传给井壁。

（6）顶板。沉井作为地下构筑物时，顶部需浇筑钢筋混凝土顶板。

（四）沉井的施工顺序

如图7-18所示，沉井施工由下述步骤组成：

基坑开挖—铺砂垫层和承垫木—沉井制作—抽取承垫木—挖土下沉（分节制作与下沉）—至设计标高、封底回填—浇筑其他部分结构和封顶。

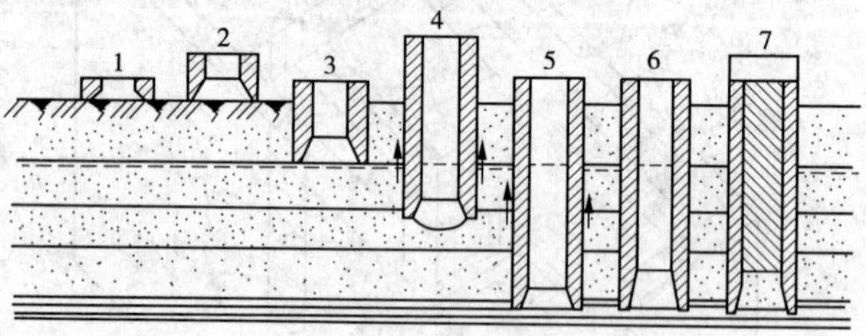

图7-18 沉井施工顺序示意

二、地下连续墙

地下连续墙是利用一定的设备和机具，在稳定液护壁条件下，沿已构筑好的导墙钻挖一段深槽，然后吊放钢筋笼入槽，浇筑混凝土，筑成一段混凝土墙，再将每个墙段连接起来，形成连续的地下基础构筑物。

地下连续墙起源于欧洲，意大利于1938年首次进行了在泥浆护壁的深槽中建造地下连续墙的试验，并于1950年应用于意大利的Santan Malia大坝防渗工程（深达40 m的截水止漏墙）。中国第一座地下连续墙是1958年青岛月子口水库建成的桩排式防渗墙。

地下连续墙主要起挡土、挡水（防渗）和承重作用。

地下连续墙的应用范围包括：

（1）水利水电工程防渗墙、地下污水处理厂和净水池、泵房的外墙、城市市政管道及各种管形渠、地下贮存槽等。

（2）地下承重结构物，如各种基础构造、墙及支承桩等。

（3）地下挡土墙，如高层建筑地下室外墙、地铁和地下街道的外墙、盾构和顶管等工作竖井、码头和河港的驳岸和护岸、干船坞的周墙等。

当基坑深度≥10 m、软土或砂土地基以及在密集的建筑群中施工基坑，对周围地面沉降、建筑物的沉降要求严格限制时；围护结构与主体结构相结合，用做主体结构的一部分，对抗渗有较严格要求时；采用逆作法施工等情况时，适合采用地下连续墙。

地下连续墙的优点：施工时对周边环境影响小，液压成槽工作时，无振动、无噪声；能够紧邻相邻的建筑物及地下管线施工，对沉降及变位较易控制；墙体刚度大、整体性好，结构和地基的变形都较小，耐久性好，抗渗性能好，既可用于超深围护结构，也可用于主体结构；可与锚杆、内支撑、逆作法等形式进行有机的结合，保证基坑施工的安全性和合理性；

适用地层广泛。它适合于淤泥质黏土、黏土、砂土、砾石、卵石、漂石和孤石、软岩和硬岩；地下连续墙集挡土、止水、承重为一体，可兼作地下室外墙；可实行逆作法施工，有利于施工安全，加快施工速度，降低造价。

地下连续墙的缺点：弃土及废泥浆的处理若不当，会造成新的环境污染；地下连续墙最适用的地层为软塑、可塑的黏性土层。当地层条件复杂时，还会增加施工难度和影响工程造价；槽壁坍塌易引起相邻地面沉降、坍塌，危害邻近建筑物和地下管线的安全。

地下连续墙的成槽方法主要有：冲击法、冲击—回转法、抓斗直接成槽法、冲抓法、多头钻成槽法、双轮铣成槽法等。

思考题

7-1　桩基础有哪些功能？适用于什么条件？

7-2　根据不同的分类标准，桩基础分为哪些类型？

7-3　以单桩为例，说明桩顶竖向荷载的传递原理。

7-4　什么是桩侧负摩阻力？它对桩基础有何影响？哪些情况下应当予以考虑？

7-5　什么是单桩竖向承载力？其特征值可以由哪些方法确定？

7-6　静载荷试验时，如何确定单桩竖向承载力特征值？

7-7　承台设计包括哪些内容？应从哪些方面进行设计验算以满足要求？

7-8　桩基础设计的内容和步骤是什么？

7-9　桩数如何进行确定？

7-10　什么情况下需要进行桩基础的沉降计算？

7-11　沉井有何作用？地下连续墙应用范围是什么？

习　题

一框架结构教学楼，室内、外高差为0.6 m，拟采用钻孔灌注桩基础。场地地层从上到下依次为：①填土，厚度1.5 m；②淤泥质土，软塑—流塑，厚度7 m，桩周土阻力特征值 q_s 为12.5 kPa；③粉质黏土，可塑，厚度3.5 m，桩周土阻力特征值 q_s 为36 kPa；④中砂，密实，厚度4.5 m，桩周土阻力特征值 q_s 为60 kPa，桩端阻力特征值 q_{pa} 为1 500 kPa；⑤碎石土，中密，该层未揭穿，桩周土阻力特征值 q_s 为80 kPa，桩端阻力特征值 q_{pa} 为2 000 kPa。初步选定承台底面在天然地面下1.5 m处，已知一内柱传至承台顶面（天然地面下0.5 m）处的荷载标准值为 $F=5\ 000$ kN，$M=360$ kN·m，$H=120$ kN。请初步设计该基础。

任务八　软弱土地基处理技术

知识培养要求

1. 了解软弱土的种类和性质。
2. 掌握地基处理的目的及适用情况。
3. 掌握碾压夯实法、换填垫层法、预压固结法、挤密法的原理、类型及工作特点。
4. 掌握换填垫层法的设计和施工技术要点。

技能培养要求

1. 能够根据条件选用适当的地基处理方法。
2. 会对换土垫层进行设计施工。

第一节　概　述

在现代土木工程建设中，常会遇到各种各样的软弱土地基或不良地基，这些地基通常情况下不能满足建(构)筑物对地基的要求，需要进行加固处理。地基处理的目的主要是改善地基土的性质，达到满足建筑物对地基稳定和变形的要求，包括改善地基土的变形特性和渗透性，提高其抗剪强度和抗液化能力。当前地基处理方法众多，各有其适用性和局限性，针对每一具体工程都要进行细致分析，应从地基条件、处理要求等方面进行综合分析比较，以确定合适的地基处理办法。

一、软弱土的特性及地基处理方法分类

软弱土包括淤泥、淤泥质土、冲填土、杂填土或其他高压缩性土，由软弱土组成的地基称为软弱土地基。这种地基往往达不到设计的要求，必须进行人工处理后才能建造房屋和构筑物。

淤泥和淤泥质土一般是第四纪后期在滨海、湖泊、河滩、三角洲、冰碛等地质沉积环境下形成的。这类土大部分是饱和的，含有机质，天然含水量大于液限，孔隙比大于1。当天然孔隙比大于1.5时，称为淤泥；天然孔隙比大于1而小于1.5时，则称为淤泥质土。这类土工程性质软弱，抗剪强度很低，压缩性高，渗透性小，并具有结构性，广泛分布于我国东南沿海地区和内陆江河湖泊的周围，是软弱土的主要土类，统称为软土。软土和一般的黏性土不同，一般具有下列工程特性：

(1)天然含水量高、孔隙比大。软土的颜色多呈灰色或黑灰色，油滑光润且有腐烂植物的气味，多呈软塑或半流塑状态。其天然含水量一般都大于30%，山区软土有时可达70%。天然重度一般在15～19 kN/m^3，孔隙比都大于1。由此，软土地基具有变形特别

大、强度低的特点。

(2)透水性低。软土的透水性很低。垂直方向的渗透系数小,其值为 $10^{-7} \sim 10^{-9}$ cm/s,水平向渗透系数为 $10^{-5} \sim 10^{-4}$ cm/s,因此软土的固结需要相当长的时间。

(3)高压缩性。软土孔隙比大,具有高压缩性的特点。土层在自重和外荷作用下,长期得不到固结。软土的压缩系数 a_{1-2} 一般为 0.5 ~ 2.0 MPa^{-1},最大可达 4.5 MPa^{-1}。

(4)抗剪强度低。软土的抗剪强度很低,在不排水剪切时,软土的内摩擦角接近于零,抗剪强度主要由黏聚力决定。

(5)触变性。软土是结构性沉积物,具有触变性。一旦扰动,土的结构强度便被破坏。

(6)流动性。软土具有流动性,其中包括蠕变特性、流动特性、应力松弛特性和长期强度特性。蠕变特性是指在荷载不变的情况下变形随时间发展的特性。流动特性是土的变形速率随应力变化的特性。应力松弛特性是在恒定的变形条件下应力随时间减小的特性。长期强度特性是指土体在长期荷载作用下土的强度随时间变化的特性。考虑到软土的流变特性,用一般剪切试验方法求得的软土的抗剪强度值,不宜全部用足。

综上所述,软土的强度低,压缩性高,透水性小,而且具有高灵敏度和流变性。如不认真对待,常会出现建筑物因沉降过大(或不均匀)而开裂破坏,甚至发生地基整体滑动、房屋倒塌。当采取一般基础形式时,必须对软土进行地基处理,才可能满足对地基的强度、变形和稳定性的要求。软土的饱和度大于 90%,液限为 35% ~ 60%,液性指数多大于 1.0。

二、地基处理方法分类

地基处理方法较多,按其原理及作用,大致可分为表 8-1 所示五大类。

表 8-1　地基处理方法分类

分类	方法	原理及作用	适用范围
碾压夯实	机械碾压法 振动压实法 重锤夯实法 强夯法	通过碾压或夯实地基表层。强夯法是利用强大的冲击波,迫使深层土液化和动力固结而密实。提高地基土的强度,减少沉降,消除或部分消除土的液化可能和湿陷性	砂土及含水量不高的黏性土地基,应注意强夯振动对附近建筑物的影响
换土垫层	素土垫层 砂垫层 碎石垫层	清除浅层土,换以较好的土料,提高持力层承载力,减少地基沉降,消除或部分消除土的胀缩、湿陷、冻胀	浅层软弱土、湿陷性黄土、膨胀土、季节性冻土等地基

续表 8-1

分类	方法	原理及作用	适用范围
深层挤密	砂桩挤密法、振冲法、土桩挤密法、灰土桩挤密法、生石灰桩挤密法	在振动挤密过程中,回填砂、碎石等形成砂桩或碎石桩,使深层土挤密,同时桩与桩间土形成复合地基,提高地基的承载力,减少沉降量	松砂、杂填土、粉土地基,对饱和黏性土地基慎用
排水固结	堆载预压法、砂井堆载预压法、井点降水预压法、真空预压法	通过改善地基排水条件和施加预压荷载,加速地基固结,提高地基强度,提前完成大部分沉降	厚度较大的饱和软黏土地基
化学加固	硅化法、旋喷法、深层搅拌法、水泥灌浆法、碱液加固法	注(喷)入化学浆液,通过化学作用或机械搅拌,改善土的性质,提高地基承载力,减少沉降量	砂土、黏性土、湿陷性黄土等地基

三、地基处理方法的选择

以上地基处理方法,应根据地基土层具体情况,慎重选用,最好作经济技术方案比较选择最佳方法。

(一)选择地基处理方案前的准备工作

在选择地基处理方案前,应完成下列工作:

(1)收集详细的岩土工程资料、上部结构及基础设计资料。

(2)根据工程的要求和采用天然地基存在的主要问题,确定地基处理的目的,处理范围和处理后要求达到的各项技术经济指标等。

(3)结合工程情况,了解当地地基处理经验和施工条件,对于有特殊要求的工程,尚应了解其他地区相似场地上同类工程的地基处理经验和使用情况等。

(4)调查邻近建筑、地下工程和有关管线等情况。

(5)了解建筑场地的环境情况。

(二)确定地基处理方法的步骤

(1)根据结构类型、荷载大小及使用要求,结合地形地貌、地层结构、土质条件、地下水特征、环境情况和对邻近建筑的影响等因素进行综合分析,提出几种可供考虑的地基处理方案,包括选择两种或多种地基处理措施组成的处理方案。

(2)对初步选出的各种地基处理方案,分别从加固原理、使用范围、预期处理效果、耗用材料、施工机械、工期要求和对环境的影响等方面进行经济分析对比,选择最佳的地基处理方法。

(3)对已选定的地基处理方法,宜按建筑物地基基础设计等级和场地情况,在有代表性的场地上进行相应的现场试验或试验性施工,以检验设计参数或处理效果。如达不到设计要求,应查明原因,修改设计参数或调整地基处理方法。

在选择地基处理方案时，应同时考虑上部结构、基础和地基的共同作用，选用加强上部结构和处理地基相结合的方案，这样既可降低地基的处理费，又可收到满意的效果。

第二节　碾压夯实法

经过碾压或夯实，可以将一定含水量范围内的土压密，从而提高土的强度，降低压缩性。碾压夯实法一般用来夯实填土，也用于处理杂填土及地基表层的松散土。

一、机械碾压法

机械碾压法是利用压路机、推土机、羊足碾或其他压实机械，分层碾压密实松散土体的方法。常处理含水量较低的素填土或杂填土，特别是大面积回填时宜采用。

机械碾压的效果取决于压实机械的压实能量和土的含水量。机械越重，压实深度也越大。土中含水量过大，其结合水膜厚，机械重力不足以挤薄结合水膜，甚至机械重力完全被孔隙水抵消，形成“橡皮土”，达不到压密效果。而含水量太低时，土中粒间阻力较大，同样达不到压密的效果。因此，只有在最佳含水量条件下，压实效果最好。最佳含水量指在一定压（夯）实能量下，土体达到最大干密度时的含水量。填料的最佳含水量和最大干密度一般用击实试验确定。大面积填土最好由现场碾压试验来确定。每层填土厚度一般为200～300 mm。为加强填土的强度，可掺入一定数量的碎石。

二、振动密实法

振动密实法是利用大功率的平板振动器，对地基表层施加振动力，迫使松散土密实的方法。该法较适用于处理粉土、砂土、碎石、炉渣等只含少量黏性土的填料地基。

振动密实效果除与振动力大小有关外，还与振动频率及振动时间有关。一般采用变速振动机作动力，通过调频试验以适应各种填料对振动频率的要求。一般而言，振动时间越长，其效果越好，但超过一定时间后，其效果便趋于稳定而不会增加。所以，在施工前应试振，以确定稳定下沉量与振动时间的关系。一般杂填土地基，经振实后承载力可达100～200 kPa。当振动机自重为2 t，振动力为100 kN时，有效深度为1.2～1.5 m。

三、重锤夯实法

重锤夯实法是利用起重机械将质量大于1.5 t的重锤，提升到一定高度让其自由下落，重复夯打以击实地基。它使地基表层密实形成硬壳层，从而提高地基持力层强度，扩散地基附加应力，减少沉降变形。

重锤夯实法的效果与土的含水量密切相关，只有在最佳含水量的条件下，才能取得最佳的夯实效果。此外，夯实效果还与锤重、锤底直径、落距、夯击遍数等有关。只有合理选定这些参数，才能达到预期效果。

重锤夯实法适用于处理稍湿的粉土、砂土、湿陷性黄土及杂填土地基。一般锤质量为1.5～3.2 t，落距2.5～4.5 m，夯打6～8遍，有效夯深可达1.2 m。经重锤夯实后的杂填土，地基承载力可达100～150 kPa。

四、强夯法

强夯法是在重锤夯实法基础上发展起来的一种地基处理新技术，又称动力固结法。其加固机制与重锤夯实法截然不同。施工方法是将特大重锤（一般 10 ~ 40 t）提起，让它从几十米（一般为 10 ~ 40 m）高处自由下落，对土进行强力冲击。强夯的实质是利用巨大的冲击能（一般为 1 000 ~ 10 000 kN · m），冲击地表后在土中产生巨大的冲击波及应力，迫使土中孔隙压缩，土体局部液化，夯击点周围产生裂缝，形成良好排水通道，加速土体固结和触变的恢复。

强夯法可广泛用于对杂填土、碎石土、砂土、黏性土、湿陷性黄土等地基的加固处理。经强夯法处理后的地基，其承载力可提高 2 ~ 5 倍，压缩性降低 200% ~ 1 000%，处理深度达 10 m 以上，效果十分明显。强夯法的特点是效果好、速度快、省材料，而且不受土类及含水量的限制。但施工时噪声和振动太大，不宜在城市建筑密集区采用。

第三节　换土垫层法

换土垫层法就是当地基表层存在不厚的软弱土层且不能满足使用需要时，将其挖除，另外填筑易于压实的材料。或者当软弱土层较厚而全部挖不合理时，可将其部分挖除，铺设密实的垫层材料，但必须进行换土层以下土层的承载力及变形验算。

目前，常用的垫层有砂垫层、砂卵石垫层、碎石垫层、灰土或素土垫层、煤渣垫层、矿渣垫层以及用其他性能稳定、无侵蚀性的材料做的垫层等。

一、换土垫层法的作用

换土垫层法按其原理可体现以下五个方面的作用：

（1）提高浅层地基承载力。因地基中的剪切破坏从基础底面开始，随应力的增大而向纵深发展。故以抗剪强度较高的砂或其他填筑材料置换基础下较弱的土层，可避免地基的破坏。

（2）减少沉降量。一般浅层地基的沉降量占总沉降量比例较大。如以密实砂或其他填筑材料代替上层软弱土层，就可以减少这部分的沉降量。由于砂层或其他垫层对应力的扩散作用，使作用在下卧层土上的压力较小，这样也会相应减少下卧层土的沉降量。

（3）加速软弱土层的排水固结。砂垫层和砂石垫层等垫层材料透水性强，可以增加软弱土层的排水面，使基础下面的孔隙水压力迅速消散，加速垫层下软弱土层的固结和提高其强度，避免地基发生塑性破坏。

（4）防止冻胀。因为粗颗粒的垫层材料孔隙大，不易产生毛细管现象，因此可以防止寒冷地区土中结冰所造成的冻胀。

（5）消除膨胀土的胀缩作用。

上述作用中以前三种为主要作用，并且在各类工程中，垫层所起的主要作用有时也是不同的，如房屋建筑基础下的砂垫层主要起换土的作用，而在路堤及土坝等工程中，往往以排水固结为主要作用。

垫层剖面如图 8-1 所示,设计应满足地基变形和稳定的要求。重点是确定合理的垫层宽度和厚度,防止产生局部破坏。

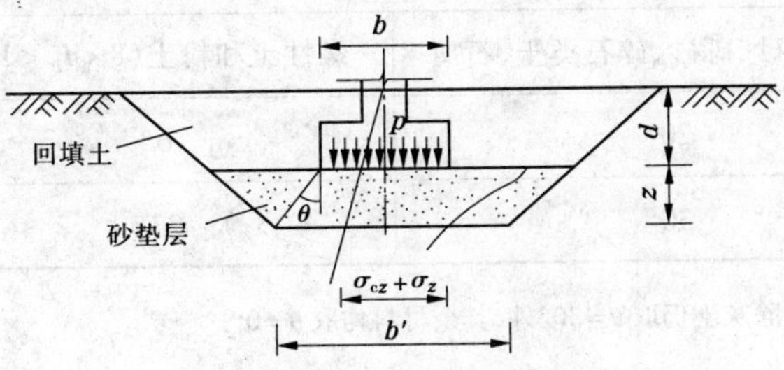

图 8-1　垫层剖面图

二、垫层的设计

(一)垫层厚度计算

垫层厚度一般不宜大于 3 m。太厚施工较困难,太薄(<0.5 m)则换土垫层的作用不显著,根据下卧层的承载力可先假定一个厚度,按下式进行验算

$$\sigma_{cz}+\sigma_z \leqslant f_a \tag{8-1}$$

式中　f_a——垫层底面处软弱土层的承载力设计值,kPa;

σ_{cz}——垫层底面处土的自重应力,kPa;

σ_z——垫层底面处土的附加应力,kPa。

垫层底面处的附加应力,可按应力扩散法简化计算:

条形基础时

$$\sigma_z=\frac{(p-\sigma_c)b}{b+2z\tan\theta} \tag{8-2}$$

矩形基础时

$$\sigma_z=\frac{(p-\sigma_c)lb}{(l+2z\tan\theta)(b+2z\tan\theta)} \tag{8-3}$$

式中　p——基础底面平均压力设计值,kPa;

σ_c——基础底面标高处的自重应力,kPa;

l——矩形基础底面长度,m;

b——基础底面的宽度,m;

z——垫层的厚度,m;

θ——垫层的应力扩散角,(°),按表 8-2 选取。

计算时,一般先初步拟订一个垫层厚度,再用式(8-1)验算。如不合要求,则改变厚度,重新验算,直至满足要求。

(二)垫层底面宽度 b'的确定

垫层的宽度除要满足应力扩散的要求外,还应防止垫层向两边挤动。如果垫层宽度不足,四周侧面土质又较软弱,垫层就有可能部分挤入侧面软弱土中,使基础沉降增大。宽度计算通常可按扩散角法,如条形基础,垫层宽度 b'应为

表 8-2　垫层应力扩散角 θ

$\frac{z}{b}$	换填材料		
	中砂、粗砂、砾砂、碎石类土、石屑	黏性土和粉土($8 < I_P < 14$)	灰土
0.25	20°	6°	30°
≥0.50	30°	23°	

注:1. 表中当$\frac{z}{b}<0.5$时,除灰土仍取$\theta=30°$外,其余材料均取$\theta=0°$。

2. 当$0.25<\frac{z}{b}<0.50$时,θ值可用内插求得。

$$b' \geqslant b + 2z\tan\theta \tag{8-4}$$

扩散角θ仍按表 8-2 选取。底宽确定后,再根据开挖基坑所要求的坡度延伸至地面,即得垫层的设计断面。

【例 8-1】　某砖混结构办公楼,承重墙下为条形基础,宽 1.2 m,埋深 1 m,承重墙传至基础荷载$F=180\ \text{kN/m}$,地表为 1.5 m 厚的杂填土,$\gamma=16\ \text{kN/m}^3$,$\gamma_{sat}=17\ \text{kN/m}^3$,下面为淤泥层,$\gamma_{sat}=19\ \text{kN/m}^3$,地基承载力标准值$f_{ak}=66.5\ \text{kPa}$,地下水距地表深 1 m。试设计基础的垫层。

解:(1)垫层材料选中砂,并设垫层厚度$z=1.5$ m,则垫层的应力扩散角$\theta=30°$。

(2)垫层厚度的验算,据题意,基础底面平均压力设计值为

$$p=\frac{F+G}{b}=\frac{180+1.2\times1\times20}{1.2}=170(\text{kPa})$$

基底处的自重应力$\sigma_c=16$ kPa。

垫层底面处的附加应力由式(8-2)得

$$\sigma_z=\frac{(p-\sigma_c)b}{b+2z\tan\theta}=\frac{(170-16)\times1.2}{1.2+2\times1.5\tan30°}=63.0(\text{kPa})$$

垫层底面处的自重应力为

$$\sigma_{cz}=16\times1.0+(17-10)\times0.5+(19-10)\times1.0=28.5(\text{kPa})$$

地基承载力标准值经深度修正得地基承载力设计值(查表得$\eta_d=1.1$)

$$f_{ak}=f_k+\eta_d\gamma_0(d-0.5)=66.5+1.1\times(2.5-0.5)\times\frac{[16\times1+(17-10)\times0.5+(19-10)\times1.0]}{2.5}$$

$$=91.6(\text{kPa})$$

则$\sigma_z+\sigma_{cz}=63.0+28.5=91.5(\text{kPa})\leqslant91.6$ kPa

说明满足强度要求,垫层厚度选定为 1.5 m 合适。

(3)确定垫层底宽b'

$$b'\geqslant b+2z\tan\theta=1.2+2\times1.5\times\tan30°=2.93(\text{m})$$

取b'为 3 m,按 1∶1.5 边坡开挖。

三、换土垫层法施工

(一)垫层材料选择

(1)砂石:宜选用中、粗、砾砂,也可用石屑(粒径小于2 mm的部分不超过总量的45%),应级配良好,不含植物残体、垃圾等杂质,泥的质量含量不宜超过总质量的3%。当使用粉细砂或石粉(粒径小于0.075 mm的部分的质量含量不超过总质量的9%)时,应掺入质量含量数不少于30%的碎石或卵石。最大粒径不宜大于50 mm。对湿陷性黄土地基,不得选用砂石等透水材料。

(2)粉质黏土:土料中有机质含量不得超过5%,亦不得含有冻土或膨胀土。当含有碎石时,其粒径不宜大于50 mm。用于湿陷性黄土或膨胀土,土料中不得夹有砖、瓦和石块等。

(3)灰土:体积配合比宜为2:8或3:7。土料宜用黏性土及塑性指数大于4的粉土,不得含有松软杂质,并应过筛,其粒径不得大于15 mm。灰土宜用新鲜的消石灰,其粒径不得大于5 mm。

(4)粉煤灰:可分为湿排灰和调湿灰,可用于道路、堆场和中小型建筑、构筑物换填垫层。粉煤灰垫层上宜覆土0.3~0.5 m。

(5)矿渣:垫层使用的矿渣是指高炉重矿渣,可分为分级矿渣、混合矿渣及原状矿渣。矿渣垫层主要用于堆场、道路和地坪,也可用于中小型建(构)筑物地基。

(6)其他工业废渣:在有可靠试验结果或成功工程经验时,质地坚硬、性能稳定的工业废渣均可用于填筑换填垫层。

(7)土工合成材料:由分层铺设土工合成材料及地基土构成加筋垫层。用于垫层的土工合成材料包括机织土工织物、土工格栅、土工垫、土工格室等。其选型应根据工程特性、土质条件与土工合成材料的原材料类型、物理力学性质、耐久性及抗腐蚀性等确定。

对于工程量较大的换土垫层,应根据选用的施工机械、换填材料及场地的天然土质条件进行现场试验,以确定压实效果。垫层材料的选择必须满足无污染、无侵蚀性及放射性等。

(二)施工及注意事项

(1)垫层施工应根据不同的换填材料进行施工。素填土、灰土宜采用平碾、振动碾或羊足碾,中小型工程也可采用蛙式夯、柴油夯;砂石等宜用振动碾和振动压实机;粉煤灰宜采用平碾、振动碾、平板振动器、蛙式夯;矿渣宜采用平板振动器或平碾,也可采用振动碾。

(2)垫层的施工方法、分层铺填厚度、每层压实遍数等宜通过试验确定。除接触下卧软土层的垫层底层应根据施工机械设备及下卧层土质条件的要求具有足够的厚度外,一般情况下,垫层的分层铺填厚度可取200~300 mm。为保证分层压实质量,应控制机械碾压速度。

(3)素土和灰土垫层土料的施工含水量宜控制在最佳含水量$\omega_{op}\pm2\%$的范围内,粉煤灰垫层的施工含水量宜控制在最佳含水量$\omega_{op}\pm4\%$范围内。最佳含水量可通过击实试验确定,也可按当地经验选取。

(4)基坑开挖时应避免坑底土层受扰动,可保留约200 mm厚的土层暂不挖去,待铺填垫层前再挖至设计标高。严禁扰动垫层下卧层的淤泥或淤泥质土层,防止其被践踏、受冻或受浸泡。在碎石或卵石垫层底部宜设置150~300 mm厚的砂垫层,以防止淤泥或淤泥质土层表面的局部破坏,同时必须防止基坑边坡塌土混入垫层。

(5)换填垫层施工应注意基坑排水,必要时应采取降低地下水位的措施,严禁水下换填。

(6)垫层底面宜设在同一标高上,如深度不同,基坑底面应挖成阶梯或斜坡搭接,并按先深后浅的顺序进行垫层施工,搭接处应碾压密实。

(7)当碾压或夯击振动对邻近既有或正在施工中的建筑产生有害影响时,必须采取有效预防措施。

第四节　其他地基处理方法

一、深层挤密法

深层挤密法是近代地基加固处理的重要方法之一。先用桩管或振冲器在软弱土中成孔,然后填以土、灰土、生石灰、砂、碎(卵)石等材料,分别形成土桩、灰土桩、石灰桩、砂桩和碎石桩等。挤密法成孔过程对软弱土横向挤密,从而使土的抗剪强度提高,压缩性减小。同时承载力和变形模量较大的桩体与桩间土体形成复合地基,共同承受建筑物的荷载。

(一)砂石桩法

砂石桩法是在土中打入或振入桩管成孔,然后填入粗砂或(砾)石,边拔管边振密实填料,在地基中形成砂(石)桩。

砂石桩直径一般为300~800 mm,加固饱和黏性土地基宜采用大直径,桩间距不宜大于桩径的4倍,呈梅花形或正方形分布。桩长主要取决于需要加固的土层厚度和施工设备条件,应穿透可液化土层。砂石挤密桩地基宽度应超出基础的宽度,每边放宽不应少于1~3排,用于防止砂层液化时,尚应根据土层情况适当加宽。

(二)振冲法

振冲法是振动水冲法的简称。利用振冲器喷射压力水振冲成孔,当振冲器下沉至设计深度后,往孔中填入砂、石,同时振动喷水,自下而上振实,形成密实的圆柱形振冲桩。其施工过程如图8-2所示。

振冲桩的直径常为0.8~1.2 m,桩间距根据荷载大小和原土抗剪强度确定,一般为1.5~2.5 m。桩长不宜小于4 m,主要根据硬层埋藏深度和建筑物地基变形允许值确定。桩体材料可用碎石、卵石、角(圆)砾等含泥量不大的硬质材料,最大粒径不宜大于80 mm。

振冲法在砂土和黏性土中的加固机制是不同的,因而分为振冲密实法和振冲置换法两类。对砂土的作用主要是振动密实和振动液化,随后孔隙水消散固结,从而加固了地基,称为振冲密实法。对黏性土振冲法的主要作用是振冲成碎石桩,置换软弱土层,桩与周围土体组成复合地基,称为振冲置换法。振冲密实法适用于处理砂土和粉土等地基,而振冲置换法则适用于不排水抗剪强度不小于20 kPa的黏性土、粉土、饱和黄土和人工填土等地基。

的加固或防水。

(二)深层搅拌法

深层搅拌法是利用一种特制的深层搅拌机械,将水泥或石灰等固化剂,在地层深处与土体强制拌和,使软弱土硬结成整体,形成具有水稳性和足够强度的水泥(或石灰)土桩或地下连续墙。这些加固体可以是柱状、壁状和块状等不同形状,与周围地基土形成复合地基,共同承担建筑物荷载。

深层搅拌法的施工程序如图8-5所示。搅拌机就位,将搅拌头沉至设计标高,搅拌头强烈搅拌,破坏土体结构使其变成泥浆,同时,输浆管输入的水泥浆从搅拌机底部喷出并与泥浆均匀拌和,逐渐匀速提起搅拌机直至地表。重复多次搅拌,直到达到设计要求。

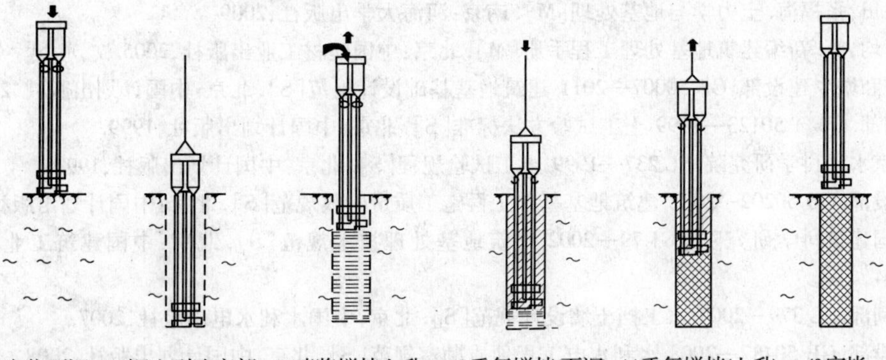

(a)定位下沉 (b)沉入到达底部 (c)喷浆搅拌上升 (d)重复搅拌(下沉) (e)重复搅拌(上升) (f)完毕

图8-5 深层搅拌法的施工程序

深层搅拌法适用于处理淤泥、淤泥质土、粉土和含水量较高且地基承载力标准值不大于120 kPa的黏性土地基。该法是将固化剂直接与原有土体搅拌混合,与桩基相比没有成孔过程,不存在横向挤压问题,施工时,振动和噪声都较小,对邻近建筑物影响不大。同时经处理后的土体重度基本上不变,对软弱下卧层不会引起附加沉降。与高压旋喷桩相比,桩体强度不如旋喷桩,但水泥用量少得多,造价一般为旋喷桩的1/6~1/5。

思考题

8-1 在工程建设中,地基处理的目的是什么?

8-2 软弱土地基包括哪些地基?各具有什么特点?

8-3 地基处理方法按其原理及作用,可以如何分类?各自的原理和作用是什么?

8-4 换土垫层法按照其工作原理体现出哪些作用?施工时有什么注意事项?

习 题

某砖混结构办公楼,承重墙下为条形基础,宽1.2 m,埋深1 m,承重墙传至基础荷载$F = 120$ kN/m,地表为1.0 m厚的杂填土,$\gamma = 17$ kN/m^3,$\gamma_{sat} = 18$ kN/m^3,下面为淤泥层,$\gamma_{sat} = 19$ kN/m^3,地基承载力标准值$f_{ak} = 50$ kPa,地下水距地表深1 m。试设计基础的垫层。

参 考 文 献

[1] 徐梓炘,张曙光,杨太生. 土力学与地基基础[M]. 北京:中国电力出版社,2005.

[2] 陈希哲. 土力学地基基础[M]. 北京:清华大学出版社,2004.

[3] 孔军. 土力学与地基基础[M]. 北京:中国电力出版社,2005.

[4] 程建伟. 土力学与地基基础工程[M]. 北京:机械工业出版社,2010.

[5] 吴玲洪. 土力学[M]. 北京:中国水利水电出版社,2005.

[6] 王保田,张福海. 土力学与地基处理[M]. 南京:河海大学出版社,2009.

[7] 徐至均,等. 新编建筑地基处理工程手册[M]. 北京:中国建材工业出版社,2005.

[8] 住房和城乡建设部. GB 50007—2011 建筑地基基础设计规范[S]. 北京:中国计划出版社,2005.

[9] 水利部. GB/T 50123—1999 土工试验方法标准[S]. 北京:中国计划出版社,1999.

[10] 南京水利科学研究院. SL 237—1999 土工试验规程[S]. 北京:中国计划出版社,1999.

[11] 建设部. GB 50202—2002 建筑地基基础工程施工质量验收规范[S]. 北京:中国计划出版社,2002.

[12] 中国建筑科学研究院. JGJ 79—2002 建筑地基处理技术规范[S]. 北京:中国建筑工业出版社,2004.

[13] 水利部. SL 379—2007 水工挡土墙设计规范[S]. 北京:中国水利水电出版社,2007.

[14] 建设部. GB 50487—2008 水利水电工程地质勘察规范[S]. 北京:中国计划出版社,2008.